17
18
19
01 058
01 060
01 062

Die Lokomotiven der Reichsbahn

1921-1945

Genehmigte Lizenzausgabe für Verlagsgruppe Weltbild GmbH, Steinerne Furt, 86167 Augsburg

Lektorat: Claus-J. Jacobson
Umgschlaggestaltung: Atelier Lehmacher, Friedberg (Bay.)
Umschlagmotive: Sammlung Andreas Knipping
Gesamtherstellung: Offizin Andersen Nexö Leipzig GmbH, Zwenkau
Printed in the EU
ISBN 978-3-8289-5416-8

2012 2011 2010 2009
Die letzte Jahreszahl gibt die aktuelle Lizenzausgabe an.

Andreas Knipping

Die Lokomotiven der Reichsbahn

1921-1945

Weltbild

Vorwort

Die ersten Sätze im „Album der DB-Lokomotiven" lauten: „Fast über jede ... neu in Dienst gestellte Lokomotiv- und Triebwagenbaureihe existiert hochwertige Fachliteratur, die alle Details der Technik und der Einsatzgeschichte erläutert. Die gebotene Datenfülle lässt aber leicht den Überblick darüber verloren gehen, welche technischen Überlegungen und betrieblichen Ziele die Bundesbahn mit der Entwicklung und Bestellung jeder einzelnen Type verfolgte. Der chronologische Aufbau unserer Übersicht ermöglicht den zeitbezogenen Vergleich zwischen den Entwicklungslinien bei den verschiedenen Traktionsarten und macht die Generationenfolge der Typen deutlich."

Diese Worte gelten auch für das „Album der DRG-Lokomotiven". Gewiss sind dem deutschen Eisenbahnfreund die 01, die 03 oder die 41 nicht unbekannt. Unsere Chronik lässt aber in besonderer Weise deutlich werden, in welch unterschiedlichen eisenbahntechnischen Umfeldern diese eng verwandten Dampflokomotiven ihre ersten Fahrten antraten: Als die 01 den Reigen der Einheitsloks eröffnete, wurden Elektroloks höherer Leistung ausschließlich mit Stangenantrieb gebaut. Vereinzelte Motortriebwagen waren unbeholfene schwere Fahrzeuge, die nur für Nebenbahnen tauglich schienen. Als nur vier Jahre später die 03 erschien, bewährten sich bereits elektrische Schnellzugloks mit Einzelachsantrieb. Die ersten Muster einer laufachslosen Drehgestell-Lok kündeten von einem neuen Zeitalter des Ellokbaus – und von der großen Zukunft der Schweißtechnik. In Berlin hatten hunderte von Gleichstromtriebwagen den Nahverkehr übernommen. Die ersten Motorkleinloks wurden erprobt, auch sie Vorboten einer überaus erfolgreichen Entwicklungslinie. Als wiederum nur sechs Jahre später die 41 auf die Gleise kam, wurden flotte und kräftige Dieseltriebwagen mit elektrischer und hydraulischer Kraftübertragung für den Nah- und Bezirksverkehr bereits in Serie gebaut. Schnelltriebwagen waren seit Jahren im Planbetrieb. Die „Einheits-Kleinlok" war ein vertrauter Anblick. Die schlichte E 44 übertraf fast doppelt so schwere Stangenelloks.

In der Breite der Technikgeschichte umspannt die Reichsbahnära die Entwicklung vom Ende des Ersten bis zum Ende des Zweiten Weltkrieges. In dieser Zeit gehörte das Eisenbahnwesen nicht mehr zu den zentralen Betätigungsfeldern von Wissenschaftlern und Technikern. 1918 hatten Kraftverkehr, Luftfahrt und Funkwesen gerade eben das Pionierzeitalter verlassen; 1945 stand die Menschheit an der Schwelle des Atom-, Raumfahrt- und Computerzeitalters. Die Schritte auf diesen Feldern der Technik waren sicherlich spektakulärer als die Wege von der P 10 zur 01^{10} oder von der E 06 zur E 19. Trotzdem beobachten wir immer noch eine sehr dynamische Entwicklung: Zwischen dem Eisenbahnwesen von 1920 und dem von 1935 liegen größere Distanzen als etwa zwischen den Vergleichszuständen 1985 und 2000.

Unabdingbar ist der Blick auf das Zeitgeschehen. Unterscheidet man nach verkehrspolitischen Zielvorgaben und Rahmenbedingungen, finanzpolitischen Spielräumen, Sorgen und Nöten der Fahrzeughersteller und staatlichen Einflüssen auf die Verwaltung der deutschen Eisenbahnen, dann kann man „zwischen Kriegsende und Kriegsende" mehrere Epochen deutlich unterscheiden. Ich verweise hierzu auf das Heft BAHN-EXTRA 5/2000 „Die Reichsbahnzeit 1920–1945" aus demselben Verlag.

Zur thematischen Eingrenzung gilt grundsätzlich: Erfasst sind lediglich die Triebfahrzeugtypen, deren erste Exemplare nach dem 1. April 1920, also nach dem Übergang der Länderbahnen auf das Reich, in Betrieb gingen.

Bei den Motortriebwagen und den Kleinloks konnte nicht jede der fast unüberschaubar vielen Versuchsvarianten als eigene Baureihe behandelt werden. Hier mussten entwicklungsgeschichtliche Gruppen zusammengefasst werden. Dem angestrebten technikgeschichtlichen Überblick ist diese Zusammenfassung nur dienlich.

Bahndienstfahrzeuge konnten nicht erfasst werden. Von der exakt chronologischen Darstellung gibt es Ausnahmen. So erscheint es z.B. angebracht, die beiden Turbinenloks trotz eines Altersunterschiedes von zwei Jahren auf einer Doppelseite gegenüberzustellen.

Anders als im DB-Album muss aus Platzgründen eine breiter gefasste Einführung entfallen. Auch hierzu darf aber auf andere aktuelle Druckwerke verwiesen werden: Die Entwicklungslinien und Entwicklungsbedingungen der beiden wichtigsten Traktionsarten der Reichsbahnepoche sind in den Heften BAHN-EXTRA 2/2000 „75 Jahre Einheitslokomotiven" und BAHN-EXTRA 4/2000 „Deutsche Elektroloks" anschaulich dargestellt.

Ich danke den Herren Günther Dietz und Stefan Lauscher für ihre unverzichtbare Unterstützung sowie Heribert Schröpfer für die Durchsicht des Manuskriptes.

Eichenau, im April 2001

Andreas Knipping

Nachbauten von Länderbahnmaschinen und ihre DRG-Nummern

Nachstehend sind (unter ihren ab Mitte der zwanziger Jahre gültigen Nummern) die Triebfahrzeuge aufgeführt, die als Nachbauten von Länderbahntypen in nahezu unveränderter technischer Ausführung zwischen 1920 und 1927 weiter- und nachgeliefert wurden.

alt	neu
wü C	18 133–137
bad IV h	18 319, 321–328
bay S 3/6	18 479–508
sä XX HV	19 006–023
sä XII H2	38 253–334
pr/old/meck/bad P 8	38 2680–3832, 3951–4051
bay G 3/4 H	54 1541–1725
pr G 8^{1}	55 5353–5622
pr G 8^{3}	56 108–185
pr G 8^{2}	56 2011–2485, 2551–2916
wü Hh	57 409–417
bay G 5/5	57 511–590
pr G 10	57 1879–2726, 2892–3524
bad G12	58 238–250, 261–272, 281–303, 311–318
sä XIII H	58 411–462
wü G 12	58 519–543
pr G 12	58 1306–2143
wü K	59 016–044
pr T 12	74 1261–1300
wü T 5	75 064–093
bad VI b	75 261–302
sä XIV HT	75 578–588

alt	neu
bad VI c	75 1001–1023, 1101–1120
bay Pt 3/6	77 110–129
pr T 18/wü T 18	78 184–282, 351–528
sä V T	89 295
bay R 3/3	89 801–890
bad X b	92 291–320
pr T 13	92 1001–1072
bay R 4/4	92 2041–2049
pr/wü T 14^{1}	93 551–1261
pr/bad T 16^{1}	94 926–1380, 1501–1740
sä XI HT	94 2070–2139
bay Gt 2 x 4/4	96 016–025
pr T 26	97 027–030
bad IX b	97 251–253
bay PtzL 3/4	97 104
bay GtL 4/4	98 814–917
pr T 39	99 432–435, 441–446
sä IV K	99 608
sä VI K	99 671–717
bay Pts 3/4	99 133
pr. EG	E 91 51–60
E.T. 507–510	elT 1007–1010 (ab 1940 ET 88 01–04)

Inhalt

38^{4}: Die letzte Type der „Maffei“-Schule 8
92^{4}: Die Heißdampf-T 13 8
94^{1}: Die schwere württembergische Nebenbahnlok 9
97^{4}: Die letzte preußische Zahnradlok 9
39^{0}: Die Schnellzuglok für das Mittelgebirge 10
95^{0}: Die Tenderlok für große Steigungen 12
97^{5}: Die letzten Zahnradloks 14
99^{10}: Schmalspurloks für die Pfalz 14
99^{18}: Schmalspurloks für die Feldabahn 15
99^{31}: Schmalspurloks für „Molli“ 15
E 06: Eine Schnellzuglok für Mitteldeutschland 16
E 50^{3+4}: Lokomotiven für das schlesische Gebirge 17
E 92: Güterzugloks für Schlesien 18
E 73 05: Eine Lok für die Hamburger Hafenbahn 18
E 42^{1+2}: Lokomotiven aus Verlegenheit 19
T18 1001: Die Turbinenlok von Krupp und Zoelly 20
T18 1002: Die Turbinenlok von Maffei 21
E 32: Die leichte Personenzug-Ellok für das bayerische Netz 22
E 52: Die schwere Personenzug-Ellok für das bayerische Netz 24
E 77: Elektrische Güterzuglok für Bayern und Mitteldeutschland 26
E 91: Schwere Güterzug-Ellok für Bayern und Schlesien 28
elT Hamburg Bauarten 1924/1932: Abschiedsserien der Hamburger Wechselstrom-S-Bahn 30
ET 169: Triebzüge „Bauart Bernau“ für die Berliner S-Bahn 31
VT 701–716: Zweiachsige benzolmechanische Triebwagen schwerer Bauart 32
VT 751–766: Vierachsige benzolmechanische Triebwagen schwerer Bauart 33
H 17 206: Die erste Hochdruckdampflok 34
E 73 06: Eine Lok für die Hamburger Hafenbahn 35
01: Erste Einheitslok und berühmte Schnellzuglok 36
02: Die glücklose Verbundvariante zur 01 38
44: Die Vorserie zur schweren Güterzuglok mit 3 Zylindern 39
ET 85: Vorortriebwagen für Oberbayern 40
VT 801–820: Zweiachsige dieselmechanische Triebwagen schwerer Bauart 41
VT 851–871/VT 10 001–003: Vierachsige dieselmechanische Triebwagen schwerer Bauart 41
E 16/E 16^{1}: Die elektrische Schnellzuglok für Bayern 44
E 21: Die erste Schnellzuglok mit Federtopfantrieb 46
ET 168: Triebzüge „Bauart Oranienburg“ für die Berliner S-Bahn 47
AT 8: Akkumulator-Triebwagen „Bauart Reichsbahn“ 48
18^{5}: Die ausgereiftesten Serien der bayerischen S 3/6 49
ET 82: Elektrische Triebwagen für Mitteldeutschland 50
ET 89: Triebwagen für Schlesien, genannt „Rübezahl“ 51
43: Die zweizylindrige Variante der schweren Güterzuglok 52
87: Die Rangierlok für die Hamburger Hafenbahn 54
99^{19}: Schmalspurloks für den Schwarzwald 55
E 15/E 16^{5}: Glücklose Schnellzugloks mit Tatzlagerantrieb 56
E 21^{5}: Die Schnellzuglok von LHB und BEW 57
E 60: Die Rangierlok für München 58
E 79: Ein Ellok-Pärchen für Freilassing – Berchtesgaden 59
E 95: Die größte Ellok der Deutschen Reichsbahn 60
ET 41: Die ersten deutschen Triebwagen für 100 km/h 61
E 06^{1}: Nachzüglerelloks mit Großmotor 62
E 75: Die letzte elektrische Großserie mit Stangenantrieb 63
24: Die Nebenbahnlok für lange Flachlandstrecken 64
64: Die Nebenbahnlok für Flachland und Personenzüge 66
86: Die Nebenbahnlok für Mittelgebirge und Güterzüge 68
62: Die schwere Personenzugtenderlok 70
80: Die kleine Einheitsrangierlok 72
81: Die große Einheitsrangierlok 73
ET 165: Triebzüge „Bauart Stadtbahn“ und „Bauart Wannsee“ für die Berliner S-Bahn 74
E 178: Eine vergessene Lokomotive für Stromschienenbetrieb 76
70^{1}: Zweikuppler für die DRG 77
99^{73-76}: Die „sächsische VII k“ 78
E 17: Die erste Serienschnellzuglok mit Federtopfantrieb 80
H 02 1001: Versuchslok mit höchstem Kesseldruck der Welt 82
99^{21}: Schmalspurlok für Wangerooge 82
98^{10}: Die letzte Länderbahngattung 83
E 91^{9}: Die modernisierte E 91 84
V 120: Die erste Großdiesellok der DRG 85
03: Die „leichte“ Schnellzuglok 86
Kö/Kb/Ks: Die Probe- und Vorserienkleinloks 90
E 44^{001}, E 44^{2} und E 44^{5}: Die Prototypen der modernen Elloks 92
E 80: Pioniere der Zweikraft-Rangierloks 95
99^{22}: Die stärkste Schmalspurlok deutscher Staatsbahnen 96
99^{32}: Lokomotiven für „Molli“ bis ins 21. Jahrhundert 97
04: Die „Mitteldruck“-Schnellzuglok 98
Dampftriebwagen: Bauart Doble 99
85: Die Tenderlok für das Höllental 100
VT 872–874: Vierachsige dieselelektrische Triebwagen schwerer Bauart 102

VT 133: Zweiachsige benzolmechanische Triebwagen leichter Bauart 103
VT 135: Zweiachsige Dieseltriebwagen leichter Bauart 104
SVT 877: Der „Fliegende Hamburger“ 106
E 04: Die leichte Schnellzuglok mit Federtopfantrieb 108
VT 137: Vierachsige Dieseltriebwagen dieselmech. Bauart mit Stangenantrieb 110
M 44: Die Mitteldruck-Güterzugloks 111
E 44: Die moderne Ellok für Personen- und Güterzüge 112
E 05: Die leichte Schnellzuglok mit Tatzlagerantrieb 114
E 93: Die elektrische Güterzuglok für die Schwäbische Alb 115
ET 65: Nahverkehrstriebwagen für Stuttgart 116
Kö II: Einheitskleinloks Leistungsgruppe II 117
VT 137: Vierachsige Dieseltriebwagen dieselelektrische Bauarten 118
ET 51: Eiltriebwagen für Schlesien 121
56^{2}: Die preußische G 8^{1} mit Laufachse 122
98^{11}: Die bayerische GtL 4/4 mit Laufachse 123
71^{0}: Erfolglose Konkurrenz zum Triebwagen 124
89^{0}: Die „leichte Güterztugtenderlok“ 125
05: Die schnellste Dampflok der Welt 126
61: Die Schnellfahrtenderloks von Henschel 128
84: Die Tenderlok für das Müglitztal 130
E 18: Die klassische elektrische Schnellzuglok 133
E 63: Die letzten Elloks mit Stangenantrieb 134
V 140: Die erste dieselhydraulische Streckenlok der Welt 136
Kö I: Einheitskleinloks Leistungsgruppe I 137
ET 11: Die elektrischen Schnelltriebwagen 138
ET 25: Die elektrischen Einheitstriebwagen 139
ET 91: Der „Gläserne Zug“ 140
SVT 137: „Bauart Hamburg“ 142
SVT 137: „Bauart Leipzig“ 143
ET 125: „Bankierzüge“ der Berliner S-Bahn 144
ET 31: Elektrische Einheitstriebwagen für den Fernverkehr 145
VT 137: Vierachsige Dieseltriebwagen dieselmechanische Bauarten 146
VT 137: Vierachsige dieselhydraulische Aussichtswagen 147
41: Die Dampflok für Schnellgüterzüge 148
ET 166/167: „Olympiazüge“ und Folgeserie der Berliner S-Bahn 150
E 244: Die Versuchsloks für 50 Hertz 152
05 003: Die staubgefeuerte Schnellfahrlok 153
44: Die schwere Güterzuglok in Großserie 154
45: Die stärkste deutsche Dampflok 156
VT 137: Vierachsige Dieseltriebwagen dieselhydraulische Bauarten 158
VT 137: 2- und 3teilige Dieseltriebwagen dieselhydraulische und -elektrische Bauarten 160
SVT 137 155: Versuchs-Schnelltriebwagen Bauart Kruckenberg 162
VT 137: Die einzigen Schmalspurtriebwagen 163
SVT 137: „Bauart Köln“ 164
SVT 137: „Bauart Berlin” 166
06: Missglückte Giganten 167
50: Die erfolgreichste Einheitslok 168
E 19: Die elektrischen Schnellfahrversuchsloks 170
ET 55: Die elektrischen Vororttriebwagen 172
ET 171: Gleichstromzüge für die Hamburger S-Bahn 173
01^{10}: Die 01 mit drei Zylindern und Stromlinienverkleidung 174
03^{10}: Die 03 mit drei Zylindern und Stromlinienverkleidung 176
E 94: Die schwere elektrische Güterzuglok 178
VT 137: Vierachsige dieselhydraulische Nebenbahntriebwagen 180
VT 10: Gütertriebwagen 181
19^{10}: Die Dampfmotorlok 182
23: Prototypen zur „Ersatz-P 8“ 183
52: Die erste Kriegslok 184
42: Die zweite Kriegslok 188
05 003: Die letzte Dampflok der alten Deutschen Reichsbahn 190

Anhang:
Lieferung von Triebfahrzeugen nach Bauarten der Bahnen in annektierten Gebieten und Gelegenheitskäufe 191
Nachlieferung fertiggebauter Lokomotiven an die Reichsbahn in den vier Besatzungszonen 191

Bildnachweis 192

38[4] Die letzte Type der „Maffei-Schule"

P 35.15, **38 401 – 480**, geliefert 1921 als bay. P 3/5 H

Bauart:	2'C h4v
Treibraddurchmesser:	1640 mm
Höchstgeschwindigkeit:	90 km/h
Zylinderdurchmesser:	360/590 mm
Kolbenhub:	640 mm
Kesseldruck	15 at
Verdampfungsheizfläche:	140,1 m²
Länge über Puffer:	19439 mm
Wasservorrat:	21,8 m³
Kohlevorrat:	8 t
Dienstgewicht:	72,1 + 53,2 t
Leistung:	882 kW

Noch vollkommen in der bis zur berühmten S 3/6 geführten Entwicklungslinie der Vier-Zylinder-Verbundloks von Maffei stand die bayerische P 3/5 H. Ihre Gattungsbezeichnung wies sie als Nachfolgerin der P 3/5 N aus dem Jahre 1905 aus, doch war sie mit dieser bescheidener dimensionierten Nassdampflok nur noch im Grundaufbau vergleichbar.
Die P 3/5 H war die letzte in größerer Serie für deutsche Bahnen gebaute Verbundlok.Das Laufwerk basierte auf einem Barrenrahmen. Die vier Zylinder waren gemäß der Triebwerksanordnung nach von Borries in einer Ebene angeordnet, wobei die Hochdruckzylinder innen und die Niederdruckzylinder außerhalb des Rahmens lagen. Alle Triebwerke wirkten auf die erste Treibachse. Der Stehkessel lag im unteren Bereich zwischen den hinteren Rädern. Der Vorwärmer wurde unauffällig zwischen Treib- und Kuppelachse quer über dem Rahmen angeordnet. Die Westinghousebremse wirkte einseitig auf alle Radsätze. Der Tender entsprach der traditionellen bayerischen Bauform mit vorderem Drehgestell und fest gelagertem hinteren Radsatzpaar.
Die achtzig innerhalb nur eines Jahres gebauten Loks wurden im Schnell-, Eil- und Personenzugdienst dringend benötigt, da zahlreiche Nassdampf-Zweikuppler dringend zur Ausmusterung anstanden und die moderneren Gattungen bis hin zur S 3/6 durch die Waffenstillstandsabgaben gelichtet waren.
Die wenig später zahlreich nach Bayern versetzte viel einfachere preußische P 8 (38[10]) konnte freilich die meisten Pflichten der P 3/5 H genauso gut erfüllen und wurde in Bayern auch sehr viel länger eingesetzt als die Anfang der fünfziger Jahre vollständig ausgemusterte 38[4]. Stationiert war die 38[4] zumeist in Südbayern. In der Rbd Nürnberg und in nördlicheren Teilen der Rbd Regensburg war sie nicht vertreten.

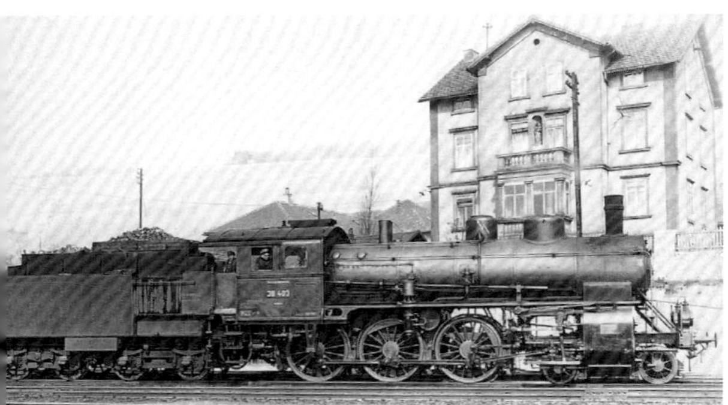

92[4] Die Heißdampf-T 13

Gt 44.16, **92 401 – 413**, geliefert 1921-22 als old. und pr. T 13[1]

Die KPEV hatte zwischen 1910 und 1916 nicht weniger als 512 Rangierloks der Gattung T 13 beschafft. 1921/22 folgten 72 Loks für die Reichsbahn. Vier Loks für das oldenburgische und acht für das preußische Netz baute Hanomag 1921 mit Überhitzer. Sie erhielten die gesonderte Gattungsbezeichnung T 13[1]. Auch die Reichsbahn gab ihnen eine eigene Nummernreihe innerhalb der „92". Die nachmaligen 92 405-412 unterschieden sich von der Normal-T 13 zusätzlich durch die Lentz-Ventilsteuerung. Im Grundaufbau handelte es sich bei allen Loks um die alte T 13 „Bauart Union" nach dem Musterblatt III-4q. Das Laufwerk fiel durch einen relativ weit gespreizten Achsstand auf. Angetrieben wurde die zweite Achse, was bei vierfach gekuppelten Loks mit kleinen Rädern selten ist.

Bauart:	D h2t
Raddurchmesser:	1250 mm
Höchstgeschwindigkeit:	45 km/h
Zylinderdurchmesser:	530 mm
Kolbenhub:	600 mm
Kesseldruck:	12 at
Verdampfungsheizfläche:	92,5 m²
Länge über Puffer:	11110 mm
Wasservorrat:	7 m³
Kohlevorrat:	2,5 t
Dienstgewicht:	65,4 t
Leistung:	368 kW

94[1] Die schwere württemberg. Nebenbahnlok

Gt 55.13, 94 101 - 130, geliefert 1921-22 als wü. Tn

Um den unwirtschaftlichen Einsatz veralteter Schlepptenderloks auf Nebenbahnen zu beenden, entwickelten die Württembergischen Staatseisenbahnen und die Maschinenfabrik Esslingen 1919 eine fünffach gekuppelte Heißdampf-Tenderlok. Sie wurde der leichteste normalspurige Fünfkuppler deutscher Staatsbahnen. Das Lauf- und Triebwerk war nach dem System Gölsdorf mit Seitenbeweglichkeit der ersten, dritten und fünften Achse und Antrieb auf der vierten Achse ausgebildet. Dadurch ergaben sich große Längen der Treibstange und vor allem der Kolbenstange. Die Zylinder waren leicht geneigt angeordnet. Der zweischüssige Kessel wurde von zwei nichtsaugenden Friedmann-Strahlpumpen gespeist. Auf alle Radsätze wirkte einseitig von vorn eine Westinghouse-Bremse.

Als die Nebenbahnen der Rbd Stuttgart für eine Achsfahrmasse von 15 t und damit für den Einsatz der 64 und 86 ausgebaut waren, wanderten die 94[1] in den Rangierdienst ab. Zwischen 1956 und 1961 wurden sie von der DB ausgemustert.

Bauart:	E h2t
Raddurchmesser:	1150 mm
Höchstgeschwindigkeit:	50 km/h
Zylinderdurchmesser:	500 mm
Kolbenhub:	560 mm
Kesseldruck:	13 at
Verdampfungsheizfläche:	106,1 m²
Länge über Puffer:	11030 mm
Wasservorrat:	8 m³
Kohlevorrat:	3 t
Dienstgewicht:	64,5 t
Leistung:	566 kW

97[4] Die letzte preußische Zahnradlok

Z 46.16, 97 401, geliefert 1921 als pr. T 28

Zwischen 1906 und 1914 hatte die KPEV sechs Strecken für kombinierten Reibungs- und Zahnradbetrieb gebaut. Esslingen und Borsig bauten zwischen 1902 und 1921 für diese Strecken 35 in ihrer Bauart nicht einheitliche C1'n4v-Loks mit zwei Zahnrädern.

Schon 1914 erging an Borsig der Auftrag für eine wesentlich stärkere und modernere Heißdampf-Zahnradlok. Aufgrund des Krieges wurde das Probeexemplar der neuen T 28 erst 1921 gebaut und 1922 abgeliefert. Die Lok war eine Heißdampf-Verbundlok, wobei die Hochdruckmaschine die vier Kuppelachsen für den Adhäsionsbetrieb und die Niederdruckmaschine die beiden Zahnräder antrieb. Wegen der unterschiedlichen Drehzahlen hatten Hoch- und Niederdruckzylinder denselben Durchmesser. Bei Adhäsionsbetrieb arbeitete die Lok als Zwillingsmaschine. Alle Antriebe lagen außen. Die Zahnräder wurden über Kurbelscheiben und Zwischengetriebe angetrieben.

Die moderne Lok blieb Einzelgängerin, weil stärkere Reibungsloks die Beendigung des Zahnradbetriebes auf allen preußischen Strecken absehbar machten. Die T 28 mit der Nummer Erfurt 9101 und spätere 97 401 war nur bis 1928 bei den Bw's Suhl und Linz a.Rh. im Einsatz. Sie wurde dann an die Eutin-Lübecker Eisenbahn verkauft, wo sie nach Ausbau des Zahnradteils als einfache 1'D1'-Lok verwendet wurde. 1938 wurde sie an die Brandenburgische Städtebahn weitergegeben. Nach 1945 diente sie bei der Deutschen Reichsbahn als Heizlok.

In der Geschichte des deutschen Lokomotivbaus nach dem Ersten Weltkrieg hat die T 28 insofern ihren festen Platz, als sie eine der ersten Vertreterinnen des von August Meister geprägten neuen Borsig-Baustils war, der mit hoher Kessellage und abgeschrägten Führerhauswänden bereits den späteren Einheitsloks ähnelte.

Bauart:	1'D1' h2(4v)zt
Treibraddurchmesser:	1100 mm
Höchstgeschwindigkeit:	55 km/h*
	20 km/h**
Zylinderdurchmesser:	520 mm
Kolbenhub:	500 mm
Kesseldruck:	14 at
Verdampfungsheizfläche:	119,4 m²
Länge über Puffer:	12700 mm
Wasservorrat:	7 m³
Kohlevorrat:	3 t
Dienstgewicht:	94,3 t
Leistung:	?

* Reibungsbetrieb ** Zahnradbetrieb

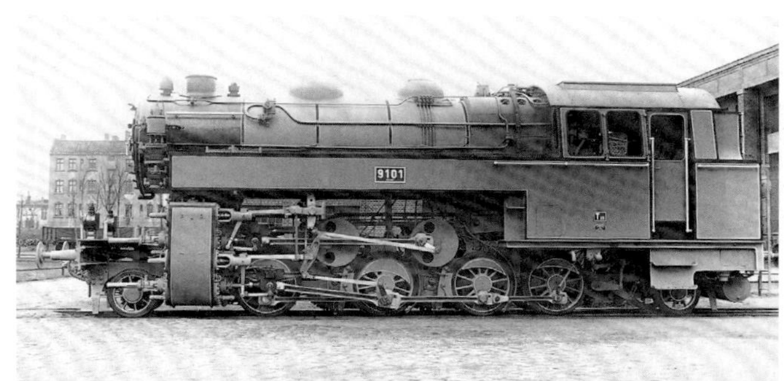

39⁰ Die Schnellzuglok für das Mittelgebirge

P 46.19, **39 001–260**, geliefert 1922–26 teilweise als pr. P 10

Nach der Beschaffung der 2'C Schnellzugloks der Gattung S 10 mit verschiedenen Triebwerksvarianten zwischen 1911 und 1916 fehlte der Preußischen Staatseisenbahnverwaltung eine Lokomotive, die auch im Hügelland schwere Schnell- und Personenzüge mit Gewichten bis zu 600 t ohne Vorspann befördern konnte. Der Lokomotivausschuss empfahl eine 1'D1'-Lok. Ihre Durchbildung erfolgte in enger Zusammenarbeit mit Borsig.

Bauart:	1'D1' h3
Treibraddurchmesser:	1750 mm
Höchstgeschwindigkeit:	110 km/h
Zylinderdurchmesser:	520 mm
Kolbenhub:	660 mm
Kesseldruck:	14 at
Hfl. V+Ü:	217+82 m²
Länge über Puffer:	22980 mm
Wasservorrat:	31,5 m³
Kohlevorrat:	7 t
Dienstgewicht:	110,4 + 62,9 t
Leistung:	1190 kW

Für den Stehkessel wurde die Bauart Belpaire mit waagerechter Feuerbüchsdecke gewählt. Die Schwachstelle der P 10 war die Einziehung der hinten breit gehaltenen Feuerbüchse nach vorne hin zwischen die Kuppelräder. Die hierdurch bedingte Trapezform des Rostes erforderte eine besondere Heiztechnik und führte zu Schwierigkeiten bei der Dampferzeugung. Auf dem Rahmen war ein Vorwärmer plaziert.

Die Dampfmaschine wurde nach langer und kontroverser Diskussion mit drei Zylindern und einstufiger Dampfdehnung ausgeführt, nachdem die in etwa vergleichbare und nur wenig ältere sächsische XX HV (DRG 19⁰) mit Vierzylinder-Verbundtriebwerk durch zu hohe Verbrauchswerte und Wartungskosten aufgefallen war. Die drei Triebwerke arbeiteten auf die zweite Kuppelachse. Die Steuerungen wurde von der dritten Kuppelachse aus abgeleitet, sodass sich ein ungewohntes Bild des Gestänges ergab. Die Steuerung für das Innentriebwerk wurde von der linken Seite angetrieben, wodurch hier eine gekröpfte Gegenkurbel notwendig wurde. Bis auf eine Lok war die Steuerung bei allen P 10 mit Kuhnscher Schleife ausgeführt, nur die 39 230 erhielt Hängeeisen-Steuerung. Vorlaufachse und erste

Kuppelachse waren zu einem Krauss-Helmholtz-Gestell vereinigt. Treibachse und vierte Kuppelachse waren im Barrenrahmen fest gelagert, die dritte Kuppelachse hatte 25 mm Seitenspiel.
Die Loks wurden von Borsig, Henschel, Krupp, Hanomag, Linke-Hofmann und der Maschinenfabrik Karlsruhe gebaut. Nur die ersten zehn erhielten noch preußische Nummern. Eingesetzt wurden die 39er auf den Mittelgebirgsstrecken nicht nur der preußischen Direktionen, sondern auch in Baden, Württemberg, Sachsen und Nordbayern. Auch wenn der von der P 8 übernommene Treibraddurchmesser von 1750 mm zu einer Klassifizierung der schweren 1'D1' als Personenzuglok führte, war sie bis in die sechziger Jahre zumeist vor Schnellzügen eingesetzt. Auch als die 01 zur Verfügung stand, blieb die 39 unentbehrlich und wurde als Vierkuppler für den Einsatz im Hügelland oft bevorzugt.
Erst die DDR-Reichsbahn behob durch Einbau eines neuen Kessels die Dampfprobleme der P 10 und führte ihre Konstruktion unter der neuen Reihenbezeichnung 22 zu später Vollendung. Bei der DB war die 39^0 teilweise noch bis 1966 in Betrieb und zwar in einer mit Witte-Windleitblechen und Einheitstendern umgerüsteten Version .

95 001

95⁰ Die Tenderlok für große Steigungen

Gt 57.19, **95 001–045**, geliefert 1922–24 (vorgesehen als pr. T 20)

Die Halberstadt-Blankenburger Eisenbahn, eine der wichtigsten deutschen Privatbahnen, wollte den Zahnradbetrieb entbehrlich machen und ließ bei Borsig eine schwere 1'E1'-Tenderlok entwickeln. Die ersten beiden der nach großen Tieren benannten Loks wurden 1919 fertig und auch vom Zentralamt Berlin erprobt, weil auf den staatlichen Strecken zwischen Westerwald und Riesengebirge ebenfalls der Zahnradbetrieb abgeschafft werden sollte. Für die Zwecke der Reichsbahn wurde dann aus der „Tierklasse" eine neue und nochmals stärkere Lok entwickelt. Sie erhielt einen Belpaire-Stehkessel und beweist schon damit ihre Verwandtschaft zur P 10 und die konstruktive Handschrift von August Meister. Die P 10 und die T 20 waren die wichtigsten und von der Öffentlichkeit bei Weitem mit der größten Aufmerksamkeit wahrgenommenen deutschen Dampflokomotiven zwischen „Verreichlichung" und Fertigstellung der ersten Einheitslok.

Das Laufwerk war durch einen Barrenrahmen, beiderseitige Krauss-Helmholtz-Gestelle und Spurkranzschwächung der zentral gelegenen Treibachse gekennzeichnet. Der Kessel wurde trotz seiner Länge einschüssig ausgeführt. Wie bei den späteren Einheitsloks bestand die Speiseeinrichtung aus einer Strahlpumpe und einer Kolbenpumpe mit Knorr-Vorwärmer. Die Treibstangen waren die schwersten bislang für preußische Lokomotiven gebauten. Die Steuerung arbeitete wie bei der P 10 mit Kuhnscher Schleife. Außer der Knorr-Druckluftbremse wurde eine Riggenbach-Gegendruckbremse eingebaut. Sie konnte aus dem Blasrohr Luft ansaugen und im Triebwerk verdichten.

Bauart:	1'E1' h2t
Treibraddurchmesser:	1400 mm
Höchstgeschwindigkeit:	65 km/h
Zylinderdurchmesser:	700 mm
Kolbenhub:	660 mm
Kesseldruck:	14 at
Hfl. V+Ü:	200+62,5 m²
Länge über Puffer:	15100 mm
Wasservorrat:	12 m³
Kohlevorrat:	4 t
Dienstgewicht:	127,4 t
Leistung:	1190 kW

Die ersten Maschinen wurden aufgrund des vorläufigen Umzeichnungsplanes mit der Reihenbezeichnung 77 vorgestellt, schon bald aber auf die Reihe 95 umgezeichnet. Keine Lok lief je als „T 20". Eingesetzt wurden die Loks dann zumeist nicht auf ehemaligen Zahnradstrecken, weil sich dort die mit Gegendruckbremse ausgerüstete T 16¹ (94⁵) bestens bewährte. Domäne der 95 wurde vielmehr der Schiebedienst auf der Strecke Grimmenthal – Oberhof, der Frankenwaldlinie und (bis zur Elektrifizierung) auf der Geislinger Steige. Nach dem Zweiten Weltkrieg war sie bei der DB bis 1957 im Spessart (Schiebedienst Laufach – Heigenbrücken) in Betrieb. Bei der DR wurde sie sehr viel länger, nämlich bis immerhin 1980, zwischen Sonneberg und Probstzella im Thüringer Wald eingesetzt. Zum Teil wurden diese Loks bei der DR ab 1967 auch mit Ölfeuerung ausgerüstet, was bei deutschen Tenderloks eine große Seltenheit war.

97⁵ Die letzten Zahnradloks

Z 55.15, **97 501–504**, geliefert 1923/25, (bestellt als wü. Hz)

Bauart:	E z h4vt
Raddurchmesser:	1150 mm
Höchstgeschwindigkeit:	50 km/h* 10 km/h**
Zylinderdurchmesser:	560 mm
Kolbenhub:	560 mm
Kesseldruck:	14 at
Hfl. V+Ü:	117,1+42,3 m²
Länge über Puffer:	11870 mm
Wasservorrat:	7 m³
Kohlevorrat:	3 t
Dienstgewicht:	75 t
Leistung:	? kW

* Reibungsbetrieb **Zahnradbetrieb

Von den Zahnstangenabschnitten der Streckennetze der deutschen Länderbahnen war am steilsten der Abschnitt zwischen Honau und Lichtenstein in Württemberg mit einer Steigung von 100 Promille. Hier (und auch auf der Strecke Erlau – Wegscheid im östlichsten Bayern mit einer größten Steigung von 70 Promille) war zunächst nicht an den Übergang zum Reibungsbetrieb zu denken, wie er auf den preußischen Strecken (größte Steigung 67 Promille) und auf der badischen Höllentalbahn (55,9 Promille) vollzogen wurde. Vielmehr wurden auf der Strecke in der Schwäbischen Alb noch in den zwanziger Jahren die vorhandenen 1'C-Loks der Gattung Fz (DRG 97³) durch moderne Lokomotiven ersetzt. Wie in Württemberg üblich wurde die Maschinenfabrik Esslingen mit Konstruktion und Bau betraut. Man entschied sich für einen Fünfkuppler wiederum mit Riggenbach-Gegendruckbremse. Wie die Fz hatte auch die neue Hz zwei Zahnräder (Durchmesser 1082 mm). Doch anders als bei der Vorläuferbauart diente nur das hintere dem Antrieb. Das vordere fungierte als Bremszahnrad. Die Luftdruckbremse entsprach der Bauart Westinghouse.

Diese Lokomotiven blieben auf ihrer Stammstrecke im Einsatz, bis sie 1962 von Zahnrad-Schienenbussen der Baureihe VT 97 abgelöst wurden.

99¹⁰ Schmalspurloks für die Pfalz

K 33.8, **99 101–103**, geliefert 1923 als bay. Pts 3/3 H

Auf den pfälzischen Meterspurstrecken waren seit 1888 Nassdampf-Dreikuppler von Krauss eingesetzt. Mit vollständiger kastenförmiger Verkleidung entsprachen sie der damals üblichen Bauform von „Straßenbahnlokomotiven".

Anfang der zwanziger Jahre war eine Ergänzung des Bestandes von 14 Loks erforderlich. Krauss veränderte die ursprüngliche Konstruktion deutlich. Die drei neuen Loks wurden zeitgemäß als Heißdampfloks mit Heusinger-Steuerung ausgeführt. Die Verkleidung ließ nun zur Schonung des Personals vor zu großer Hitze die Rauchkammer frei; auch der Kohlenkasten war jetzt außen angebracht und konnte von oben befüllt werden. Die Maschinen blieben bis zur Stilllegung der Meterspurstrecken 1956/57 in der Region Ludwigshafen/Speyer in Betrieb.

Bauart:	C h2t
Spurweite:	1000 mm
Raddurchmesser:	845 mm
Höchstgeschwindigkeit:	30 km/h
Zylinderdurchmesser:	350 mm
Kolbenhub:	350 mm
Kesseldruck:	12 at
Hfl V+Ü:	35+10,1 m²
Länge über Kupplungen:	5945 mm
Wasservorrat:	2 m³
Kohlevorrat:	1,2 t
Dienstgewicht:	24,2 t
Leistung:	140 kW

99^{18} Schmalspurloks für die Feldabahn

K 55.8, **99 181–183**, geliefert 1923, (bestellt als pr. T 40)

Bauart:	E h2t
Spurweite:	1000 mm
Raddurchmesser:	850 mm
Höchstgeschwindigkeit:	30 km/h
Zylinderdurchmesser:	400 mm
Kolbenhub:	450 mm
Kesseldruck:	12 at
Verdampfungsheizfläche:	36 m²
Länge über Kupplungen:	9200 mm
Wasservorrat:	5 m³
Kohlevorrat:	2,5 t
Dienstgewicht:	37,3 t
Leistung:	147 kW

Steigende Güterverkehrsleistungen auf der Feldabahn von Dorndorf nach Kaltennordheim in Thüringen gaben Anlass zur Bestellung von drei leistungsfähigen Heißdampf-Fünfkupplern bei O&K. Sie erhielten nach ihrer Lieferung 1923 sofort Nummern nach dem Reichsbahnschema. Wie schon bei der T 39 (DRG 99^{43}), die derselbe Hersteller von 1919 bis 1926 für das Oberschlesische 785mm-Netz baute, wurden zur Verbesserung der Bogenläufigkeit die äußeren Radsätze nach dem Patent von Gustav Luttermöller mittels Zahnrädern angetrieben und radial auslenkbar angeordnet. Die beiderseits 65 mm weit beweglichen Lenkgestelle waren zugleich als Getriebekästen für die Kraftübertragung ausgebildet.

Die Loks wurden auf ihrer Stammstrecke bis zu deren Umbau auf Normalspur 1933 eingesetzt und kamen dann auf die Strecke Hildburghausen – Heldburg – Lindenau. Zwei wurden 1945 in die Sowjetunion abgefahren, die 99 183 war auf verschiedenen Meterspurstrecken der DDR bis 1969 aktiv.

99^{31} Schmalspurloks für „Molli"

K 44.8, **99 311–313**, geliefert 1923–24

Auf der mecklenburgischen Strecke Bad Doberan – Arendsee waren Dreikuppler aus dem Jahre 1910 im Einsatz und genügten den Anforderungen des Bäderverkehrs immer weniger. Daher bestellte die Rbd Schwerin bei Henschel Vierkuppler mit fast der doppelten Leistung. Sie waren allerdings als Nassdampfloks mit Flachschiebern im Prinzip schon von vorneherein veraltet. Bis zur Lieferung der 99 321–323 im Jahre 1932 (s. S. 97) beherrschten die 99 311–313 fast den gesamten Zugverkehr. Neben den 1'D1'-Loks konnten sich zwei dieser Schmalspurlokomotiven immerhin noch bis 1961 halten.

Bauart:	D n2t
Spurweite:	900 mm
Raddurchmesser:	830 mm
Höchstgeschwindigkeit:	30 km/h
Zylinderdurchmesser:	350 mm
Kolbenhub:	400 mm
Kesseldruck:	12 at
Verdampfungsheizfläche:	50 m²
Länge über Kupplungen:	7900 mm
Wasservorrat:	3,5 m³
Kohlevorrat:	1,5 t
Dienstgewicht:	31,9 t
Leistung:	125 kW

E 06

Eine Schnellzuglok für Mitteldeutschland

E 06 01–07, geliefert 1923/24 als ES 51–57

Bauart:	2'C2' w1k
Treibraddurchmesser:	1600 mm
Höchstgeschwindigkeit:	110 km/h
Übersetzungsverhältnis:	–
Anfahrzugkraft:	18,7 t
Stundenleistung:	2780 kW
Geschwindigk.bei St.lstg.:	67 km/h
Länge über Puffer:	15750 mm
Dienstgewicht:	111,6 t
Leistungskennziffer:	25 kW/t

Auf den in Mitteldeutschland elektrifizierten Strecken zwischen Leipzig und Magdeburg genügten die vorhandenen ES 9–19 aus dem Jahre 1914 nicht mehr den Anforderungen. Die 1919 in Auftrag gegebenen sehr viel größeren Lokomotiven sollten das Leistungsprogramm der S 10^1, der damals stärksten preußischen Dampfschnellzuglok, erfüllen. Bei der Wahl der Achsfolge orientierte man sich an der im Laufverhalten überzeugenden T 18 (DRG 78^0). Der Grundriss der Lok war auf den Einbau eines Heizkessels für die Zugheizung abgestellt, der dann aber nur auf einer Lok kurzzeitig vorhanden war, weil die Mitführung spezieller Heizwagen bessere Ergebnisse brachte. Entgegen der bereits erkennbaren internationalen Entwicklung zu kleineren und schnelleren Motoren mit Zahnradgetriebe zu den Radsätzen entschied man sich noch einmal für einen mächtigen Großmotor, der mit derselben Drehzahl wie die Radsätze lief. Der Ständer hatte einen Durchmesser von 3360 mm, der Läufer einen solchen von 2580 mm. Die Verkleidung des Motors ragte so weit über das Dach hinaus, dass die Dachleitung zwischen den Stromabnehmern durch sie hindurch geführt werden musste. Große Stangendreiecke mit zwei Blindwellen sorgten für eine stabile und schwingungsarme Kraftübertragung vom Motor zum Laufwerk. Fünf Loks hatten einen Öltransformator, die auch in anderen Teilen veränderten letzten beiden Maschinen einen Trockentransformator. Das Schaltwerk war als elektropneumatische Schützensteuerung ausgeführt.

Die im mechanischen Teil von BMAG und im elektrischen Teil von BEW gefertigten Loks bewährten sich, wobei die riesigen Motoren mit ihren 1134 Kommutatorlamellen sorgfältiger Beobachtung und intensiver Wartung in speziell eingerichteten Werkstätten bedurften. Die Maschinen wurden, soweit sie nicht Luftangriffen zum Opfer fielen, bis zur Demontage der Anlagen des elektrischen Zugbetriebes in Mitteldeutschland 1946 eingesetzt.

E 50[3+4]

Lokomotiven für das schlesische Gebirge

E 50 36–46, geliefert 1923/24 als EP 236–246 / **E 50 47–52**, geliefert 1923/24 als EP 247–252

Die Beschaffung einer schweren Personenzuglok für die schlesischen Gebirgsstrecken zog sich lange hin, weil bei der 1911 gebauten ersten vierfach gekuppelten Ellok Preußens extreme schädliche Schwingungen der beiden Motoren und des Gestänges festgestellt wurden, die zu einem völligen Misserfolg der Maschine führten. Die Bestellung von zehn 1'D1'-Loks wurde deshalb zugunsten von 2'B+B1'-Doppelloks storniert. Auch von dieser später als E 49 bezeichneten Maschine beschaffte man aber nur zwei Exemplare und verzichtete auf die vorgesehenen weiteren elf Stück, weil ihre Laufeigenschaften äußerst schlecht waren.

Eine 1917 von Linke-Hofmann und BEW gebaute einmotorige 2'D1'-Lok mit der Nummer EP 235 bewährte sich dann endlich. Daher bestellte die KPEV bei den gleichen Herstellern anstelle der elf stornierten Doppelloks dieselbe Anzahl einer aus der EP 235 weiterentwickelten 2'D1'. Das führende Drehgestell war mit der ersten Kuppelachse zu einem Lotter-Gestell zusammengefasst. Die zweite und dritte Kuppelachse waren im Blechrahmen seitenbeweglich gelagert. Der große 36-polige Fahrmotor entsprach dem der E 06. Nachdem die EP 235 den auch später nie mehr übertroffenen größten elektrischen Bahnmotor der Welt erhalten hatte, konnte der Motor für die E 50³ und die E 06 schon etwas kleiner gehalten werden. Der Trockentransformator der E 50³ entsprach dem der E 06 06 und 07. Auch die Kraftübertragung mit einem großen Stangendreieck und zwei Blindwellen war wie bei der E 06 gestaltet. Die Antriebseinheit aus Motor, Blindwellen, Treibachsen und Gestänge konnte bei der vierfach gekuppelten E 50 völlig symmetrisch aufgebaut werden.

Wegen des Mangels an leistungsfähigen Elloks erging an BMAG und MSW ein Auftrag über sechs ähnliche Loks, die als EP 247–252 in Betrieb gingen. Ihr Transformator war wie üblich ölgekühlt. Das handbetätigte Nockenschaltwerk war Vorbild für die spätere Einheits-Steuerung der elektrischen Lokomotiven der DRG.

Alle E 50 bewährten sich im Personen- und Güterzugdienst in Schlesien. Die bei einigen Loks vorhandenen Dampfheizkessel wurden später ausgebaut. In den späten zwanziger Jahren begann die Umbeheimatung der Loks nach Mitteldeutschland. Dort wurden sie dann bis zu ihrer Demontage im Jahr 1946 eingesetzt. Die Antriebseinheit der E 50 42 steht im Verkehrsmuseum in Dresden.

	E 50³	**E 50⁴**
Bauart:	2'D1' w1k	2'D1' w1k
Treibraddurchmesser:	1250 mm	1250 mm
Höchstgeschwindigkeit:	90 km/h	90 km/h
Übersetzungsverhältnis:	–	–
Anfahrzugkraft:	18,7 t	20,6 t
Stundenleistung:	2400 kW	1900 kW
Geschwindigk. bei St.lstg.:	58 km/h	60 km/h
Länge über Puffer:	14800 mm	15200 mm
Dienstgewicht:	108,6 t	114,2 t
Leistungskenniffer:	25,5 kW/t	21 kW/t

E 92 Güterzugloks für Schlesien

E 92 71–79, geliefert 1923 als EG 571–579

Wegen des großen Wartungs- und Instandhaltungsaufwandes bei den Stangenlokomotiven entschied sich die KPEV bei der Bestellung weiterer Güterzugloks für die schlesischen Strecken für die einfache Bauart mit Tatzlagerantrieb. Dies bedeutete aufgrund der damals in kleine Motoren installierbaren bescheidenen Leistung freilich auch eine Beschränkung der Anforderungen an die neue Loktype. Die 1923 von Linke-Hofmann und SSW gelieferten Loks bestanden aus zwei selbständig funktionsfähigen Hälften mit je drei angetriebenen Radsätzen. Damit ähnelte ihre Konzeption den zwischen 1919 und 1922 in Betrieb genommenen leistungsfähigeren Loks mit Stangenantrieb, die später als E 90 51–60 geführt wurden. Die mittleren Radsätze jeder Lokhälfte war seitenbeweglich gelagert. Der Maschinenraum zwischen den Führerständen war teilweise als Gepäckraum nutzbar. Die Hauptumspanner und die elektromagnetischen Schützenschaltwerke waren in den Vorbauten untergebracht. Die Motoren entsprachen denen der bereits vorhandenen Triebwagen mit der späteren Baureihenbezeichnung ET 88. Einrichtungen für die Zugheizung mit Dampf oder Strom besaßen die ausschließlich dem Güterverkehr gewidmeten Loks nicht.

Die Loks der Baureihe E 92 wurden zusammen mit den ebenfalls sechsachsigen E 90 (Baujahre 1919–22) und E 91[3] (Baujahre 1915–22) stets auf den schlesischen Gebirgsstrecken eingesetzt. Mitte der dreißiger Jahre wurde die Höchstgeschwindigkeit auf 60 km/h erhöht. Gleichzeitig wurden Einrichtungen für die Einheitszugheizung mit 800 V und 1000 V eingebaut. Nunmehr wurden sie auch vor Personenzügen verwendet. Ihr Einsatz endete erst mit der Beendigung des elektrischen Zugbetriebes in Schlesien nach dem Zweiten Weltkrieg.

Bauart:	Co+Co w6t
Raddurchmesser:	1300 mm
Höchstgeschwindigkeit:	60 km/h
Übersetzungsverhältnis:	5,27 : 1
Anfahrzugkraft:	21 t
Stundenleistung:	850 kW
Geschwindigk. bei St.lstg.:	14,5 km/h
Länge über Puffer:	17282 mm
Dienstgewicht:	114 t
Leistungskennziffer:	7,46 kW/t

E 73 05 Eine Lok für die Hamburger Hafenbahn

E 73 05, geliefert 1922 als Altona 5

BMAG und MSW lieferten 1922 eine neue Ellok zum Ersatz völlig veralteter Maschinen auf der Hafenbahn Altona mit dem abweichenden Stromsystem 25 Hz und 3 bzw. 6,3 kV. Als laufachslose Drehgestell-Lok mit Einzelachsantrieb mittels Tatzlagermotoren entsprach sie zwar einer zukunftweisenden Konzeption, war aber anspruchslos konstruiert. Sie blieb bis Anfang der fünfziger Jahre in Betrieb.

Bauart:	Bo'Bo' w4t
Raddurchmesser:	1400 mm
Höchstgeschwindigkeit:	50 km/h
Übersetzungsverhältnis:	4,81 : 1
Anfahrzugkraft:	14,2 t
Stundenleistung:	740 kW
Geschwindigkeit bei St.leistung:	30 km/h
Länge über Puffer:	12550 mm
Dienstgewicht:	70,4 t
Leistungskennziffer:	10,5 kW/t

$E\ 42^{1+2}$ Lokomotiven aus Verlegenheit

E 42 13, 14 und 15–19, geliefert 1924 als pr. EP 213–319

Aufgrund der günstigen Erfahrungen mit dem Wechselstrombetrieb auf den Hamburger Vorortstrecken begann die KPEV 1911 mit Planungen für die Elektrifizierung auch der Berliner Stadtbahn und der anschließenden Nahverkehrsstrecken mit derselben Stromart. Im Hinblick auf den großen Bestand an Abteilwagen sah man zunächst vor, die Züge mit führerstandlosen „Triebdrehgestellen“ zu bespannen. Die Führerstände sollten in den Endwagen der Garnituren installiert werden. Die zweiachsigen Triebgestelle ähnelten denen der gleichzeitig gelieferten Güterzugloks EG 511–537 (DRG E 71^1). Wie dort wurde die Kraft von einem hochgelagerten Motor mittels Zahnrädern auf eine Blindwelle und von dort über Kuppelstangen auf die Radsätze übertragen. Drei Triebgestelle wurden 1914 von AEG geliefert. Erst nach dem Ersten Weltkrieg erging die Bestellung über weitere elf Gestelle an die AEG und vier an die MSW. Noch während des Baus fiel aber die Entscheidung für die Elektrifizierung der Berliner Stadt-, Ring- und Vorortbahnen mit Gleichstrom. Daher wurden die Triebgestelle als Basis für leichte Personenzugloks verwendet. Je zwei Triebgestelle von MSW und BMAG wurden Basis für die EP 213 und 214, je zwei von AEG für die EP 215–219. Zu Lokomotiven wurden die Triebgestelle durch den Aufbau eines zentralen Brückenrahmens, auf dem der Maschinenraum mit den Stromabnehmern, den Führerständen, dem ölgekühlten Hauptumspanner und dem Schaltwerk Platz fand. Die handbetätigte Nockenschalter-Steuerung der MSW-Lokomotiven war aus der Steuerung der bayerischen EP 4 (DRG E 36^2) von 1913 entwickelt worden und glich der der E 50^4. Bei den AEG-Loks entsprachen die Motoren im Grundaufbau denen der EG 511–537 (DRG E 71^1).

Obwohl die Loks nicht „aus einem Guss“ konstruiert waren und ihre Triebgestelle teilweise aus der Pionierzeit vor 1914 stammten, bewährten sich die Maschinen im Personen- und Güterzugdienst auf den schlesischen Strecken sehr gut. Sie erfüllten die dortigen Anforderungen bis zur Einstellung des Wechselstrombetriebes im Jahre 1945.

	E 42 13,14	**E 42 15–19**
Bauart:	B'B' w2u	B'B' w2u
Raddurchmesser:	1500 mm	1500 mm
Höchstgeschwindigkeit:	70 km/h	70 km/h
Übersetzungsverhältnis:	85 : 24	95 : 26
Anfahrzugkraft:	15,3 t	13,5 t
Stundenleistung:	840 kW	780 kW
Geschwindigk. bei St.lstg.:	45 km/h	54 km/h
Länge über Puffer:	12900 mm	13380 mm
Dienstgewicht:	76 t	77, 2 t
Leistungskennziffer:	11,05 kW/t	10,1 kW/t

T 18 1001

Die Turbinenlok von Krupp und Zoelly

S 36.20 **T 18 1001**, geliefert 1924

Auf der eisenbahntechnischen Ausstellung in Seddin 1924 präsentierte Krupp eine Dampflokomotive, wie man sie in Deutschland noch nicht gesehen hatte. Die Reichsbahn hatte eine Lokomotive mit Turbinenantrieb in der Leistungsklasse der Baureihe 39 gefordert, um diese Alternative zur Kolben-Dampflok systematisch untersuchen zu können. Diese Bauart versprach Vorteile, allein schon, weil die kinematisch ungünstige Ableitung der Antriebskraft für die rotierenden Treibräder aus der Hin- und Herbewegung der Kolben entfiel.

Den Antrieb für Vor- und Rückwärtsfahrt besorgte eine Doppelturbine Bauart Zoelly. Sie lag quer unter der Rauchkammer und arbeitete über ein doppeltes Vorgelege, eine Blindwelle und Kuppelstangen auf die drei Kuppelradsätze. Mit Düsen konnte die Dampfzufuhr auf 9000, 6000 und 3000 kg/h eingestellt werden. Die Abstufung zwischen den Grundeinstellungen übernahm der übliche Regler. Der Abdampf wurde in zwei Oberflächenkondensatoren unter dem Langkessel niedergeschlagen, das gewonnene Wasser wurde in den Tender zurückgeleitet. Dadurch ergab sich ein geschlossener Wasserkreislauf. Kesselstein konnte hierbei nicht mehr auftreten. Da der Saugzug durch den in Richtung Schornstein geleiteten Maschinenabdampf entfiel, musste der ansonsten bis auf einen Rauchgasvorwärmer in üblicher Form konstruierte Kessel eine Saugzugturbine erhalten. Weitere Hilfsturbinen dienten dem Antrieb der Speisepumpen, der Luftpumpe sowie der Kühlwasserumlaufpumpe und der Ventilatoren für den Kondensator.

Die ersten Erprobungen zeigten keine günstigeren Verbrauchswerte als bei Regeldampfloks. Erst nach mehreren Umbauten konnte eine sensationelle Kohleersparnis von 34 % nachgewiesen werden, die sich aber im Regelbetrieb auf 17 % reduzierte. Überproportional viel Dampf wurde durch die Hilfsbetriebe sowie bei Rückwärtsfahrt verbraucht. Die T 18 1001 wurde später vom Bw Hamm zusammen mit Loks der Baureihe 01 im regulären Schnellzugdienst verwendet, musste aber häufig repariert und erneut umgebaut werden. 1939 wurde sie abgestellt.

1938 bestellte die Reichsbahn bei den Kruppwerken zwei weitere Turbinenlokomotiven mit der Achsfolge 1'D2' und einer Stromlinienverkleidung für eine Höchstgeschwindigkeit von 170 km/h. Sie sollten die Nummern T 09 001 und 002 erhalten. Der Zweite Weltkrieg verhinderte ihre Fertigstellung.

Bauart:	2'C1' h mit Turbine
Treibraddurchmesser:	1650 mm
Höchstgeschwindigkeit:	110 km/h
Kesseldruck:	15 at
Hfl V+Ü:	155+66 m²
Länge über Puffer:	23445 mm
Wasservorrat:	19,5 m³
Kohlevorrat:	6,5 t
Dienstgewicht:	112,4 + 66 t
Leistung:	1480 kW

T18 1002

Die Turbinenlok von Maffei

S 36.20 **T 18 1002**, geliefert 1926

Im September 1924 bestellte die Reichsbahn eine zweite Turbinenlok bei Maffei, entsprechend dem Leistungsprogramm der in Planung befindlichen Einheitsloks 01 und 02. In Grundaufbau und Antriebsanlage war sie wie die T 18 1001 angelegt, doch steigerte man den Kesseldruck auf zuvor unerreichte 22 at. Die achtstufige Curtis-Turbine für Vorwärtsfahrt und die fünfstufige Turbine für Rückwärtsfahrt saßen auf derselben Welle. Die Düsen zur Steuerung der Leistung wurden wir bei einer Kolbendampflok mit Steuerstange und Spindel geregelt. Die höchste Drehzahl der Turbine lag bei 8800 Umdrehungen pro Minute. Ein Zahnradgetriebe untersetzte die Rotation der Turbine im Verhältnis 24 : 1 auf die Blindwelle.

Die Kondensatoren mit Kühlwasserrohren aus Messing lagen zu beiden Seiten des Kessels. Hinter ihnen waren beidseitig Vorwärmer angeordnet. Auch bei der T 18 1002 musste eine besondere Turbine mit einem Schraubengebläse für den Saugzug sorgen. Sie war in der spitzen Rauchkammertür angeordnet. Die sonstigen Hilfsbetriebe waren bei dieser Lokomotive mit Kolbendampfmaschinen ausgerüstet.

Ähnlich wie bei der T 18 1001 und manchen Turbinenloks des Auslandes entsprachen Leistung und Verbrauch der Antriebsanlage durchaus den Erwartungen. Doch verbrauchten die komplizierten Einrichtungen zur Aufrechterhaltung des Speisewasserumlaufes mit der aufwendigen Kondensationsanlage zu viel Dampf. Dieser Umstand sowie die hohen Unterhaltungskosten ließen den theoretisch errechenbaren Vorteil der Turbinenlok im Vergleich zur Kolbenlok zusammenschmelzen. Die T 18 1002 blieb – abgesehen von langen Aufenthalten im Raw – bis in den Zweiten Weltkrieg hinein im Schnellzugdienst. Ein durchdringender Heulton machte im Betrieb schon vom Weitem auf den Sonderling im Lokbestand aufmerksam.

Nur am Rande kann in diesem Buch das letzte Turbinenexperiment der DRG behandelt werden: 1929 wurde die P 8 mit der Nummer 38 3855 mit einem Abdampfturbinentender von Henschel verbunden. Der Tender hatte die Achsfolge 1'B2' und war mit einer Turbine von Escher-Wyss aus Zürich ausgestattet. Auch diese Lok war mit einer Kondensationseinrichtung versehen und damit für einen geschlossenen Wasserkreislauf eingerichtet. Die Lok blieb bis 1937 in ihrer besonderen Bauform im Einsatz. Während neue Turbinenloks nicht mehr auf die Schienen kamen, erlangte die Abdampfkondensation später bei Kriegsloks der Baureihe 52 noch betriebliche Bedeutung.

Bauart:	2'C1' h mit Turbine
Treibraddurchmesser:	1750 mm
Höchstgeschwindigkeit:	120 km/h
Kesseldruck:	22 at
Hfl V+Ü:	159,7+51 m^2
Länge über Puffer:	24135 mm
Wasservorrat:	4 m^3
Kohlevorrat:	6 t
Dienstgewicht:	104 + 68 t
Leistung:	1480 kW

E 32 Die leichte Personenzug-Ellok für das bayerische Netz

E 32 06–34, geliefert 1924–25 als bay. EP 2 20006–20034

Bauart:	1'C1' w2u
Treibraddurchmesser:	1400 mm
Höchstgeschwindigkeit:	75 km/h
Übersetzungsverhältnis:	147 : 45
Anfahrzugkraft:	10,7 t
Stundenleistung:	1170 kW
Geschwindigk. bei St.lstg.:	60 km/h
Länge über Puffer:	13010 mm
Dienstgewicht:	84,8 t
Leistungskennziffer:	13,8 kW/t

Als in den frühen zwanziger Jahren im Zusammenhang mit der Fertigstellung des Walchensee-Kraftwerks die Elektrifizierung der südbayerischen Strecken von München nach Garmisch-Partenkirchen, Kufstein, Freilassing und Regensburg sowie einiger Ergänzungsstrecken in Angriff genommen wurde, musste auch die Beschaffung elektrischer Lokomotiven in einer bis dahin ungewohnten Stückzahl eingeleitet werden. Bislang waren für die bayerischen Staatsbahnstrecken nur 17 Elloks der Baujahre 1913–20 vorhanden.

Der Auftrag über 29 leichte Personenzugloks ging an Maffei und BBC. Das vor dem Ersten Weltkrieg bevorzugte und letztmals bei der E 06 befolgte Konzept mit langsam laufendem Großmotor wurde nun aufgegeben. Genau wie bei den elektrischen Lokomotiven für die Schweiz, an deren Bau und Entwicklung BBC großen Anteil hatte, und genauso wie schon bei den E 71 und E 42, setzte man nun auf kleinere Motoren mit größerer Drehzahl und Zahnradgetriebe. Beibehalten wurde – wie in der Schweiz, in Österreich und in Schweden – zunächst der Stangenantrieb.

Die E 32 erhielt einen Blechrahmen mit Stahlgussquerversteifungen. Auf diesem war der ölgekühlte Hauptumspanner und der Motorblock angeordnet. Die beiden Motoren ruhten in einem gemeinsamen Stahlgusstrog und arbeiteten auf ein Vorgelege. Von hier aus wurde die Kraft mittels schräger Treibstangen auf eine Blindwelle und von dort wiederum mittels Kuppelstangen auf die drei angetriebenen Radsätze übertragen. Die Maschinenseite, auf der neben der Blindwelle nur eine Kuppelachse lag, wurde als „vorne" bezeichnet. Hier war die Laufachse mit der Kuppelachse zu einem Krauss-Helmholtz-Gestell zusammengefasst. Die „hintere" Laufachse lag in einem Bisselgestell .

Die Motoren entsprachen im elektrischen Aufbau denen der gleichzeitig entwickelten Schnellzuglok E 16. Wesentliche Teile der elektrischen Ausrüstung wie Stromabnehmer, Hauptschalter, Zugheizungsschütz und Hilfsbetriebemotoren entsprachen den damals für Elloks

der DRG erstmalig festgelegten Einheitsausführungen.
Die Loks wurden mit Erfolg auf allen in den zwanziger Jahren elektrifizierten bayerischen Strecken eingesetzt. Acht von ihnen erhielten 1935/36 eine geänderte Übersetzung und wurden für eine Höchstgeschwindigkeit von 90 km/h zugelassen. Sie erhielten die Nummern E 32 101–108. Neben der E 44 und erst recht ab 1956 neben der E 41 verlor die E 32 immer weiter an Bedeutung. Zuletzt mit der Bereitstellung bzw. Abholung von Zuggarnituren im Münchner Hauptbahnhof beschäftigt wurden die letzten Exemplare 1971 abgestellt.

E 52 Die schwere Personenzug-Ellok für das bayerische Netz

E 52 01–35, geliefert 1924–26 als bay. EP 5 21501–21535

Während für die Entwicklung einer Ellok in der Größenklasse der E 32 kein Neuland beschritten werden musste, erforderte die Konstruktion der fast doppelt so starken E 52 erheblichen Aufwand. Ausgangspunkt war der Entwurf einer 1'BB1'-Lok mit 1200 kW Stundenleistung. Aus Gewichtsgründen wurde daraus eine 2'BB1' und aus Gründen der Symmetrie schließlich eine 2'BB2'. Sie blieb die einzige deutsche Ellok mit acht Radsätzen in einem Hauptrahmen und zugleich die längste Ellok mit durchgehendem Rahmen. Zeitknappheit zwang zu dem Wagnis, die bislang zahlenstärkste deutsche Ellokbaureihe ohne Erprobung von Prototypen in Auftrag zu geben.

Bauart:	2'BB2' w4u
Treibraddurchmesser:	1400 mm
Höchstgeschwindigkeit:	90 km/h
Übersetzungsverhältnis:	86 : 30
Anfahrzugkraft:	20 t
Stundenleistung:	2200 kW
Geschwindigk. bei St.lstg.:	62,5 km/h
Länge über Puffer:	17210 mm
Dienstgewicht:	140 t
Leistungskennziffer:	15,7 kW/t

Die E 52 wurde vorne und hinten von den seitenbeweglich gelagerten zweiachsigen Drehgestellen geführt. Von den vier angetriebenen Radsätzen waren drei ebenfalls seitenbeweglich gelagert, sodass die Lokomotive keinen festen Achsstand hatte. In der Mitte der Lok befand sich unter dem Dachaufbau der Hauptumspanner. Der Blechrahmen wurde durch Stahlguss-Querversteifungen stabilisiert. Diese trugen auch die Motoren, die über das jeweilige Vorgelege und eine schräge Treibstange wie bei der E 32 die Blindwelle und mittels Kuppelstangen die Radsätze antrieben. Als Hauptschalter wurde ein Einheits-Ölschalter verwendet. Der Transformator war mit Ölumlaufkühlung ausgestattet. Je zwei ständig in Reihe geschaltete Motoren waren zu einem Doppelmotor zusammengefasst. Die elektromagnetische Schützensteuerung erlaubte die Wahl von 19 Fahrstufen. Ab 1929 wurde eine Sicherheitsfahrschaltung von BBC eingebaut. Die BBC-Stromabnehmer wurden durch solche der Einheitsbauart SBS 9 ersetzt. Beginnend in den dreißiger Jahren wurden die Türen in den Stirnwänden mit den Übergangsbrücken zur Zuggarnitur entfernt. Ab 1955 wurden die Loks grundüberholt und in gewissem Umfange modernisiert.

Die E 52 bewährte sich auf fast allen in den zwanziger und dreißiger Jahren elektrifizierten bayrischen Strecken vor allem im Personenzugdienst. Aus dem anfänglichen Dienst vor Schnellzügen wurde die E 52 wegen ihrer zu geringen Höchstgeschwindigkeit recht bald von der E 16 verdrängt. Nach dem Zweiten Weltkrieg wurde sie vor allem im Nahverkehr, später auch im Zustelldienst für den Frankfurter Hauptbahnhof und zuletzt im Güterzugdienst des Bw Kaiserslautern eingesetzt. 1972 wurde die letzte abgestellt. Die E 52 war wie alle bayerischen Elloks ihrer Generation in verschiedenen Lackierungen zu beobachten: Angeliefert wurden sie mit einer rotbraunen Farbgebung. Diese wurde später auf die reichsbahnweit genormte graublaue Lackierung und nach 1950 auf das nun übliche Grün umgestellt. Die E 52 34 ist Museumslok der DB.

Deutsche Reichsbahn
Bayern
EP5
21501
AEG
H

E 77 Elektrische Güterzuglok für Bayern und Mitteldeutschland

E 77 01–31, gel. 1924–26 als bay. EG 3 22001–20031/**E 77 51–75**, gel. 1924–25 als pr. EG 701–725

Gemeinsam für das bayerische und das mitteldeutsche Netz wurde eine Lokomotive für mittelschwere Güterzüge bestellt und entwickelt. Der Fahrzeugteil wurde von BMAG entworfen und von Krauss für die bayerische und von BMAG und Linke-Hofmann für die preußische Serie gebaut. Die Lieferung der elektrischen Ausrüstungen teilten sich MSW und BEW.

Das Laufwerk der E 77 war in zwei Rahmen mit je einer Laufachse, zwei Treibachsen und der zugehörigen Antriebseinheit geteilt. Zwischen den beiden äußeren Kastenteilen lag ein Mittelteil mit Kugelzapfen brückenartig auf den beiden Rahmenteilen auf. Auf den äußeren Kastenteilen waren die beiden Stromabnehmer montiert. Im mittleren Teil waren der Hauptschalter und der Öltransformator mit Zwangsumlauf sowie die Schützensteuerung untergebracht. Für jede Antriebshälfte war ein Motor zuständig, der mittels Zahnradgetriebe auf die Blindwellen arbeitete. Von dort führte ein Winterthur-Schrägstangenantrieb die Energie zu den Radsätzen. Die drei Kastenelemente waren mittels Faltenbälgen verbunden. Die aus Profilgerippen mit Stahlblechverkleidung erstellten Gehäuse unterschieden sich bei den bayerischen und mitteldeutschen Loks: Die Loks für Bayern besaßen in den Stirnfronten Übergangstüren zu den Wagen.

Bauart:	(1B)(B1) w2u
Treibraddurchmesser:	1400 mm
Höchstgeschwindigkeit:	65 km/h
Übersetzungsverhältnis:	110 : 42
Anfahrzugkraft:	24 t
Stundenleistung:	1880 kW
Geschwindigk. bei St.lstg.:	44 km/h
Länge über Puffer:	16250 mm
Dienstgewicht:	113 t
Leistungskennziffer:	16,6 kW/t

Die E 77 war nicht die erste deutsche Ellok, die zwar im elektrischen Teil durchaus funktionstüchtig war, im mechanischen Teil jedoch nicht befriedigen konnte. Die geteilte Bauart führte nicht wie erhofft zu günstigen Fahreigenschaften im Gleisbogen, sondern zu einem sehr unruhigen Lauf. Nachdem zunächst die Laufachsen fest, die vorderen und hinteren Kuppelachsen hingegen seitenbeweglich gelagert waren, wurde ein Umbau dahingehend vorgenommen, dass nunmehr die Treibachsen fest und die Laufachsen beweglich angeordnet wurden. Aus Platzgründen schied eine radiale Einstellbarkeit aus, sodass man sich mit einer Seitenbeweglichkeit um 30 mm in jede Richtung begnügen musste. Der Umbau führte zu keiner entscheidenden Verbesserung. Auch der Einbau einer Querkupplung zwischen den Fahrgestellen brachte keine Abhilfe.

Trotz ihrer Mängel konnte die E 77 im mittleren Personen- und Güterzugdienst in Oberbayern und Mitteldeutschland ihren Platz finden. 1943 wurden die süddeutschen Loks in die Rbd'en Halle und Hannover versetzt. Dafür wurde die E 75 in der Rbd München konzentriert. Mit dem Abbau der Einrichtungen der elektrischen Zugförderung in Mitteldeutschland 1946 endete zunächst der Einsatz der E 77. Nach der Rückgabe aus der Sowjetunion arbeitete die DR zehn Loks auf und verwendete sie zwischen 1960 und 1967. Die E 77 10 blieb als betriebsfähige Museumslok erhalten.

E 77 70

H
E 91 11

E 91

Schwere Güterzug-Ellok für Bayern und Schlesien

E 9101–20, gel. 1924–27 als bay. EG 5 22501–22520 / **E 9181–94**, gel. 1924–25 als pr. EG 581–594

Wie die E 77 wurde auch eine ähnlich konzipierte schwere Güterzuglok für zwei Einsatzgebiete gemeinsam beschafft, wobei die preußischen Einsatzstrecken diesmal in Schlesien lagen. Die Fahrzeugteile für die in Bayern einzusetzenden Loks wurden von Krauss gebaut, die elektrischen Teile für zwei Loks bei der AEG und für den Rest von SSW. Die Lokomotiven für Schlesien wurden einheitlich bei der AEG gefertigt.

Wie bei der E 77 waren Lauf- und Antriebswerke in zwei Hälften geteilt. Jede bestand aus drei angetriebenen Radsätzen und einem Doppelmotor. Die Kraftübertragung war ebenfalls mit Zahnradgetriebe, Blindwelle und Winterthur-Schrägstangenantrieb ausgestaltet. Die Doppelmotoren entsprachen denen der E 52. Die Anordnung von Stromabnehmern, Hauptschaltern, Transformatoren und Schaltwerken war dieselbe wie bei der E 77, wobei die Leistung deutlich höher lag. Viele Bauteile entsprachen nun schon Einheitsausführungen und konnten mit solchen der Baureihen E 32, E 52 und E 77 getauscht werden. Die bayerischen Loks hatten Übergangstüren in den Stirnwänden.

Wie bei der dreigeteilten E 77 konnten auch bei der E 91 die Laufeigenschaften nicht gänzlich befriedigen, sodass die Höchstgeschwindigkeit auf 55 km/h begrenzt bleiben musste. Wegen des Einsatzes vor schweren Güterzügen auf steigungsreichen Strecken mit ohnehin geringen Geschwindigkeiten wirkte sich dieser Mangel aber im Betrieb weniger deutlich aus.

Die meisten mitteldeutschen Lokomotiven wurden in den dreißiger Jahren nach Bayern versetzt. Nach dem zweiten Weltkrieg wurde die E 91 von der DB als Schiebelok im Frankenwald, später aber nur noch an den Ablaufbergen großer Rangierbahnhöfe verwendet. Die gelenkige Bauweise hatte hier nämlich durchaus einige Vorteile. Erst 1974 konnte man auf sie verzichten. Bei der DR wurde eine Aufarbeitung der aus der Sowjetunion zurückgegebenen Exemplare erwogen, dann jedoch nicht mehr verwirklicht.

Bauart:	C'C' w4u
Raddurchmesser:	1250 mm
Höchstgeschwindigkeit:	55 km/h
Übersetzungsverhältnis:	101 : 25
Anfahrzugkraft:	30 t
Stundenleistung:	2200 kW
Geschwindigk. bei St.lstg.:	39,2 km/h
Länge über Puffer:	16700 mm
Dienstgewicht:	123,7 t
Leistungskennziffer:	17,8 kW/t

Abschiedsserien der Hamburger Wechselstrom-S-Bahn

1589 a/b – 1645 a/b, geliefert 1924–1932 als Altona 641 a/b – 695 a/b

Die KPEV hatte im Jahre 1907 den ersten elektrischen Hauptbahnbetrieb in Deutschland auf der Hamburger Stadt-

Bauart:	Bo'2'2' w2t
Raddurchmesser:	1000 mm
Höchstgeschwindigkeit:	60 km/h
Sitzplätze 2. Kl.	34
Sitzplätze 3. Kl.	71
Stundenleistung:	294 kW / 300 kW (ab elT 1624)
Geschwindigk. bei St.lstg.:	42 km/h
Länge über Puffer:	30000 mm
Dienstgewicht:	66,3 t

und Vorortbahn mit dem Wechselstromsystem 6 kV/ 25 Hz eröffnet. Bis zum Ersten Weltkrieg waren 140 Doppeltriebwagen beschafft worden. Sie bestanden jeweils aus zwei Abteilwagen mit Drehgestellen am führerseitigen Ende und einem Radsatz am Kurzkupplungsende. Bei den ersten sechzig Einheiten waren bei einem Drehgestell beide Radsätze und beim anderen Drehgestell ein Radsatz motorisiert, bei den weiteren Einheiten hatte man sich mit einem Triebdrehgestell begnügt und den anderen Wagen als antriebslosen Steuerwagen ausgerüstet.

In den zwanziger Jahren wurde eine Verstärkung, teilweise auch schon ein Ersatz, des vorhandenen Bestandes erforderlich. Im wagenbaulichen Teil folgte die aktualisierte Konstruktion den Fortschritten, wie sie auch allgemein für den Übergang von den alten preußischen Abteilwagen zu den ersten Einheitsbauarten der Deutschen Reichsbahn zu verzeichnen sind: Der Wagenkasten war anstelle von Holz nunmehr aus Stahlblech gefertigt; das unterhaltungsaufwendige und gegen Nässe schwer dicht zu haltende Oberlichtdach wurde durch ein stählernes Tonnendach ersetzt. Die Zahl der Abteile und damit auch der notwendigen Fenster und Türen wurde vermindert. Die Laufeigenschaften verbesserte man erheblich, indem man die beiden Radsätze am Kurzkupplungsende durch ein Jakobs-Drehgestell ersetzte, das die beiden Hälften im Betrieb unlösbar zusammenfasste. Die Waggonfabriken Wumag und Wismar lieferten die Fahrzeugteile, BBC und die von AEG und SSW gebildete Liefergemeinschaft Wasseg die elektrischen Ausrüstungen. Der angetriebene Teil trug zwei Stromabnehmer. Bei den 1924/25 gebauten Fahrzeugen waren dies noch einfache Schleifbügel, bei den 1927–32 gebauten verbesserten Zügen ab Nr. 1624 ging man zu Scherenstromabnehmern über. Ab 1928/29 wurden vorhandene und noch zu liefernde Wagen von Puffern und Kupplungen der Regelausführung auf Scharfenberg-Mittelpufferkupplung umgerüstet.

Nach Auslieferung der neuen Züge wurden die meisten Altfahrzeuge modernisiert, einige aber auch ausgemustert. Als 1940 die Umstellung des Hamburger S-Bahn-Netzes auf Gleichstrombetrieb mit Stromschiene nach Berliner Vorbild begann, konnten die Fahrzeuge der Anfangszeit fast zur Gänze ausgeschieden werden. Die Züge der Baujahre 1924 ... 32 wurden zu einem erheblichen Teil noch bis zur Beendigung des Wechselstrombetriebes im Jahre 1955 verwendet. Die geplante Umzeichnung auf die Reihenbezeichnung ET 99 fand nur noch auf dem Papier statt.

ET 169

Triebzüge „Bauart Bernau“ für die Berliner S-Bahn

ET 169 001 a/b – 017 a/b, und EB 169 001 a/b/c – 017 a/b/c, gel. 1924 als elT/elB 2101–34/ 5101–51, ab 1931: 3023–56/ 6031–81

Während die Berliner U-Bahn längst auf einem immer größeren Streckennetz elektrisch fuhr, dauerten die Überlegungen und Versuche zur Elektrifizierung der staatlichen Stadt-, Ring- und Vorortbahnen fast zwanzig Jahre. Sie begannen um die Jahrhundertwende und dauerten bis über die Bildung von Groß-Berlin am 1. Oktober 1920 hinaus an. Zunächst hatte man keinen Inselbetrieb mit Stromschiene einrichten wollen, sondern einen mit den Fernbahnprojekten in Mitteldeutschland und Schlesien kompatiblen Fahrleitungsbetrieb. Aus technischen und finanziellen Gründen fiel 1921 dann doch die Entscheidung für einen Betrieb mit 800 V Gleichstrom und seitlicher Stromschiene. Dabei spielte auch die Erkenntnis eine Rolle, dass der Fahrdraht der Fernbahnen Berlin nicht so bald erreichen würde. (Dass dies noch mehr als 60 Jahre dauern sollte, ahnte man freilich nicht.)

Die günstigste Gestaltung der zu beschaffenden Triebwagen wurde mit sechs unmotorisierten und zehnteiligen Versuchszügen „A–F“ untersucht. Aufgrund der Erfahrungen wurden 17 Halbzüge bestellt. Jeder bestand aus zwei vierachsigen Triebwagen und drei zweiachsigen Mittelwagen. Zwei Halbzüge konnten mit amerikanischen Willison-Kupplungen zu einem Vollzug vereinigt werden. 1930–33 wurden sie auf die deutsche Scharfenberg-Kupplung umgestellt. Die Wagen hatten Untergestelle aus Profilträgern und Kästen aus Profilstahl mit Blechbeplankung. Die Laufräder waren mit 850 mm kleiner als die Treibräder. Bei den Türen waren keine Trittstufen vorgesehen, da die Bahnsteige einheitlich auf eine Höhe von 960 mm gebracht wurden. Anfänglich waren die Züge dunkelgrün mit rotbraunem Dach lackiert; ab etwa 1930 erhielten sie den noch heute in Berlin gebräuchlichen Anstrich in ocker und bordeauxrot. Für den Bau dieser Serie und der weiteren Triebwagen für Berlin taten sich mehrere Firmen zur „Deutschen Wagenbauvereinigung“ zusammen. Ebenfalls gemeinsam wurden AEG, BEW, MSW und SSW bei der Fertigung der elektrischen Ausrüstungen tätig. 15-stufige Nockenschaltwerke steuerten die vierpoligen Reihenschlussmotoren.

Mit den fortan so bezeichneten Zügen der „Bauart Bernau“ wurde am 8. August 1924 der elektrische Betrieb auf der Strecke vom Stettiner Vorortbahnhof nach Bernau eröffnet. Dieser Tag gilt als Geburtstag der (damals noch nicht so bezeichneten!) Berliner S-Bahn.

Bald zeigten sich Mängel der Pionierfahrzeuge. Für die häufigen Anfahrten waren sie untermotorisiert, die Höchstgeschwindigkeit war zu gering. Die zweiachsigen Mittelwagen hatten schlechte Laufeigenschaften. Für verkehrsruhige Zeiten wünschte man eine Teilungsmöglichkeit in Viertelzüge und daneben auch eine automatische Türschließeinrichtung.

In modernisierter Form waren Züge der Reihe ET 169 noch bis 1962 im Einsatz. Einige wurden dann noch für die U-Bahn in Ost-Berlin umgebaut.

Bauart:	Bo'2' g2t +2 +2 +2 + 2'Bo' g2t
Treibraddurchmesser:	1000 mm
Höchstgeschwindigkeit:	70 km/h
Sitzplätze 2. Kl.:	50
Sitzplätze 3. Kl.:	190
Stundenleistung:	416 + 416 kW
Geschwindigk. bei St.lstg.:	38 km/h
Länge über Kupplung:	20400 mm (ET) und 10050/10375 mm (EB)
Länge über Kupplung Halbzug:	71600 mm
Dienstgewicht:	46,8 t (ET) und 15,5/15,9 t (EB)
Dienstgewicht Halbzug:	140,9 t

VT 701–716 Zweiachsige benzolmechanische Triebwagen schwerer Bauart geliefert 1925–27

Bereits im Jahre 1894 hatte die Erprobung von Triebwagen mit Verbrennungsmotoren begonnen. Diese Fahrzeugart kam aber bei den Länderbahnen über ganz wenige Pionierexemplare nicht hinaus. Der fahrleitungsunabhängige Triebwagen hatte zunächst nur in Form des Akkumulatortriebwagens Erfolg. Während die auf diesem Gebiet weltweit führende KPEV 1916 nicht weniger als 182 zwei- und dreiteilige „Speichertriebwagen“ einsetzte, wurden alle Triebwagen mit Verbrennungsmotor im Laufe des Ersten Weltkriegs abgestellt. Von 1918 bis 1925 waren solche Fahrzeuge auf deutschen Staatsbahngleisen so gut wie nicht vertreten.

Der Erste Weltkrieg hatte allerdings große Fortschritte beim Serienbau von Vergaser- und Dieselmotoren und bei der Ertüchtigung von Nutzfahrzeugen für den Alltagsbetrieb gebracht. Schon sehr bald nach Kriegsende wurde die Konkurrenz des motorisierten Straßenverkehrs für die Eisenbahn in großer Schärfe erkennbar. Es lag nun nahe, der vollgummi- oder luftbereiften Konkurrenz mit ihren eigenen Mitteln Paroli zu bieten und die Entwicklung motorbetriebener Schienenfahrzeuge auf eine neue Stufe zu heben.

Als ein Neubeginn des Zeitalters der Motortriebwagen in Deutschland kann die eisenbahntechnische Ausstellung in Seddin 1924 bezeichnet werden, waren dort doch nicht weniger als acht Verbrennungstriebwagen ausgestellt. Aufgrund der gewonnenen Anregungen beschaffte die Reichsbahn alsbald Triebwagen verschiedener Hersteller und Bauformen. Zunächst handelte es sich aber naturgemäß nur um Baumuster- und Versuchsfahrzeuge zur Gewinnung von Erfahrungen für eine eventuelle Serienbeschaffung.

Eine sehr einfache Form des Triebwagens war der zweiachsige Wagen mit Vergasermotor und mechanischer Kraftübertragung. Hiervon wurden zwischen 1925 und 1927 zwölf Einzelwagen und zwei Doppelwagen beschafft. Wagenbaulich entsprachen die Triebwagen zweiachsigen Personenwagen mit Holz- bzw. Stahlaufbauten. Die Wagen 705–712 hatten außer Endeinstiegen auch Mitteleinstiege.

Die Doppelwagen 713/14 und 715/16 waren den 701–704 maschinell gleich. Die Motoren und Getriebe konnten teilweise unter den Wagenkästen Platz finden. Die Kraftübertragung zu den Treibachsen geschah mittels Gelenkwellen. Die Kühler waren an den Stirnseiten der Wagen oder auf den Dächern angebracht.

Alle Triebwagen waren ausgesprochene Nebenbahnfahrzeuge. Ihre Lackierung war anfangs grün und später entsprechend der Reichsbahnnorm weinrot und elfenbein.

Aufgrund ihrer robusten Bauart waren die Fahrzeuge bis in die Kriegszeit, teilweise aber sogar noch bis in die fünfziger Jahre, im Einsatz.

	701–704	**705–708**	**709–712**	**713/14–715/16**
Bauart:	A1 bm	A1 bm	A1 bm	A1+1A bm
Treibraddurchmesser:	850 mm	1000 mm	1000 mm	850 mm
Höchstgeschwindigkeit:	50 km/h	60 km/h	60 km/h	60 km/h
Motorleistung:	55 kW	74 kW	55 kW	2 x 55 kW
Zahl der Zylinder pro Motor:	6	4	6	6
Länge über Puffer:	12900 mm	12800 mm	13600 mm	25050 mm
Dienstgewicht besetzt:	22,9 t	23,2 t	25,1 t	44,3 t
Sitzplätze 2. Klasse:	–	–	–	–
Sitzplätze 3. und 4. Klasse:	50	46	44	92
Hersteller Wagenteil:	LHB Köln	Werdau	Gotha	Wegmann
Hersteller Motor:	NAG	Daimler	NAG	NAG
Hersteller Getriebe:	NAG	Werdau	Gotha	NAG
Baureihe bei DB:	–	VT 86⁹	–	VT 87⁹

VT 751-766 Vierachsige benzolmechanische Triebwagen schwerer Bauart geliefert 1925–29

Aus Gründen der Kapazität und der Laufeigenschaften und um dem Einsatz von Triebwagen auch auf Hauptbahnen näherzutreten, bestellte die Reichsbahn parallel zu den zweiachsigen Wagen auch vierachsige Drehgestellfahrzeuge. Die VT **751–754** wurden komplett von den DWK gebaut. Vom vierstufigen Wechsel- und Wendegetriebe aus wurden mit Gelenkwellen die beiden inneren Achsen der Drehgestelle angetrieben. Die Kühler waren auf dem Dach angebracht. Schon kurze Zeit nach Lieferung neumotorisiert kamen alle vier Triebwagen zur DB.

Die VT **755 und 756** können wagenbaulich und maschinell als verdoppelte Ausführung der Bauart VT 701–704 bezeichnet werden. Jeweils eine der dort verwendeten Antriebsanlagen arbeitete mittels Gelenkwelle auf die innere Achse des jeweiligen Drehgestells. Der VT 755 wurde nach einem Brandschaden schon 1931 ausgemustert, der VT 756 folgte im Jahre 1946.

Ebenfalls zwei Antriebsanlagen besaßen die großen und robusten Wumag-Triebwagen **757–762**. Die Büssing-Motoren entstammten dem LKW-Bau. Erstmals war die gesamte maschinelle Ausrüstung in den Drehgestellen untergebracht und beanspruchte keinen Platz im Wagenraum mehr. Die letzten beiden Wagen waren geringfügig verändert. Nach einigen Umbauten der Motoren und Getriebe konnte die Höchstgeschwindigkeit auf 85 km/h heraufgesetzt werden. Die Wagen wurden unter anderem an der Mosel, in Schlesien und in Ostpreußen erprobt, anfang der dreißiger Jahre dann aber in der Rbd Nürnberg zusammengefasst. Die DB verwendete noch alle sechs unter der nunmehrigen Bezeichnung VT 66^9 bis in die fünfziger Jahre.

Die VT **763–765** wurden im Wagenteil von der Dessauer Waggonfabrik gebaut und liefen zunächst als Dieseltriebwagen mit den Nummern 862–864. Nach ihrem alsbaldigen Umbau auf Vergasermotoren entsprachen sie aber maschinell den VT **757–760**. Auch sie liefen als VT 66 noch bei der DB.

Ein Sonderfall war der kleinere und leichtere VT **766**: Er war von einer ausländischen Bahn bestellt, aber nicht abgenommen worden. 1932 übernahm ihn die DRG. Nach dem Zweiten Weltkrieg trug er die DB-Nummer VT 85 905.

	751–754	**755–756**	**757–762**	**763–765**	**766**
Bauart:	(1A)(A1)bm	(1A)(A1)bm	(A1)(1A)bm	(1A)(A1)bm	(1A)(A1)bm
Treibraddurchmesser:	850 mm	850 mm	1000 mm	1000 mm	1000 mm
Höchstgeschwindigkeit:	60 km/h	60 km/h	70 km/h	70 km/h	70 km/h
Motorleistung:	110 kW	2 x 55 kW	2 x 66 kW	74 kW	110 kW
Zahl der Zylinder pro Motor:	6	6	6	6	6
Länge über Puffer:	18400 mm	17020 mm	21000* mm	21420 mm	14600 mm
Dienstgewicht besetzt:	38,3 t	35,4 t	47,1* t	52,4 t	25,4 t
Sitzplätze 2. Klasse:	–	–	16*	10 16	
Sitzplätze 3. und 4. Klasse:	78	66	75*	62 34	
Hersteller Wagenteil:	DWK	LHB Köln	Wumag	Dessau	DWK
Hersteller Motor:	DWK	NAG	Büssing	Büssing	DWK
Hersteller Getriebe:	DWK	NAG	ZF	ZF DWK	
Baureihe bei DB:	VT 85^9	–	VT 66^9	VT 66^9	VT 85^9

* VT 761 und 762 Abweichungen

H 17 206 Die erste Hochdruckdampflok

S 35.17, **H 17 206**, umgebaut 1925 aus 17 206 (Baujahr 1915)

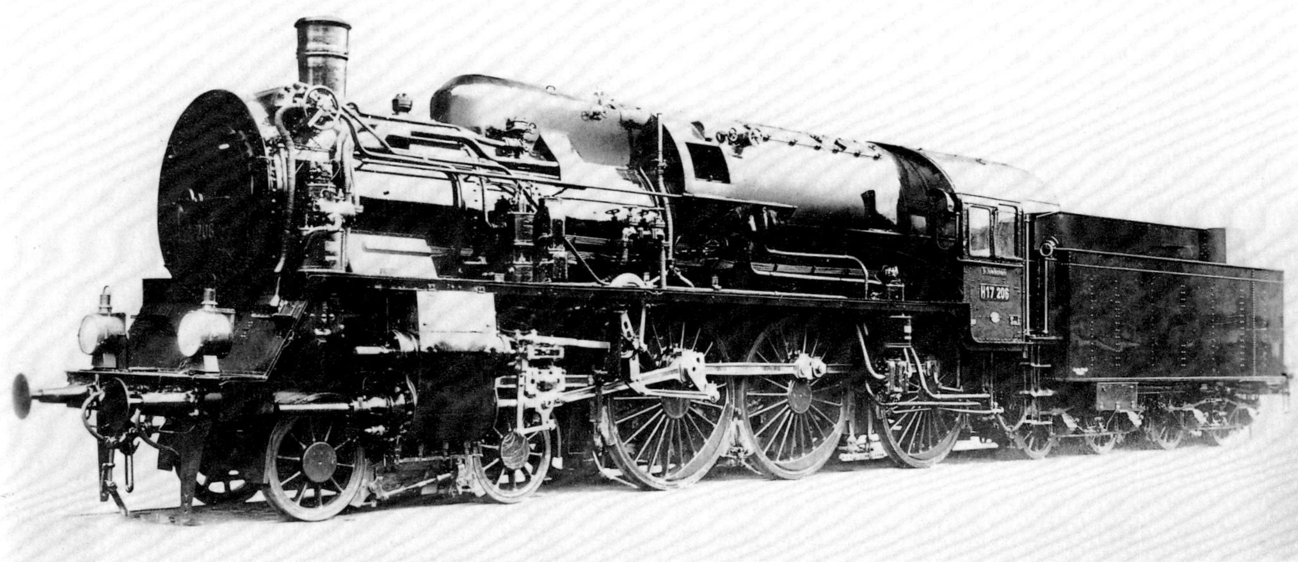

mit einem Druck von 90 at zirkulierte und erhitzt wurde. Dieses Wasser gab seine Wärme wiederum an das Wasser bzw. den Dampf im Hochdruckkessel ab. Der Hochdruckdampf arbeitete mit 60 at im Innenzylinder. Nach Entspannung auf 14 at wurde er in zwei Mischkammern in der Rauchkammer mit dem Frischdampf aus dem Langkessel gemischt.
Wie schon für die Turbinenloks und wie für so manche frühere und ältere genial ersonnene Sonderform der Dampflokomotive galt auch für die H 17 206: Die Grundidee erwies sich als richtig, doch konnte die hochgezüchtete Technik den Beanspruchungen im Betrieb nicht standhalten. Die wärmewirtschaftlichen Einsparungen wurden durch den erhöhten Unterhaltungsaufwand entwertet. 1936 wurde die Lok ausgemustert. Bei stationären Dampferzeugern, etwa in Kraftwerken, wurde der Schritt zu hohen Drücken mit Erfolg vollzogen.

Dampfüberhitzung und Speisewasservorwärmung als letzte in größerer Breite wirksame Errungenschaften des Dampflokbaus waren Mitte der zwanziger Jahre schon wieder ein Vierteljahrhundert alt. Die Fortschritte der Fahrzeuge mit Elektro- und Verbrennungsmotoren ließen absehbar werden, dass die Dampflok ins Hintertreffen geraten würde. In mehreren Ländern bemühten sich Bahnverwaltungen, Industrie und Wissenschaft um Innovationen im Lokomotivbau. Auf S. 20 u. 21 wurden bereits Turbinenloks als Beiträge deutscher Technik zu dieser internationalen Entwicklung vorgestellt.
Frühzeitig wurde die Erhöhung des Dampfdrucks auf bisher nicht gekannte Werte als Weg zu mehr Leistung und Wirtschaftlichkeit in Betracht gezogen. Die Reichsbahn stellte der Firma Henschel eine preußische Drillingsschnellzuglok der Gattung S 10^2 mit der Nummer 17 206 für eine experimentelle Umgestaltung zur Verfügung. Nach dem Umbau hatte die Lok zwei getrennte, jedoch von einer gemeinsamen Feuerung beheizte Kessel. Im Langkessel üblicher Bauart wurde Dampf mit 14 at Druck erzeugt, der nach Überhitzung und nach Mischung mit dem Abdampf des Hochdruckzylinders in den Außenzylindern arbeitete. Die bisherige Feuerbüchse war durch ein in sich geschlossenes Röhrensystem ersetzt, in dem destilliertes Wasser

Bauart:	2'C h3(v)
Treibraddurchmesser:	1980 mm
Höchstgeschwindigkeit:	110 km/h
Durchmesser des Hochdruckzylinders:	290 mm
Durchmesser der beiden Niederdruckzyl.:	500
Kolbenhub:	630 mm
Kesseldruck:	14 at/ 60 at
Verdampfungsheizfläche:	39,6 + 117,6 m²
Länge über Puffer:	21200 mm
Wasservorrat:	31,5 m³
Kohlevorrat:	7 t
Dienstgewicht:	91 + 62,9 t
Leistung:	1180 kW

E 73 06

Eine Lok für die Hamburger Hafenbahn

E 73 06, geliefert 1925

1925 bauten BMAG und MSW nochmals eine neue Ellok für die Hafenbahn Altona mit dem Stromsystem 25 Hz und 3 bzw. 6,3 kV. Wie schon bei der E 73 05 entschied man sich für eine laufachslose Drehgestell-Lok mit Einzelachsantrieb. Auffällig waren die 1600 mm großen Treibräder und der im Verhältnis zur Gesamtlänge geringe Achsstand von nur 7800 mm, der Überhänge von 3025 mm an den Enden der Lok bedingte. Anstelle des Tatzlagerantriebs wurde der Hohlwellenantrieb von Westinghouse mit offenen Federn zwischen den Mitnehmern der Hohlwelle und den Radspeichen verwendet. Aus ihm wurde später der AEG-Kleinow-Federtopfantrieb entwickelt. Der Ölumspanner besaß keine Umwälzpumpe. Ein Nockenschaltwerk speiste acht Motoren, die hintereinander oder in Reihe geschaltet werden konnten. Die Lok diente der Erprobung neuartiger Bauelemente, wurde aber auch dem Alltagsbetrieb bis zur Einstellung des 25 Hz-Betriebes im Jahre 1955 gerecht.

Bauart:	Bo'Bo' w8e
Raddurchmesser:	1600 mm
Übersetzungsverhältnis:	7,75 : 1
Höchstgeschwindigkeit:	50 km/h
Anfahrzugkraft:	20,4 t
Stundenleistung:	1180 kW
Geschwindigk. bei St.lstg.:	40 km/h
Länge über Puffer:	13850 mm
Dienstgewicht:	80,9t
Leistungskennziffer:	13,3 kW/t

01 110

01 Erste Einheitslok und berühmte Schnellzuglok

S 36.20, **01 001–241**, geliefert 1926–38 und aus 02 umgebaut 1938–42

So mancher Eisenbahner und Eisenbahnfreund mag in späterer Zeit geglaubt haben, die 01 sei die erste neue Lokomotive der DRG gewesen, markierten doch ihre Nummer wie auch das unverwechselbare Äußere mit den riesigen Windleitblechen sichtbar einen Neubeginn. Unsere Chronologie hat aber auf den vorangegangenen Seiten schon bewiesen, dass dieser Eindruck täuscht. Erst sechs Jahre nach der „Verreichlichung" wurden die ersten „Einheitsloks" fertig, hatte man ihrer Durchbildung doch mit Recht allergrößte Sorgfalt gegönnt. In großer Zahl weiterbeschaffte P 8, G 8², G 10, G 12, T 14¹ T 16¹ und T 18 sowie die neue P 10 hatten inzwischen den Fahrzeugpark der neuen Bahnverwaltung modernisiert; tausende älterer Länderbahnloks konnten ausgemustert werden. Schon Mitte der zwanziger Jahre waren Nassdampfloks im Hauptstreckendienst selten.

1926 wurden in kurzem Abstand die ersten Schnellzugloks neuer Konzeption mit den Reihenbezeichnungen 02 und 01 vorgestellt. Die um wenige Wochen jüngere 01 war die erfolgreichere Variante. Die Schöpfer der Einheitslok um R. P. Wagner hatten in Fortschreibung preußischer Traditionen und in Anlehnung an das Vorbild der USA der Zweizylinderlok mit einstufiger Dampfdehnung den Vorzug gegeben. Die neue Pazifik besaß einen mächtigen Kessel mit der bis dahin nur bei der 19⁰ und 39⁰ angewendeten Rohrlänge von 5800 mm. Entsprechend dem für Einheitsloks festgelegten Standard waren für die Kesselspeisung einerseits eine Strahlpumpe und andererseits eine Kolbenpumpe mit Knorr-Vorwärmer vorhanden. Die Anordnung des Vorwärmers in einer Rauchkammernische vor dem Schornstein wurde zu einem „Markenzeichen" der Einheitsloks. Selbstverständlich besaß die 01 einen Barrenrahmen; seine Wangen waren 100 mm dick. Die Räder des vorderen Laufgestells hatten einen Durchmesser von 850 mm. Die Vorlauf- und Kuppelradsätze wurden einseitig abgebremst.

Im Laufe der weiteren Beschaffung wurde die Bauart verbessert: Nach Erprobung der ersten Varianten wurde die endgültige große Form der Windleitbleche festgelegt. Ab 01 077 wurden die Kesselrohre auf 6800 mm verlängert. Zur Erhöhung der zulässigen Geschwindigkeiten für Schnellzüge wurde die Bauart ab 01 102 (Baujahr 1934) erneut abgeändert. Die Vorlaufräder wurden auf 1000 mm vergrößert. Die Kupferfeuerbüchse wurde durch eine solche aus Stahl ersetzt. Die angetriebenen Räder wurden nun doppelseitig abgebremst, einseitig gebremst wurden nun auch die hinteren Laufräder. In der Regel wurde nun der Tender T 34 beigegeben, der aufgrund seiner geschweißten Ausführung bei größerer Kapazität leichter war.

Die 01 übernahm sofort wichtige Aufgaben im Schnellzugdienst vor allem auf steigungsreichen Strecken. Nicht überall konnte sie befriedigend eine vierfach gekuppelte Schnellzuglok ersetzen, die im Typenprogramm der Reichsbahn nicht vorkam. Der Kessel erbrachte nicht immer die Dampfleistung, die für das hervorragende Triebwerk erforderlich gewesen wäre. Erst nach dem Zweiten Weltkrieg wurde die Bauart der 01 perfektioniert: Sowohl die DB als auch die DR rüsteten einen Teil ihrer Loks mit neuen Kesseln aus, in denen eine Verbrennungskammer für höhere Leistung sorgte. Aber auch der Altbaukessel arbeitete nach vollständiger Schweißung der alten Nietverbindungen sehr viel besser.

Die letzten 01 in klassischer und in modernisierter Bauform waren bei der DB bis 1973, bei der DR sogar bis 1982 im Einsatz.

	01 001–011,233–241	**01 012–101**	**01 102–232**
Bauart:	2'C1' h2	2'C1' h2	2'C1' h2
Treibraddurchmesser:	2000 mm	2000 mm	2000 mm
Höchstgeschwindigkeit:	120 km/h	120 km/h	130 km/h
Zylinderdurchmesser:	650 mm (001–010)	600 mm	600 mm
Kolbenhub:	660 mm	660 mm	660 mm
Kesseldruck:	16 at	16 at	16 at
Hfl V+Ü:	237,6+100 m²	247,2+85 m² (ab 077)	247,1+85 m²
Länge über Puffer (T 34):	23750 mm	23940 mm	23940 mm
Wasservorrat:	32/ 34 m³	32/ 34 m³	32/ 34 m³
Kohlevorrat:	10 t	10 t	10 t
Dienstgewicht:	108,9 + 61,5 /59,3 t	108,9 + 61,5 /59,3 t	111,1 + 61,5 /59,3 t
Leistung:	1650 kW	1650 kW	1650 kW

02

Die glücklose Verbundvariante zur 01

S 36.20, **02 001–010**, geliefert 1926

Bauart:	2'C1' h4v
Treibraddurchmesser:	2000 mm
Höchstgeschwindigkeit:	120 km/h
Durchmesser der Hochdruckzyl.:	460 mm
Durchmesser der Niederdruckzyl.:	720 mm
Kolbenhub:	660 mm
Kesseldruck:	16 at
Verdampfungsheizfläche:	237,6 m²
Länge über Puffer (T 32):	23750 mm
Wasservorrat:	32 m³
Kohlevorrat:	10 t
Dienstgewicht:	113,5 + 61,5 t
Leistung:	1690 kW

Fast alle bis zur 01 für deutsche Bahnen gebauten 2'C1'-Schnellzugloks besaßen Vierzylinderverbundtriebwerke und hatten sich mit dieser Bauart auch im internationalen Maßstab hervorragend bewährt. Auch die preußische S 10[1] als beste preußische Schnellzuglok beruhte auf diesem Prinzip. Sowohl wärmewirtschaftliche Gründe als auch der ruhigere Lauf mehrzylindriger Lokomotiven sprachen für die Beibehaltung der Verbundlok. Die norddeutsche Schule des Lokomotivbaus (vertreten insbesondere durch Garbe, Wagner und Nordmann) setzte aber mit großer Entschiedenheit auf die in Betrieb und Unterhaltung einfachere Zwillingsmaschine. Nur mit Rücksicht auf die süddeutschen Vertreter im Lokomotivausschuss ließ man eine Vierzylinder-Verbund-Variante zur 01 bauen. Man beauftragte aber nicht etwa Maffei in München als erfahrensten Hersteller solcher Loks mit der Durchbildung einer Einheits-Pazifik mit Verbundtriebwerk, sondern ließ lediglich eine im Triebwerk lieblos abgewandelte 01 bauen. Acht Loks wurden von Henschel gebaut, zwei von Maffei – wo man schon vor der Fertigstellung die Fehler der Konstruktion erkannte und das Zentralamt auf die ungenügende Bemessung der Schieber hinwies.

Die 02 entsprach bis auf das Triebwerk vollständig der 01. Sie besaß innenliegende Hochdruck- und außenliegende Niederdruckzylinder. Alle vier Triebwerke arbeiteten auf die mittlere Treibachse. Die Steuerungen der Innentriebwerke wurde von den äußeren Steuerungen abgeleitet.

Ein Vergleichtest zwische der 01 und der 02 brachte die erwarteten – aus Sicht des Zentralamts Berlin sogar erhofften! – Ergebnisse: Die 02 war nur im höheren Leistungsbereich etwas überlegen. Die geringen Vorteile an Zugkraft und Wirtschaftlichkeit rechtfertigten nicht den erhöhten Unterhaltungsaufwand für die vierzylindrige Lok. Grund für den Fehlschlag der 02 war die schlechte Ausgestaltung der Dampfwege, die zu hohe Strömungswiderstände verursachte.

Die Loks wurden später wie die neueren 01 auf 6800 mm Rohrlänge gebracht und nochmals erprobt. Die Ergebnisse blieben aber dieselben, weil ja am Triebwerk nichts verändert worden war.

Zwischen 1938 und 1942 wurden die 02er im Raw Meiningen zu 01ern umgebaut und erhielten die Nummern 01 011 und 233–241. Dadurch gab es am Ende der Nummernreihe 01 noch einmal Loks der frühen Laufwerksform mit nur 850 mm großen Drehgestellrädern. Die Vierzylinderverbundlok feierte Triumphe vor allem im Ausland, aber mit der 18^3 und $18^{4\text{-}5}$ auch auf Strecken der DB.

44 Die Vorserie zur schweren Güterzuglok mit 3 Zylindern

G 56.20, **44 001–010**, geliefert 1926

Gleichzeitig mit den Schnellzugloks 01 und 02 und in ähnlicher Dimensionierung ließ die DRG eine schwere Güterzuglok entwickeln. Der Kessel war dem der vorgenannten Loks fast gleich, die Rauchkammer war jedoch kürzer. Der Kesseldruck betrug (wie bei der 01 in der Erprobungsphase) nur 14 at. Entsprechend dem für die Einheitsloks beschlossenen Standard war auf dem vorderen Kesselschuss der Speisedom, auf dem hinteren der Dampfdom mit dem Nassdampfventilregler angeordnet. Hinter jedem Dom war ein Sandkasten plaziert. Das Laufwerk war durch einen Barrenrahmen mit 100 mm Barrendicke und fünf Kuppelachsen mit einer Vorlaufachse gekennzeichnet. Die Laufachse und die erste Kuppelachse waren zu einem Krauss-Helmholtz-Lenkgestell vereinigt. Die hintere Kuppelachse war seitenbeweglich gelagert, die Räder der mittleren Kuppelachse hatten geschwächte Spurkränze. Wie bei der preußischen G 12 (DRG 58^{10}), die als Ausgangspunkt für die Entwicklung der 44 gelten kann, war ein Dreizylindertriebwerk vorgesehen. Die Außenzylinder arbeiteten auf die dritte, der Innenzylinder auf die zweite Kuppelachse. Alle Loks besaßen die Einkammer-Druckluftbremse Bauart Knorr, einige auch die Riggenbach-Gegendruckbremse. Alle Kuppelräder waren einseitig abgebremst. Mit einer hohen Kessellage und hohen Domen entsprachen die Loks dem größeren Umgrenzungsprofil II und waren nicht freizügig einsetzbar. Windleitbleche wurden erst später angebaut.

Wie bei der Schnellzuglok erprobte man auch bei der Güterzuglok zwei Triebwerksvarianten. Die kurz nach den ersten zehn 44ern gelieferten 43er (s. S. 52/53) besaßen nur zwei Zylinder. Wegen des geringeren Unterhaltungsaufwandes der Zwillingslok gab man für die Weiterbeschaffung zunächst der Baureihe 43 den Vorzug. Der Bedarf an Güterzugloks war aber vorläufig gering. Die vorhandenen und großenteils noch fast neuen 58er deckten den Bedarf im schweren Dienst im Mittelgebirge ab, die ebenfalls bis kurz zuvor gebauten G 8^2 (56^{20}) und G 10 (57^{10}) nebst zahlreichen älteren Gattungen genügten für den Güterzugdienst im Flachland. In einer veränderten Ausführung sollte die 44 aber später noch eine große Zukunft haben (s. S. 154/155). Die Ur-44er wurden alle 1953 beim Bw Würzburg ausgemustert.

Bauart:	1'E h3
Treibraddurchmesser:	1400 mm
Höchstgeschwindigkeit:	70 km/h
Zylinderdurchmesser:	600 mm
Kolbenhub:	660 mm
Kesseldruck:	14 at
Verdampfungsheizfläche:	237 m²
Länge über Puffer (T 32):	22620 mm
Wasservorrat:	32 m³
Kohlevorrat:	10 t
Dienstgewicht:	114,1 + 61,5
Leistung:	1378 kW

ET 85 Vororttriebwagen für Oberbayern

ET 85 01–36, umgebaut bzw. geliefert 1924–1932 als München 701 ff., später elT 1101–1136

ES 85 01–34, geliefert 1927–1933 als München 8001 ff., später elS 2101–2134

Die Königlich Bayerischen Staats-Eisenbahnen hatten 1905/06 Dampftriebwagen von Maffei und MAN beschafft, die in den zwanziger Jahren als veraltet galten. Als die Elektrifizierung von Strecken im Großraum München anlief, bot es sich an, im Vorortverkehr elektrische Triebwagen einzusetzen. Die ersten vier gewann man durch entsprechenden Umbau von gut erhaltenen Dampftriebwagen. Fuchs in Heidelberg übernahm Generalreparatur und Anpassung des Wagenteils, BBC in Mannheim lieferte die elektrische Ausrüstung. Die Wagenkästen dieser Fahrzeuge einschließlich der Dächer waren noch aus Holz.

Noch bevor die Umbauwagen zwischen Juni 1926 und Januar 1927 in Betrieb gingen, bestellte die Gruppenverwaltung Bayern sechs recht ähnliche Neubauten nebst vier Steuerwagen. Nunmehr waren die Wagenkästen aus Stahlblech. Weitere Serien folgten, bis im April 1933 eine Stückzahl von 36 Triebwagen und 34 Steuerwagen erreicht war. Die Wagen wurden von Fuchs und MAN, die elektrischen Ausrüstungen weiterhin von BBC geliefert. Die ersten 30 Triebwagen trugen noch die Nummern 701–730 der Rbd München, die ersten 30 Steuerwagen die Nummern 8001–8030. Bis 1940 galten dann die Nummern elT 1101–1136 und elS 2101–2134. Zwischen Trieb- und Steuerwagen konnten zwei- und dreiachsige Beiwagen eingestellt werden. Diese entstanden in einer Stückzahl von 70 (später EB 85 01–70) aus alten Lokalbahnwagen der Durchgangsbauart mit Tonnendach und offenen Plattformen.

Die Trieb- und Steuerwagen besaßen zwei zur Mitte gerückte Einstiegsbereiche mit zurückgesetzten Türen. Zwischen den Türbereichen lag ein großer Fahrgastraum. Bei den Triebwagen lag über dem motorisierten Drehgestell ein weiterer Fahrgastraum, über dem anderen Drehgestell ein Maschinenraum mit dem Öltransformator und der elektropneumatischen Schützensteuerung. Bei den Steuerwagen war an einem Ende ein Fahrgastabteil, am anderen Ende ein Gepäckabteil eingerichtet.

Die ET/ES/EB 85 bewährten sich ausgezeichnet und übernahmen einen Großteil des Nahverkehrs auf den von München ausgehenden elektrifizierten Strecken. Ab 1936 kamen sie auch im Raum Nürnberg zum Einsatz. Die Baureihe war von erheblichen Verlusten durch Luftangriffe im Zweiten Weltkrieg betroffen. Der verbleibende Bestand war bei der DB – auch außerhalb Bayerns – teilweise bis Mitte der siebziger Jahre im Einsatz. Viele wurden in ihren letzten Jahren allerdings nur noch im innerdienstlichen Personenverkehr verwendet, weil man dem Publikum die vermeindlich harten Holzbänke nicht mehr zumuten wollte. Dabei boten diese sehr viel mehr „ergonomische“ Qualität als so mancher zunächst ungeschickt konstruierte und sodann in langen Jahren durchgesessene Kunststoff-Polstersitz späterer Produktion.

	ET 85 01–04	ET 85 05–36
Bauart:	Bo'2' w2t	Bo'2' w2t
Raddurchmesser:	1000 mm	1000 mm
Höchstgeschwindigkeit:	75 km/h	75 km/h
Sitzplätze 2. Kl.:	–	–
Sitzplätze 3. Kl.:	74	75
Stundenleistung:	550 kW	550 kW
Geschwindigk. bei St.lstg.:	49 km/h	49 km/h
Länge über Puffer:	19920 mm	20340 mm
Dienstgewicht:	56,3 t	61,4 t

VT 801–820 Zweiachsige dieselmechanische Triebwagen schwerer Bauart geliefert 1927–29

Als die Entwicklung des Dieselmotors zu ausreichend leichten und betriebstüchtigen Modellen fortgeschritten war, setzte er sich beim Bau von Schienenfahrzeugen sofort und endgültig durch. Der Dieselmotor zeichnete sich durch geringeren Treibstoffverbrauch aus. Außerdem war der Dieseltreibstoff billiger und weniger brandgefährlich als Benzol und Benzin. Er hat einen günstigen Drehmomentverlauf, also bei niedriger Drehzahl größere Durchzugskraft im Vergleich zum Vergasermotor.

So folgten den zweiachsigen Benzoltriebwagen für Nebenbahnen entsprechende Dieseltriebwagen. Die **VT 801–804** wurden 1927 gebaut. Ihre gesamte Antriebsanlage war in einem besonderen Tragrahmen unter dem Wagenkasten angeordnet, der sich auf den Achsen aufstützte. Die Wagen hatten End- und Mitteleinstiege. In den Jahren 1933/34 wurden die Motoren durch solche mit 110 kW und die Getriebe durch solche der Bauart Mylius ersetzt. Je zwei Wagen befanden sich nach 1945 bei DB bzw. DR.

Mit den **VT 805 und 806** beteiligte sich 1927 erstmals die Maschinenfabrik Esslingen am Triebwagenbau. Ihre Besonderheit war eine Getriebekonstruktion und Kraftübertragung vom querliegenden Motor bis zur Treibachse ohne Gelenkwellen ausschließlich mit Zahnrädern. Die Fahrzeug bewährten sich nicht und wurden sehr bald in Fahrleitungsuntersuchungswagen umgebaut.

Die Wagen **807–811** von 1929 entsprachen weitgehend den 801–804, besaßen aber zwei Maschinenanlagen. Die Mitteleinstiege waren entfallen. Die Triebwagen schieden schon bis 1937 aus dem Betriebsbestand aus. Vermutlich wurden sie sodann alle an die Wehrmacht abgegeben; mindestens für den 811 ist der Umbau in einen Panzertriebwagen nachgewiesen.

Die Doppeltriebwagen **812/13–818/19** entsprachen im Fahrzeugteil weitgehend den benzolmechanischen 713/14 und 715/16, im Antriebsteil hingegen den 801–804. VT 816/17 schied 1932 nach einem Brandschaden aus. Die anderen mussten 1934 auf Mylius-Getriebe bzw. hydraulisches Getriebe (VT803) umgebaut werden. Mit Beheimatungen u.a. in Rheine, Kassel, Breslau und Ingolstadt kamen die Fahrzeuge recht weit herum. Ein Doppelwagen kam noch zur DB.

Der **VT 820** war ein Sonderfall. Er ging 1934 durch Umbau aus dem VT 710 hervor. Dabei erhielt er ein hydraulisches Getriebe. 1941 wurde er an die Westerwaldbahn verkauft. An dieser Stelle noch ein klarstellender Hinweis zur Verwendung des Begriffes „VT“: Diese Bezeichnung war zu Reichsbahnzeiten nicht üblich und wird hier nur aus Gründen der Einfachheit verwendet.

	801-804	**805-806**	**807-811**	**812/13-818/19**	**820**
Bauart:	A1 dm	A1 dm	AA dm	A1+1A dm	A1 dh
Treibraddurchmesser:	1000 mm	1000 mm	1000 mm	1000 mm	1000 mm
Höchstgeschwindigkeit:	70 km/h	60 km/h	70 km/h	70 km/h	80 km/h
Motorleistung:	55 kW	55 kW	2 x 55 kW	2 x 55 kW	132 kW
Zahl der Zylinder pro Motor:	6	6	6	6	8
Länge über Puffer:	12696 mm	12800 mm	13100 mm	24946 mm	13600 mm
Dienstgewicht besetzt:	24,6 t	26,6 t	36,9 t	46,8 t	29,2 t
Sitzplätze 2. Klasse:	–	–	12	–	–
Sitzplätze 3. und 4. Klasse:	46	42	31	92	46
Hersteller Wagenteil:	Wegmann	Esslingen	Wegmann	Wegmann	Gotha
Hersteller Motor:	MAN	MAN	MAN	MAN	Vomag
Hersteller Getriebe:	ZF	Esslingen	ZF	ZF	Voith
Baureihe bei DB:	VT 70⁹	–	–	VT 72⁹	–

VT 851–871/ VT 10 001–003

Vierachsige dieselmechanische Triebwagen schwerer Bauart geliefert 1926–30

Der erste dieselmechanische Triebwagen der DRG war der **VT 851**. Das von der Waggonfabrik Wismar gebaute Fahrzeug war auf der Seddiner Ausstellung 1924 ausgestellt und dort der einzige Triebwagen der Ausstellung, bei dem Motor und Getriebe speziell für Eisenbahnfahrzeuge konstruiert waren, während alle anderen Antriebsanlagen aus dem LKW- und Omnibusbau besaßen. Er wurde 1926 von der Reichsbahn übernommen. Mit dem breiten Fahrgastraum und den schmäleren Einstiegs- und Führerstandsbereichen hatte der 851 ein unverwechselbares Aussehen. Im Antriebsdrehgestell übertrugen eine Blindwelle und Treibstangen die Kraft vom seilzuggesteuerten Getriebe auf die Radsätze. Die Kühler waren in einem langen Dachaufbau untergebracht.

Der 1926 gebaute **VT 852** folgte im wesentlichen dem Vorbild des VT 851, wich aber in einzelnen Details und vielen Abmessungen von seinem älteren Bruder ab.

Die VT 851 und 852 bewährten sich gut und waren bis zu ihrer Zerstörung durch Kriegsereignisse in Betrieb. Daher wurden sie nachgebaut. Die 15 Serienwagen erhielten die Nummern **853–861** und

866–871. Maschinell entsprachen sie völlig ihren Vorläufern. Die Motoren wurden später für 121 kW ertüchtigt und schließlich durch solche von Maybach mit 129 kW ersetzt. Der Wagenkasten war gegenüber den Prototypen gestrafft. Dem Eindruck nach hatte sich die Architektur von der mit reichlich Fenstern ausgestatteten „Gartenlaube" zum „Schnellzugwagen" entwickelt. Das zu den schmäleren Enden hin zulaufende Dach ließ die unterschiedlichen Breiten der äußeren und zentralen Teile des Kastens nun weniger deutlich hervortreten. Die Fenster waren kleiner geworden. Das Streben nach umfassender Erprobung der neuen Traktionsart führte die ersten Seriendieseltriebwagen der Deutschen Reichsbahn weit herum. Beheimatungen sind mindestens aus Stuttgart, Ulm, Mainz, Schwerte, Waren/Müritz, Kassel, Oberlahnstein, Schwerin, Guben, Frankfurt/Oder und überliefert. Je ein Fahrzeug kam noch zu DB und DR. Der VT 859 erlebte bei der DB noch die Umzeichnung auf VT 65 903 und später auf VT 62 904.

Zwischen die Wismar/Maybach-Serientriebwagen wurden drei Triebwagen der Waggonfabrik Dessau mit Körting-Motoren als **VT 862–864** eingereiht. Mangels Bewährung wurden sie aber 1931 mit Vergasermotoren ausgerüstet und auf VT 763–765 umgezeichnet.

Ein Sonderling war der **VT 865**. Er wurde aus einem bayerischen Dampftriebwagen umgebaut. Zwei Antriebsanlagen von MAN mussten im Maschinendrehgestell Platz finden. Das Fahrzeug wurde nur bis 1933 verwendet. Ein sehr viel längeres

Leben hatten die vier weiteren von MAN 1906 gebauten Dampftriebwagen: Sie wurden zu Elektrotriebwagen umgebaut und als ET 85 (s. S. 40) bis lange nach dem Zweiten Weltkrieg eingesetzt.

Zur Familie der VT 853–861 und 866–871 von Wismar/Maybach gehören auch die vom Grundaufbau und vom Antriebskonzept gleichen **VT 10 001–003**. Sie waren jedoch als Gütertriebwagen für den Stückgut-Schnellverkehr eingerichtet. Anstelle des Fahrgastraums war ein Laderaum mit 38 m² Fläche und 15 t zulässigem Ladegewicht vorgesehen. Sogar die DB setzte die interessanten Fahrzeuge noch ein.

	851	**852**	**853–861/ 866–871**	**862–864 (sp. 763–765)**	**865**	**10 001–003**
Bauart:	B'2' dm	B'2' dm	B'2' dm	(1A)(A1) dm	B'2' dm	B'2'
Treibraddurchmesser:	1000 mm	1000 mm	1000 mm	1000 mm	1000 mm	1000 mm
Höchstgeschwindigkeit:	60 km/h	60 km/h	60 km/h	70 km/h	60 km/h	60 m/h
Motorleistung:	110 kW	110 kW	110 kW	2 x 66 kW	2 x 50 kW	110 kW
Zahl der Zyl. pro Motor:	6	6	6	6	6	6
Länge über Puffer:	19360 mm	20900 mm	21040 mm	21420 mm	19941 mm	21040 mm
Dienstgewicht besetzt:	41,2 t	45 t	44,3* t	53,2 t	50,6 t	54
Sitzplätze 2. Klasse:	–	10	–	–	–	–
Sitzpl. 3. und 4. Klasse:	58	79	71	82	84	Ladefläche
Hersteller Wagenteil:	Wismar	Wismar	Wismar	Dessau	MAN	Wismar
Hersteller Motor:	Maybach	Maybach	Maybach	Körting	MAN	Maybach
Hersteller Getriebe:	Maybach	Maybach	Maybach	ZF	MAN	Maybach
Baureihe bei DB:	–	–	VT 62^9/65^9	VT 66^9	–	VT69^9

* Abweichungen in der laufenden Serie

E 16/E 16[1] Die elektrische Schnellzuglok für Bayern

E 16 01–17, gel. 1926–28 teilw. als bay. ES 21 001–010/ **E 16 18–21**, gel. 1932–33

Die Elektrifizierung der Strecken von München nach Kufstein, Freilassing/-Salzburg und Regensburg machte die Entwicklung einer elektrischen Schnellzuglokomotive für schwere Züge auf Strecken im Hügelland erforderlich. Erstmals entschied man sich beim Bau einer Lok mit hoher Leistung für den Einzelachsantrieb. Hierfür schlug BBC mit Erfolg das System Buchli vor, das sich bereits bei den seit 1921 für die Schweizerischen Bundesbahnen gebauten 2'C1'-Schnellzugloks der Reihe Ae 3/6 I bewährt hatte. Es beruht auf einer Konstruktion mit Hebeln und Zahnradsegmenten zwischen Motorritzel und Großrad zur Übertragung der Antriebskraft von dem Motor, der zur gefederten Masse der Lok gehört, zum Radsatz, der den Unebenheiten des Gleises folgen muss. Wie bei den meisten ausländischen Buchli-Loks begnügte man sich mit dem Antrieb auf einer Lokseite. Dadurch hatten die Maschinen ein ungewohnt asymmetrisches Aussehen: Auf einer Seite lagen die vier mächtigen Antriebsgehäuse nebeneinander, auf der anderen Seite waren die vier Radsterne der Treibräder zu sehen

Die Motoren entsprachen weitgehend denen der E 32. Der ölgekühlte Hauptumspanner in der Mitte der Lok hatte 18 Anzapfungen, für deren Anwahl ein mechanisch betätigtes Schlittenschaltwerk sorgte. Den Fahrzeugteil lieferte Krauss. Nachdem sich bei den ersten fünf Loks ein „Java-Gestell" mit radialer Einstellbarkeit der Laufachse und der benachbarten Treibachse nicht bewährt hatte, wurden diese Loks auf Krauss-Helmholtz-Gestelle umgebaut und die weiteren Loks gleich in dieser Bauform geliefert. Die Laufräder besaßen Spurkranzschmierung. Wie bei allen bayerischen Elloks waren Übergangstüren in den Stirnwänden vorhanden.

Den ausgezeichnet bewährten ersten zehn Loks folgten sieben weitere mit stärkeren Motoren. Stärker abgeändert waren die vier letzten erst 1929/30 bestellten Loks. Bei ihnen war die Reihe der Stahlgussgehäuse für die Buchli-Antriebe durch einen gemeinsamen Stahlgussrahmen ersetzt. Auf die Übergangstüren wurde nun verzichtet. Das Dach war etwas gewölbter. Wiederum konnte die Motorleistung erhöht werden.

Wenn es nach dem Grad der Innovation und zugleich nach dem betrieblichen Erfolg geht, war die E 16 sicherlich das bemerkenswerteste aller bislang besprochenen Triebfahrzeuge. Sie bewies in überzeugender Weise die Überlegenheit der elektrischen Zugförderung namentlich auf Hauptstrecken mit merklichen Steigungen und die Vorteile des Einzelachsantriebs. Auch die neuesten Elloks mit Stangenantrieb mussten nun sehr bald als unzeitgemäß gelten. Und auch die Verfechter der Dampftraktion hatten Anlass zu besorgten Blicken in die Zukunft. Die nagelneuen 01 und 02 konnten nämlich schon mit der ersten Ausführung der E 16 vor Schnellzügen im Mittelgebirge nicht mehr mithalten.

Die E 16 blieb bis in die sechziger Jahre die Stammlok für den Schnellzugdienst zwischen München, Kufstein und Salzburg. Die Erhöhung der Zuggeschwindigkeiten drängte sie in zweitrangige Dienste ab, aus denen die letzten Loks 1978 ausscheiden mussten.

	E 16 01–10	**E 16 11–17**	**E 16 18–21**
Bauart:	1'Do1' w4e	1'Do1' w4e	1'Do1' w4e
Treibraddurchmesser:	1640 mm	1640 mm	1640 mm
Übersetzungsverhältnis:	134 : 51	134 : 51	134 : 51
Höchstgeschwindigkeit:	120 km/h	120 km/h	120 km/h
Anfahrzugkraft:	14,5 t	20 t	20 t
Stundenleistung:	2340 kW	2580 kW	2944 kW
Geschwindigk. bei St.lstg.	88 km/h	84,5 km/h	88 km/h
Länge über Puffer:	16300 mm	16300 mm	16300 mm
Dienstgewicht:	110,8 t	110,8 t	110,8 t
Leistungskennziffer:	21,15 kW/t	23,3 kW/t	24 kW/t

E 1620
H
E 1620

E 21 Die erste Schnellzuglok mit Federtopfantrieb

E 21 01–02, geliefert 1926/28

Sehr bald nachdem die bayerische E 16 mit dem schweizerischen Buchliantrieb Aufsehen erregte, baute die Berliner AEG eine elektrische Schnellzuglokomotive

Bauart:	2'Do1' w8e
Treibraddurchmesser:	1750 mm
Höchstgeschwindigkeit:	110 km/h
Übersetzungsverhältnis:	98 : 23
Anfahrzugkraft:	24 t
Stundenleistung:	2840 kW
Geschwindigk. bei St.lstg.	88 km/h
Länge über Puffer:	16500 mm
Dienstgewicht:	121,8 t
Leistungskennziffer:	23,35 kW/t

mit einem konkurrierenden System des Einzelachsantriebs. Ausgangspunkt war die Kraftübertragung Bauart Westinghouse. Bei ihr umschloss eine vom Motor angetriebene Hohlwelle die Treibachse und gab mittels eines Sterns von Mitnehmern über Federn die Antriebskraft an die Radspeichen weiter. Dieser Antrieb hatte sich bei mehreren schweizerischen Elloktypen und bei der E 73 06 bewährt.
Kleinow (AEG) entwickelte diesen Antrieb weiter, indem er die Ringfedern in einem zweiteiligen „Federtopf" kapselte, dem dieser Antrieb seinen etwas eigenartig klingenden Namen verdankt. Anders als bei der E 16 musste der Rahmen außen liegen. Er war als vielfach durchbrochener Fachwerkrahmen aus 50 mm starkem Stahlblech ausgeführt. Der Hauptumspanner wurde über dem Laufdrehgestell angeordnet. Am hinteren Lokende war eine Bisselachse vorhanden. Nur eine Treibachse war fest gelagert. Auf den Hohlwellen waren beiderseitig sechsteilige Schenkelsterne angebracht, die über die Federtöpfe mit den Speichen der Treibräder verbunden waren. Die Motoren waren als Doppelmotoren gestaltet. Die elektromagnetische Schützensteuerung versorgte sie in 18 Dauerfahrstufen und zwei Vorschaltstufen mit Strom bis zu 600 V Spannung.
Noch während des im Oktober 1926 aufgenommenen Versuchsbetriebes bestellte die DRG eine zweite Lok mit verändertem Laufwerk. Nunmehr war anstelle des Bisselgestells ein Krauss-Helmholtz-Gestell für die Laufachse und die hintere Treibachse vorgesehen. Anders als bei Dampfloks oder Elloks mit Stangenantrieb konnte das Gestell nicht an der Treibachse zwischen den Rädern angelenkt werden, da sie ja von der Hohlwelle umgeben war. Deshalb musste man die Deichsel als Gabel konstruieren und an den durch die Achslagerdeckel geführten Treibachsenden befestigen.
Die Konzeption der E 21 wurde Vorbild für die E 17, E 04, E 18 und E 19 sowie für wichtige Elloktypen anderer Länder und kann als Welterfolg gelten. Die Versuchsloks selbst konnten vor allem hinsichtlich der Fahrmotorbefestigung, der Achslagerschmierung und der Lauftechnik nie ganz befriedigen. Sie waren bis 1945 in Schlesien eingesetzt. Nach dem Abtransport in die Sowjetunion und der Rückgabe in die DDR wurden sie in mühevoller Kleinarbeit hergerichtet, blieben aber nur ein bzw. zwei Jahre in Betrieb und wurden nach wiederum langer Abstellzeit 1966 ausgemustert.

ET 168 Triebzüge „Bauart Oranienburg" für die Berliner S-Bahn

ET+EB 168 001–050, gel. 1926–27 als elT 2135–2184+elS 5152–5201, später elT 3057–3106+elS 5001–5050

Aufgrund der Erfahrungen mit den Triebzügen der „Bauart Bernau" wurde für die weitere Ausdehnung des Gleichstromnetzes mit Stromschiene in Berlin ein weitgehend neues Fahrzeug konstruiert. Die zweiachsigen Beiwagen hatten lauftechnisch nicht befriedigt, sodass jetzt nur noch vierachsige Wagen gebaut wurden. Der Halbzug aus zwei Trieb- und drei Beiwagen wurde als eine für verkehrsschwache Zeiten zu große Einheit erkannt, sodass man eine Aufteilbarkeit bis zum Viertelzug vorsah. Des Weiteren erhöhte man die Zahl der angetriebenen Radsätze.

So entstand ein zweiteiliger Viertelzug aus wagentechnisch sehr ähnlichen Trieb- und Steuerwagen. Die Wagen waren nun auf der ganzen Länge gleich breit, sodass das Platzangebot verbessert werden konnte. Vier Einstiegsräume mit beiderseitigen Doppelschiebetüren erleichterten des Fahrgastwechsel. Im Triebwagen war hinter dem Führerstand ein Traglastenabteil vorhanden. Die gekantete Front mit den drei Fenstern prägte gewissermaßen das „Gesicht" der Berliner S-Bahn und galt über eine Zeit von immerhin siebzig Jahren hinweg als eines der Wahrzeichen der deutschen Hauptstadt.

Die Trieb- und Laufdrehgestelle waren einander sehr ähnlich. Treib- und Laufräder hatten nun denselben Durchmesser. Die gesamten elektrischen Anlagen außer der Führerstandsausrüstung konnten jetzt unterhalb des Wagenbodens untergebracht werden. Das elektropneumatisch betriebene Nockenschaltwerk erlaubte die Schaltung der vier Motoren parallel oder in Reihe.

An den in rascher Folge gelieferten 50 Viertelzügen wurden alsbald Änderungen fällig. So wurde die US-amerikanische Willison-Kupplung durch eine solche der deutschen Bauart Scharfenberg ersetzt. Etwa ab 1930 wurden die grüne Lackierung sowie ebenfalls eine nur teilweise verwirklichte Farbgebung nach Wagenklassen durch den S-Bahn-einheitlichen Anstrich in rot und ocker ersetzt.

Der ungeahnte Erfolg der S-Bahn im öffentlichen Nahverkehr führte dazu, dass der Viertelzug als kleinste Einheit doch wieder entbehrlich wurde. Daher wurden die Steuerwagen um 1936 in Beiwagen zurückgebaut. Führerstände und Signallaternen an den nicht motorisierten Zugenden entfielen. Kleinste betrieblich nutzbare Einheit war nun der vierteilige Halbzug mit Triebwagen an den Enden. Bei der Einführung des neuen Nummernsystems für elektrische Trieb-, Steuer- und Beiwagen ab 1941 waren die „Oranienburger" als ET und EB zu bezeichnen.

Der nach erheblichen Kriegsverlusten verbleibende Bestand wurde nach dem Ende des Zweiten Weltkriges der Bauart ET/EB 165 (s. S. 74/75) angepasst. Bis 1963 wurden alle ausgemustert. Teile der Veteranen wurden aber noch für den Bau von U-Bahn-Wagen der (Ost-Berliner) Reihe E III verwendet

Bauart:	Bo'Bo' g2t + 2'2'
Raddurchmesser:	900 mm
Höchstgeschwindigkeit:	70 km/h
Sitzplätze 2. Kl.:	33
Sitzplätze 3. Kl.:	86–92
Stundenleistung:	440 kW
Geschwindigk. bei St.lstg.:	46 km/h
Länge über Kupplung:	2 x 17980 mm (ET+EB)
Dienstgewicht:	78, 2 t (ET + EB)

AT 8 Akkumulator-Triebwagen „Bauart Reichsbahn"

581/82–615/16, geliefert 1926–28, bei DB ETA 179

Die Preußische Staatsbahn hatte ab 1908 mit großen Erfolg zweiteilige Akkumulator-Triebwagen eingesetzt. Einschließlich sechs älterer Versuchsfahrzeuge und 13 dreiteiliger Züge wurde bis 1918 für die KPEV und die Reichseisenbahnen Elsaß-Lothringen eine Stückzahl von 189 Einheiten erreicht. Die Zuverlässigkeit und Kostengünstigkeit des Akkumulatorbetriebs verlanlasste die DRG zur Anknüpfung an die gute Tradition und zur Ergänzung des durch Abgaben nach 1918 verminderten Bestandes. Bei der Entwicklung einer neuen Generation von Speichertriebwagen konnte man erhebliche Fortschritte bei der Fabrikation von Akkumulatoren nutzen. Deren Volumen hatte sich inzwischen so vermindert, dass fast die gesamte Bestückung unter den Wagenkästen untergebracht werden konnte. Die voluminösen Vorbauten der preußischen Triebwagen konnten erheblich verkleinert werden. Wegen der Verteilung des Batteriegewichts auf die gesamte Wagenlänge mussten die Radsätze nun gleichmäßig verteilt werden. Es ergab sich ein dreiachsiges Lenkachsfahrwerk, nicht unähnlich den zahlreichen dreiachsigen Personenwagen. Mit einem Tatzlagerfahrmotor angetrieben wurde bei jeder Hälfte eines Doppelwagens der dem Kurzkupplungsende benachbarte Radsatz. Nur zwei Einheiten hatten Sitzplätze der Zweiten Klasse, alle hingegen ein Postabteil und ein Traglastenabteil. Die ersten beiden Fahrzeuge hatten noch die hergebrachte Presskohlenheizung, der Rest eine Warmwasserheizung. Auch im elektrischen Teil ergaben sich während der Lieferung noch Änderungen: So wurde anstelle der für Mehrfachtraktion tauglichen Schützensteuerung der ersten beiden Garnituren für die weiteren Wagen wieder die einfache Fahrschaltersteuerung gewählt.

Gebaut wurden die Fahrzeuge im Wagenteil von Wumag und im elektrischen Teil von SSW. Die Bleibatterien mit 180 Zellen und einem Arbeitsvorrat von 226 kWh lieferte die AFA. Damit sollte eine Reichweite von 200 km möglich sein, die aber bei schlechtem Winterwetter nicht immer erzielt wurde. 1932 konnte AFA eine Batterieausrüstung mit einem Arbeitsvorrat von 280 kWh bereitstellen. Damit ergab sich ein Aktionsradius von 250 km/h, mit dem der Betrieb zufrieden war.

Die ersten beiden Doppelwagen wurden in grünem Anstrich geliefert. Die anderen hatten sogleich eine zweifarbige Lackierung, wobei unbekannt ist, ob die Farben grün und creme (preußisches Muster) oder rot und ocker (S-Bahn-Muster) waren. Erst mit Verfügung vom 30.9.1932 führte die Reichsbahn für Triebwagen aller Antriebsarten die Farbgebung in rot und creme ein.

Die neuen Fahrzeuge verstärkten den Bestand an den bisherigen Zentren des Akkumulatorbetriebes und wurden auf neun Direktionen verteilt. Die bei der DB verbliebenen Fahrzeuge erhielten 1948 die Baureihenbezeichnung ETA 179. In etwas modernisierter Bauform wurden sie teilweise bis 1960 eingesetzt. Die DR konnte erst 1956 einige Wagen reaktivieren, stellte dafür aber den letzten auch erst 1968 ab.

Bauart:	2A + A2 g2t
Raddurchmesser:	1000 mm
Höchstgeschwindigkeit:	60 km/h
im Gefälle zugelassen:	70 km/h
Sitzplätze 2. Kl.:	–/ 14 *
Sitzplätze 3. Kl.:	114/ 94 *
Stundenleistung:	142/160/172 kW *
Geschwindigk. bei St.lstg.:	27 km/h
Reichw.. nach Aufladung:	200 km
Länge über Puffer:	29220 mm
Dienstgewicht:	69,8 t

* Abweichungen zwischen den Lieferserien

18^5 Die ausgereiftesten Serien der bayerischen S 3/6

S 36.18, **18 509–548**, geliefert 1926–30

Fast unglaublich ist die Vielfalt des Bau- und Beschaffungsgeschehens allein in den zwei Jahren nach der Überwindung der Geldentwertung (Ende 1923). Die Ellok mit Getriebe und Gruppenantrieb über Stangen erlebte ihre Blütezeit, während aber gleichzeitig die künftig erfolgreichere Bauart mit Einzelachsantrieb schon ihre Vorteile zeigte. Die ersten Gleichstromtriebwagen für das epochale Erfolgssystem „Berliner S-Bahn" gingen gleichzeitig mit Wechselstromwagen für Oberbayern und einer Serie neuer Akkufahrzeuge in Betrieb. Mit einem breit gestreuten Programm von Triebwagen-Prototypen begann der Siegeszug der Triebfahrzeuge mit Verbrennungsmotor. Und zur selben Zeit erschienen die ersten Einheitslokomotiven, mit denen der Dampflokomotivbau in Deutschland eine neue Ausreifungsstufe erreichte.

Damit aber noch nicht genug: Die Reichsbahn bzw. ihre an den einstigen Verwaltungszentren der süddeutschen Länderbahnen noch immer bestehenden regionalen Beschaffungsstellen konnten sogar die Entwicklung der Länderbahndampfloks (über die bis 1924 noch sehr rege Nachbeschaffung bekannter Typen hinaus) weitertreiben. Im Falle der berühmten bayerischen Schnellzuglok S 3/6 (DRG 18^{4-5}) wurde die Ursprungsausführung so sehr abgewandelt, dass ihre Präsentierung als (fast) neue Type im Rahmen dieses Album erlaubt sein mag. Zur Erinnerung: Die ersten bayerischen 2'C1' (später Nummern ab 18 401) aus dem Jahre 1908 hatten einen Kesseldruck von 15 at und eine Achsfahrmasse von 16 t. Ihr Windschneidenführerhaus zeugte von frühen Vorstellungen über Aerodynamik. Eine abweichende Serie hatte einen Treibraddurchmesser von 2000 anstelle von 1870 mm. Der durch Abgaben an die Siegermächte reduzierte Bestand wurde 1923/24 ergänzt. Die damals gebauten und später als 18 479–508 eingereihten Loks waren bereits so weit verstärkt, dass die Achsfahrmasse 17 t betrug. Das Führerhaus ohne Windschneide mit oben abgeschrägten Seitenwänden ähnelte bereits dem der späteren Einheitsloks. Die Überhitzerheizfläche war um fast 50 % vergrößert. Mit nur noch einer Feuertür und Kipprost wurden moderne Standards übernommen.

Als Maffei 1926 wiederum S 3/6 liefern durfte, wurde der Kesseldruck auf 16 at erhöht. Der Durchmesser der Hochdruckzylinder wurde von 425 auf 440 mm vergrößert. Alle Loks erhielten die großen Tender mit 27,4 bzw. 31,7 m³ Wasservorrat. Ab Lieferung war elektrische Beleuchtung vorgesehen. Die Loks trugen keine bayerischen Nummern mehr. Zunächst war kaum zu erwarten gewesen, dass noch S 3/6 über die 18 528 (1928) hinaus beschafft werden würden. Doch verliefen Bau und Erprobung der Einheits-Schnellzugloks 01 und 02 recht schleppend. Mit einer Achsfahrmasse von 20 t waren sie bei Weitem nicht für alle Strecken geeignet. Daher wurden noch einmal zwanzig Loks in Auftrag gegeben. Weil Maffei 1930 zahlungsunfähig wurde und mit Krauss fusionieren musste, übernahm Henschel den Bau der 18 531–548.

Wie schon ihre Vorläuferinnen waren die Loks der Serien S 3/6 l, m, n und o nicht ganz einheitlich. So wurden die Loks ab 18 529 bereits mit Windleitblechen geliefert. Die letzten S 3/6 können zu den gelungensten deutschen Dampflokomotiven gezählt werden. Sie bewährten sich hervorragend und blieben auch neben den Einheitsloks unentbehrlich. 30 Loks wurden von der DB noch 1953–57 umfassend modernisiert und mit neuen Kesseln ausgerüstet. Sie erhielten die Nummern 18 601-630.

Bauart:	2'C1' h4v
Treibraddurchmesser:	1870 mm
Höchstgeschwindigkeit:	120 km/h
Durchmesser der Hochdruckzyl.:	440 mm
Durchmesser der Niederdruckzyl.:	650 mm
Kolbenhub:	610/670 mm
Kesseldruck:	16 at
Hfl V+Ü:	201,4+76,3 m²
Länge über Puffer (T 27,4):	21370/ 21221 mm
Länge über Puffer (T 31,7):	22842 mm
Wasservorrat:	27,4/ 31,7 m³
Kohlevorrat:	10 t
Dienstgewicht (T 27,4):	94,7/ 96,1 + 59,2 t
Dienstgewicht (T 31,7):	94,7/ 96,1 + 69 t
Leistung:	1350 kW

ET 82

Elektrische Triebwagen für Mitteldeutschland

ET 82 01–02, geliefert 1926 als 501 und 502 Magdeburg, später elT 1031–1032

Für die Elektrifizierung der Strecke Halle – Köthen – Magdeburg und der Nebenbahn Schönebeck – Bad Salzelmen wurden von der Waggonfabrik Dessau und SSW zwei Triebwagen einfacher Ausführung und entsprechende Beiwagen (Magdeburg 5001/02, später 2991/92, später EB 82 01/02) beschafft. Wagenbaulich waren sie abgeleitet von den gleichzeitig gebauten Ganzstahl-D-Zug-Wagen mit zu den Enden eingezogenen Seitenwänden. Sehr ähnlich sahen die VT 763-765 (später 862-864) aus, für deren Abbildung auf S. 42-43 kein Platz war. Übergangstüren an den Stirnseiten waren nicht vorhanden. Die angegebenen Platzzahlen entsprechen der Ausführung nach einem Umbau 1929, als das ursprünglich vorhandene Traglastenabteil der abgeschafften 4. Wagenklasse bestuhlt wurde. Beide Drehgestelle waren asymmetrisch gebaut. Die inneren Radsätze hatten größere Räder als die äußeren. Motorisiert war jedoch nur ein Drehgestell. Die elektrische Ausrüstung bestand aus zwei Stromabnehmern SBS 9 auf dem Tonnendach, aus dem Öl-Hauptschalter, dem Öltransformator und der elektromagnetischen Schützensteuerung (sämtlich unter dem Wagenkasten angeordnet) und aus dem nur einen Fahrmotor. Von drei zweiachsigen Beiwagen EB 82 01–03 entsprachen zwei den zeitgenössischen Einheitspersonenwagen, einer ging aus einem Steuerwagen für VT hervor.

Beide Triebwagen waren ab Mai 1945 abgestellt und kehrten vom Abtransport in die Sowjetunion nicht zurück.

Bauart:	(1A)2′ w1t
Treibraddurchmesser:	1200 mm
Höchstgeschwindigkeit:	80 km/h
Sitzplätze 2. Kl.:	10
Sitzplätze 3. Kl.:	44
Stundenleistung:	254 kW
Geschwindigk. bei St.lstg.:	61 km/h
Länge über Puffer:	21900 mm
Dienstgewicht:	59,3 t

ET 89 Triebwagen für Schlesien, genannt „Rübezahl“

ET 89 01–11, gel. 1926 als 511+521 Breslau, später elT 1011–1021, (**ES 89 01–08,** gel. 1934 als elS 2021–2028)

Speziell für die schlesische Nebenbahn Hirschberg – Grünthal/Polaun über den Riesengebirgshauptkamm wurden elf Triebwagen zur Ergänzung der vorhandenen vier Fahrzeuge (spätere ET 88) wiederum bei LHW und SSW in Auftrag gegeben. Das Anforderungsprofil war durch lange Steigungen mit 25 Promille und durch einen regen Betrieb auch in der schneereichen harten Jahreszeit wegen des zunehmenden Wintersports gekennzeichnet. Im Wagenteil entsprachen die Triebwagen denselben Prinzipien wie die auf der Vorseite gezeigten Flachland-Triebwagen. Anstelle des großenteils aus Holz gebauten Abteilwagenkastens des ET 88 wurde eine Ganzstahlkonstruktion ähnlich wie bei den zeitgenössischen Schnellzugwagen mit Großraumsitzbereichen gewählt. Diesem Vorbild folgte auch die Einziehung des Wagenkastens zu den Enden hin. Als Einstiege dienten breite Schiebetüren in den abgeschrägten Teilen der Seitenwände. Nur vom Wageninneren aus zugänglich waren die charakteristischen Übergangs- und Aussichtsplattformen an den Wagenenden. Die oben angegebenen Platzzahlen gelten für die Zeit nach einem Umbau 1933.

Wie beim ET 82 waren die Drehgestelle asymmetrisch gestaltet, um dem jeweils nur einen Fahrmotor und dem Treibradsatz mit größeren Rädern den nötigen Platz zu geben. Die kräftige Motorisierung, die auf Steigungsfahrten und auf die Mitnahme von bis zu vier Anhängewagen ausgelegt war, machte es unmöglich, die gesamte elektrische Ausrüstung auf dem Dach bzw. unter dem Wagenkasten unterzubringen. So musste der Fahrgastraum durch eine Transformatorenkammer mit dem Öl-Hauptschalter, dem Ölumspanner und der elektromagnetischen Schützensteuerung geteilt werden. Die neuen Triebwagen übernahmen ab 1927 den gesamten Verkehr auf der Strecke Hirschberg – Polaun. Der Regelzug bestand aus zwei Triebwagen an den Enden und acht zwischengestellten Beiwagen. Hierfür wurden 35 Personenwagen der Einheitsbauarten 1923–25 mit elektrischer Heizung, Beleuchtung einer Steuerleitung ausgerüstet. 1934 wurden noch acht Steuerwagen (2021–28, ab 1940 ES 89 01–08) gebaut. Die ET 89 bewährten sich ausgezeichnet und gelangten als „Rübezahl“ zu hoher Popularität. Drei Wagen wurden im Frühjahr 1945 nach Bayern zurückgeführt und in München bis 1957 innerdienstlich genutzt.

Bauart:	(1A)(A1) w2t
Treibraddurchmesser:	1200 mm
Höchstgeschwindigkeit:	65 km/h
Sitzplätze 2. Kl.:	8
Sitzplätze 3. Kl.:	44
Stundenleistung:	468 kW
Geschwindigk. bei St.lstg.:	38 km/h
Länge über Puffer:	21900 mm
Dienstgewicht:	70 t

43 012
43 012

43 Die zweizylindrige Variante der schweren Güterzuglok

G 56.20, **43 001–035**, geliefert 1927–28

Bei der Vorstellung der 1926 erstgebauten 44 (s. S. 39) wurde bereits erwähnt, dass die DRG (wie bei der Einheits-Schnellzuglok) auch bei der schweren Güterzuglok zwei Triebwerksvarianten erprobte. Die dreizylindrige Maschine versprach ruhigeren Lauf und geringere Belastungen der Treibstangenlager, die zweizylindrige war in Beschaffung, betrieblicher Pflege und werkstättenmäßiger Unterhaltung billiger und insgesamt etwas leichter.

BMAG und Henschel lieferten 1927 die zunächst bestellten zehn Vorserienlokomotiven der Baureihe 43. Bis auf das Triebwerk entsprachen sie völlig der 44. Wiederum kam der Kessel mit der vereinheitlichten Rohrlänge von 5800 mm zur Anwendung. Knorr-Vorwärmer mit Speisepumpe und Speisedom entsprachen dem Einheitslok-Standard. Die Feuerbüchse bestand noch aus Kupfer. Der Barrenrahmen stützte sich in vier Punkten auf die Radsätze. Das Laufwerk war gekennzeichnet durch das vordere Krauss-Helmholtz-Gestell, Festlegung der drei zentralen Kuppelachsen, Seitenbeweglichkeit der letzten Kuppelachse und Schwächung des Spurkranzes der Treibachse.

Bei der Erprobung im Frankenwald und in Thüringen konnten die kräftigen Maschinen das Betriebsprogramm für die neue Güterzuglok (Züge von 1340 t in der Ebene mit 65 km/h, 1390 t in einer Steigung von 5 Promille mit 40 km/h und 1350 t bei 10 Promille mit 20 km/h) wie die 44 mühelos erfüllen. Da das Zentralamt Berlin in einem mittleren Belastungsbereich um 1300 PS einen höheren Wirkungsgrad der 43 feststellte, gab es zunächst dieser einfacheren Bauart den Vorzug. Wie schon beim Vergleich der preußischen G 8^2 und G^3 (56^{20} und 56^1) um 1920 siegte also fürs erste die zweizylindrige Maschine – was sicherlich den Gegnern der mehrzylindrigen Loks in Lokausschuss und Zentralamt und auch dem im Ruhestand lebenden preußischen Lokomotivpapst Robert Garbe große Genugtuung bereitete. Daher wurden 1928 weitere 25 Loks wiederum von BMAG und Henschel nachbeschafft und in Dresden, Erfurt, Riesa und Mannheim zum Einsatz gebracht. Für weitere Güterzugloks, welcher Triebwerksanordnung auch immer, fehlte zunächst der Bedarf.

Äußerlich waren einige 43er erkennbar an den kleinen Windleitblechen beiderseits des Schornsteins, die sonst fast nur im Ausland verwendet wurden. Andere erhielten die großen Windleitbleche der Einheitsausführung. Alle 43er blieben 1945 in der sowjetischen Zone. Zu einer gewissen Popularität kamen sie, als die Reichsbahn der frisch gegründeten DDR sie in den Mittelpunkt der „Schwerlastbewegung" stellte, bei der mit großem propagadistischen Aufwand Brikettzüge aus der Lausitz mit bis zu 5000 Tonnen Zuglast nach Berlin gefahren wurden. Mitte der sechziger Jahre wurden die Loks ausgemustert, 43 001 blieb museal erhalten.

Bauart:	1'E h2
Treibraddurchmesser:	1400 mm
Höchstgeschwindigkeit:	70 km/h
Zylinderdurchmesser:	720 mm
Kolbenhub:	660 mm
Kesseldruck:	14 at
Verdampfungsheizfläche:	237 m^2
Länge über Puffer (T 32):	22620 mm
Wasservorrat:	32 m^3
Kohlevorrat:	10 t
Dienstgewicht:	110,0 + 61,5 t
Leistung:	1470 kW

87 Die Rangierlok für die Hamburger Hafenbahn

Gt 55.17, **87 001–016**, geliefert 1927–28

Nicht nur der elektrische Betrieb der Hamburger Hafenbahn in einem engen und steigungsreichen Tunnel (E 73 05 und 06 s. S. 18 und 35), sondern auch der Dampfbetrieb auf Hafengleisen mit besonders engen Radien bis hinunter zu 100 m und mit erheblichen Steigungen erforderte besondere Lokomotiven. Da Züge von 670 t auf 10 Promille und von 260 t auf 25 Promille Steigung jeweils mit 25 km/h befördert werden sollten, war eine fünffach gekuppelte Dampflok unverzichtbar. Die preußische T 16[1] (DRG 94[5]) war allerdings leider nicht ausreichend bogenläufig.

Deshalb begann die Beschaffung von Einheitstenderlokomotiven mit einer Spezialtype. Entscheidende Besonderheit der 87 war die radiale Einstellbarkeit der Endradsätze und ihr Antrieb mittels Zahnradübertragung von den benachbarten Kuppelachsen aus. Diese von Luttermöller (O&K) entwickelte und nach ihm benannte Bauart hatte sich bereits bei preußischen Schmalspurloks (99 181–183 s. S. 15) bewährt. O&K erhielt denn auch den Auftrag über die 16 Loks der Baureihe 87. Bei der Durchbildung der Sondertype legten das Reichsbahn-Zentralamt und sein Partner bei der Einheitslokentwicklung aufseiten der Industrie, das Vereinheitlichungsbüro, großen Wert auf die Verwendung vieler Teile des Einheitsprogramms. So konnte (bis auf die Rauchkammer) der komplette Kessel der in Vorbereitung befindlichen Nebenbahntenderlok 86 übernommen werden. Im Bereich von Triebwerk, Speiseeinrichtungen, Armaturen, Führerhaus und Vorratsbehältern griff man ebenfalls auf den „Baukasten" aus der Entwicklung der Nebenbahnloks 24/64/86 (15 t-Achsdruck-Klasse) und der Rangierloks 80/81 (17,5 t-Achsdruckklasse) zurück. Dem Einheitsstandard entsprach der Barrenrahmen. Wie bei Rangierloks üblich, war kein Vorwärmer vorhanden, als Speiseeinrichtungen mussten zwei Strahlpumpen genügen. Die Getriebekästen mit den Zahnrädern auf den jeweiligen Achsen und den Zwischenzahnrädern ermöglichten zugleich Deichselgestelle und erlaubten eine seitliche Einstellbarkeit der äußeren Radsätze um 45 mm in jede Richtung.

Alle Loks wurden beim Bw Hamburg-Wilhelmsburg stationiert. Sie bewährten sich im Hamburger Hafen gut. Gegen Ende der vierziger Jahre zeigten die Zahnradtriebwerke einen immer höheren Verschleiß. Da Ersatzteile zeitweise nicht zu beschaffen waren, mussten einige Loks über längere Zeit mit vier oder gar nur drei angetriebenen Radsätzen fahren.

In den fünfziger Jahren stand mit der Baureihe 82 ein neuer moderner Fünfkuppler zur Verfügung, bei dem mit Beugniot-Lenkgestellen das Problem der Bogenläufigkeit auf andere Weise ebenfalls gut gelöst war. Dadurch konnten die 87er zwischen 1953 und 1955 ausgemustert werden.

Bauart:	E h2t
Treibraddurchmesser:	1100 mm
Höchstgeschwindigkeit:	45 km/h
Zylinderdurchmesser:	600 mm
Kolbenhub:	550 mm
Kesseldruck:	14 at
Verdampfungsheizfläche:	117,3 m²
Länge über Puffer:	13300 mm
Wasservorrat:	9 m³
Kohlevorrat:	3 t
Dienstgewicht:	85,6 t
Leistung:	690 kW

99^{19}

Schmalspurloks für den Schwarzwald

K 55.9, **99 191–194**, geliefert 1927

Auf der meterspurigen Strecke Nagold – Altensteig in Württemberg waren ursprünglich Vierkuppler mit bogeneinstellbarem Triebwerk nach System Klose eingesetzt, die den Anforderungen auf Steigungen bis zu 40 Promille nicht mehr genügten. Bei der Entwicklung einer neuen stärkeren Lok orientierte man sich weitestgehend an den von Henschel 1918 für die Heeresfeldbahn gelieferten Fünfkupplern für 750 mm-Spur, die für sächsische und württembergische Strecken in großer Zahl nachgebaut worden waren (sä. VI K, DRG 99 641–655, 671–717). Die Beschaffung einer neuen „Länderbahn"-Type durch die Rbd Stuttgart noch im Jahre 1927 zeigt wie so manches andere Beispiel, dass sich das Prinzip der Einheitslokomotive nur allmählich durchsetzen ließ.

Der zweischüssige Kessel mit Überhitzer entsprach gänzlich dem der VI K. Deren Laufwerk war nur insoweit abgeändert, als es durch die vergrößerte Spurweite notwendig war. Es basierte auf einem Blechrahmen. Die notwendige Kurvengängigkeit des Fünfkupplers (bis hinunter zu Radien von 50 m) war entsprechend dem System Gölsdorf in seiner ursprünglichen Form aus dem Jahre 1900 sichergestellt. Demgemäß waren die zweite und die angetriebene vierte Achse im Rahmen festgelegt, während die erste, dritte und fünfte Kuppelachse seitenbeweglich gelagert waren. Zunächst war eine Westinghouse-Bremse, später eine Knorrbremse vorgesehen. Die Azetylenbeleuchtung wurde 1932 durch eine elektrische Anlage ersetzt.

Die Loks bewährten sich und blieben bis in den Zweiten Weltkrieg auf ihrer Stammstrecke. 1944 wurden die 99 191 nach Eisfeld in Thüringen und die 99 194 auf die Slawonische Drautalbahn in Kroatien versetzt. Die 99 192 und 193 wurden von der DB bis 1959 bzw. 1967 im Schwarzwald eingesetzt, die zur DR gelangte 99 191 fuhr bis zur Einstellung der Strecke 1969 auf der Schmalspurbahn Gera-Pforten – Wuitz-Mumsdorf.

Bauart:	E h2t
Spurweite:	1000 mm
Raddurchmesser:	800 mm
Höchstgeschwindigkeit:	30 km/h
Zylinderdurchmesser:	430 mm
Kolbenhub:	400 mm
Kesseldruck:	14 at
Verdampfungsheizfläche:	64,2 m^2
Länge über Kupplungen:	8435 mm
Wasservorrat:	4,7 m^3
Kohlevorrat:	2,5 t
Dienstgewicht:	43,5 t
Leistung:	279 kW

E 15 / E 16^5

Glücklose Schnellzugloks mit Tatzlagerantrieb

E 15 01, geliefert 1927 als E 18 01 / **E 16 101,** geliefert 1928

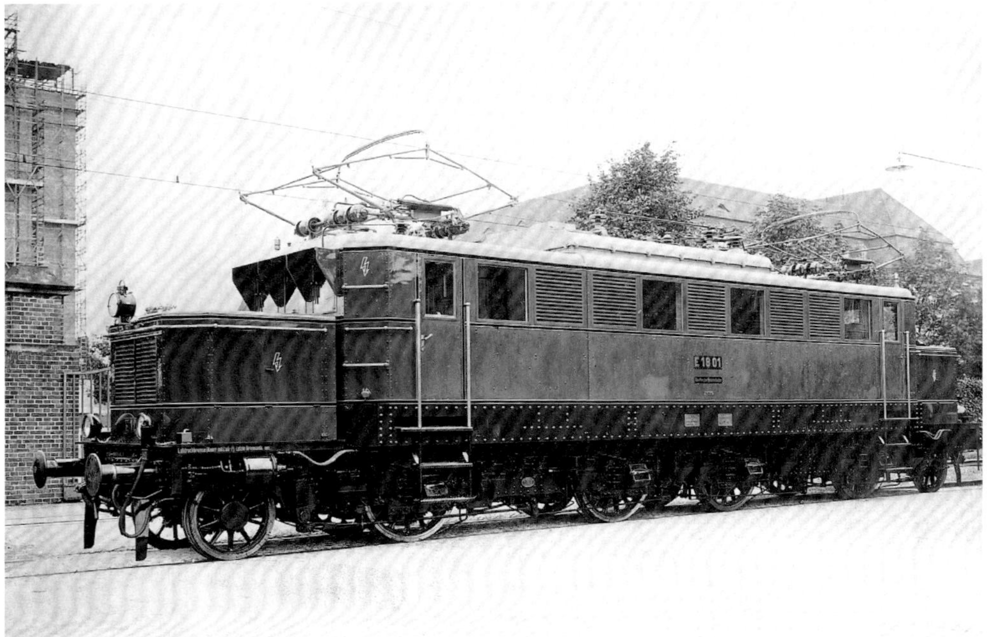

Nach den großen Erfolgen der E 16 mit Einzelachsantrieb System Buchli und der E 21 mit AEG-Federtopfantrieb wollte die Reichsbahn auch elektrische Schnellzuglokomotiven mit dem einfacheren und preiswerteren Tatzlagerantrieb testen. Vielleicht wäre aber auch die Formulierung zutreffend, dass Borsig und SSW es in einer Zeit knapper werdender Lokaufträge verstanden, die Reichsbahn zu einem eigentlich nicht sehr aussichtsreichen Experiment zu veranlassen. Gewiss hatte sich der Tatzlagerantrieb mit seiner nur einseitig abgefederten Motorlagerung und Abstützung der anderen Motorseite direkt auf die Treibachse bei Triebwagen und bei langsameren Loks wie der E 73 05 und der E 92 bewährt, doch war eigentlich klar, dass dieses Konzept bei stärkeren und schnelleren Maschinen seine bekannten Grenzen zeigen würde.

Man entschied sich für zwei lauftechnisch verschiedene Varianten. Eine Lok (eingereiht als E 16 101) erhielt zwei Drehgestelle mit je zwei festgelagerten Treibachsen und einer Bisselachse, die andere (zunächst als E 18 01, später als E 15 01 bezeichnet) hatte einen durchgehenden Hauptrahmen, Bisselgestelle und seitenbeweglich gelagerte innere Treibachsen. Im übrigen waren die beiden Loks weitgehend gleich konstruiert. Auf dem Brückenträger ruhte der Lokomotivkasten, in dem vor allem der Hauptumspanner mit der elektromagnetischen Schützensteuerung und die Motorlüfter Platz fanden. In zwei Vorbauten vor den Führerständen waren Hauptluftbehälter, Batterie, Kompressor und Werkzeugschrank untergebracht. Den vier zehnpoligen Wechselstromreihenschlussmotoren konnte der Fahrstrom in 21 Abstufungen zugeführt werden.

Beide Loks wurden bis zum sowjetischen Abtransport 1946 auf dem mitteldeutschen Netz eingesetzt. Schon bei den Erprobungen bestätigte sich, dass bei Geschwindigkeiten oberhalb von 80 km/h zu starke schädliche Schwingungen und Stöße auf die ungefederten Motormassen wirkten und zugleich schlechte Laufeigenschaften verursachten. Ein Nachbau unterblieb daher zugunsten von Lokomotiven der Entwicklungslinie E 21–E 17–E 04–E 18 mit Federtopfantrieb.

Die geringen Unterschiede zwischen den Loks hätten eigentlich nicht die Vergabe separater Baureihennummern gerechtfertigt! Etwa bei den verschiedenen Serien der 18$^{4-5}$ oder der E 16 gab es innerhalb einer Reihenbezeichnung und sogar bei durchlaufenden Ordnungsnummern erhebliche Unterschiede nach Bauart und Leistung! Da die Reihenbezeichung E 16^1 bereits für die E 16 18–21 reserviert war, führte man die E 16 101 etwas gekünstelt als E 16^5 – obwohl ihre Ordnungsnummer ja gar nicht mit einer 5 begann. Als die bekannte AEG-E 18 (s. S. 132/133) gebaut wurde, musste die Siemenslok von der Nummer E 18 01 auf E 15 01 ausweichen. Ein völliger Irrweg war der Bau der beiden bislang stärksten Loks mit Tatzlagerantrieb nicht: Sowohl vom Antriebskonzept als auch vom Gesamtaufbau können sie als Vorläufer der E 44 gelten, einer der wichtigsten deutschen Elektroloks. Die DR verzichtete aber auf die Reaktivierung der von der Sowjetunion zurückgegebenen Loks.

	E 18 01/ E 15 01	**E 16 101**
Bauart:	(1'Bo)(Bo1') w4t	1'Do1' w4t
Treibraddurchmesser:	1400 mm	1400 mm
Übersetzungsverhältnis:	84 : 23	89 : 24
Höchstgeschwindigkeit:	110 km/h	120 km/h
Anfahrzugkraft:	20,9 t	20,9 t
Stundenleistung:	2760 kW	2800 kW
Geschwindigk. bei St.lstg.:	85 km/h	89,5 km/h
Länge über Puffer:	16836 mm	16960 mm
Dienstgewicht:	103,5 t	106,6 t
Leistungskennziffer:	26,7 kW/t	26,5 kW/t

E 21⁵ Die Schnellzuglok von LHB und BEW

E 21 51, geliefert 1927

Neben BBC und Krauss (E 16), AEG (E 21) sowie SSW und Borsig wollten auch Linke-Hofmann und Bergmann in der Entwicklung elektrischer Lokomotiven hoher Leistung mit Einzelachsantrieb nicht den Anschluss verlieren. Nur drei Jahre nach ihrer E 50³ stellten sie eine sehr bemerkenswerte Lokomotive gleicher Achsfolge mit fast verdoppelter Leistung vor. Ihr Betriebsprogramm entsprach dem der E 21. Nachdem die E 50 Züge von 500 t in der Ebene mit 85 km/h hatte befördern sollen, wurden der E 21 51 bereits Züge von 630 t mit 95 km/h zugemutet.

Das Antriebskonzept der Lok war eigenartig: Zu jeder Treibachse gehörten zwei Motoren, die im Maschinenraum leicht gegeneinander versetzt nebeneinander untergebracht waren. Sie arbeiteten jeweils über Gelenkarmkupplungen auf Ritzel und Zwischenzahnräder. Letztere trieben die Hauptzahnräder an, die mittig auf den Treibachsen angebracht waren. Wegen der großen ungefederten Massen bewährte sich dieses von BEW ersonnene Konzept nicht. Daher wurden die Loks nach einem Vorschlag von LHB umgebaut. Die Getriebe wurden nun in die gefederte Masse genommen und im Lokrahmen angeordnet. Die Gelenkkupplungen wurden zwischen die Hauptzahnräder und die Treibräder verlegt, wobei kurze Hohlwellen erforderlich wurden. Diese Ausführung bewährte sich. Das Laufwerk beruhte auf einem äußeren Blechrahmen. Die Führung der Lok war einem Drehgestell und einer Bisselachse anvertraut. Die beiden inneren Treibachsen waren seitenbeweglich gelagert. Der Hauptumspanner musste wegen des Platzbedarfs der Motoren und Getriebe über dem Drehgestell angeordnet werden. Der Lokomotivkasten zeigte eine recht moderne Form mit leicht abgerundeten Konturen und wich damit vorteilhaft von der im Ellokbau ansonsten gepflegten Kantigkeit ab. Der hohe Dachaufbau war nötig, um über den Motoren und Getrieben genügend Platz für einen Durchgang zwischen den Führerständen zu schaffen.

Im elektrischen Teil wurde ein aus der E 50³ verbesserter Trockentransformator verwendet. Eine pneumatisch betätigte Schützensteuerung belieferte die acht ständig in Reihe geschalteten Fahrmotoren mit Strom in 16 Dauerfahrstufen. Die äußerst leistungsfähige Lok konnte sich wegen der Mängel ihrer anfänglichen Antriebskonzeption im Konkurrenzkampf gegen die AEG-Loks mit Federtopfantrieb nicht durchsetzen. Als sie wie oben beschrieben umgebaut war, hatte die E 17 bereits das Rennen gemacht. So blieb die E 21 51 eine Einzelgängerin. Eingesetzt war sie bis 1945 auf dem schlesischen Netz. Mit der Rückgabe der Elloks aus der Sowjetunion kam sie in den fünfziger Jahren in die DDR. Die DR verzichtete aber auf eine Reaktivierung.

Bauart:	2'Do1' w8e
Treibraddurchmesser:	1400 mm
Übersetzungsverhältnis:	2,27 : 1 (59 : 54 : 26)
Höchstgeschwindigkeit:	110 km/h
Anfahrzugkraft:	34 t
Stundenleistung:	3430 kW
Geschwindigk. bei St.lstg.:	82 km/h
Länge über Puffer:	14940 mm
Dienstgewicht:	121,9 t
Leistungskennziffer:	38,15 kW/t

E 60

Die Rangierlok für München

E 60 01–14, geliefert 1927–28, 1932, 1934

Als ab Mitte der zwanziger Jahre die ausgedehnten Gleisanlagen der Personen- und Güterbahnhöfe in München elektrifiziert wurden, bestellte die DRG zunächst zwei, später sieben elektrische Rangierloks bei der AEG. In den Folgejahren wurden weitere sieben Loks in Auftrag gegeben. Bei den beiden letzten lieferte SSW die elektrische Ausrüstung. Die Konzeption der Lok beruhte auf der Verwendung einer der bei der E 91 (s. S. 28/29) doppelt vorhandenen Antriebsanlagen. Daher entspricht die Antriebseinheit mit dem Doppelmotor, dem Zahnradgetriebe, der Blindwelle, dem Winterthur-Schrägstangenentrieb und den drei Treibachsen weitgehend einer E 91-„Hälfte". Wie dort war die mittlere Treibachse um 25 mm seitenbeweglich gelagert. Vorne führte ein Bissel-Laufgestell. Die gesamte elektrische Ausrüstung einschließlich des Ölumspanners und dem elektromagnetischen Schützenschaltwerk mit 16 Anzapfungen wurde in einem halbhohen Vorbau über den Treibachsen untergebracht. Deshalb konnte man die Bedienungseinrichtungen für die Fahrt in beide Richtungen in einem Führerhaus unterbringen. Aus einem vielleicht von der Betrachtung der Dampflok beinflussten Blickwinkel möchte man unwillkürlich das Lokende mit dem mächtig vorgestreckten Vorbau für das Vorderende halten und die Nachlaufachse sowie den kleinen Vorbau mit dem Luftkompressor, der an den Kohlenkasten einer Tenderlok erinnert, als Elemente der Rückseite ansehen. Das „V" für vorne war jedoch (konsequenterweise) dort angebracht, wo die Laufachse für bessere Fahreigenschaften sorgte und der kleinere Vorbau bessere Sicht gewährte. Erst ganz allmählich ging man seinerzeit zur vollkommen symmetrischen Ellok über, bei der Laufwerk und Führerstandsausrüstung keine Laufrichtung mehr privilegieren. Der einzelne Stromabnehmer hatte zunächst zwei weit voneinander abgespreizte Schleifstücke, weil in den Oberleitungen Streckentrenner mit stromlosem Zwischenstück vorkamen.

Die Loks wurden hauptsächlich im Rangierdienst in oberbayerischen Bahnhöfen, vor allem wie geplant in München eingesetzt. Die hohe Achsfahrmasse von 19,3 t schränkte allerdings die Freizügigkeit auf Rangiergleisen ein. Der ebenfalls vorgesehene Streckendienst vor leichten Güterzügen blieb selten. Alle Loks kamen zur DB. 1958/59 wurden sie modernisiert. Rangierbühnen über den Pufferträgern und zusätzliche Fenster verbesserten die Arbeitsbedingungen. Die Lackierung wurde von Grün auf Rot umgestellt. 1964 kamen E 60 auch außerhalb Bayerns, nämlich in Heidelberg, zum Einsatz. Erst 1976 endete der Einsatz der nunmehrigen 160.

Bauart:	1'C w2u
Treibraddurchmesser:	1250 mm
Übersetzungsverhältnis:	101 : 25
Höchstgeschwindigkeit:	55 km/h
Anfahrzugkraft:	15,3 t
Stundenleistung:	1074 kW
Geschwindigk. bei St.lstg.:	38 km/h
Länge über Puffer:	11100 mm
Dienstgewicht:	72,5 t
Leistungskennziffer:	14,8 kW/t

E 79 Ein Ellokpärchen für Freilassing – Berchtesgaden

E 79 01–02, geliefert 1927

Auch wenn Gattungen wie die E 79 sogar in einem für verbindlich erklärten „Typenprogramm“ aufgeführt wurden, kann doch ihre Beschaffung nicht allein mit betrieblichen Notwendigkeiten und dem Stand der Technik erklärt werden. Vielmehr drängt sich wie bei der E 15/16[5] der Verdacht auf, dass die immer noch mächtigen regionalen Beschaffungsstellen, wie die Gruppenverwaltung Bayern den Herstellern gewisse Umsätze und die Vorführung aktueller Produkte ermöglichen wollten. Auf der Strecke Freilassing – Berchtesgaden hätte man sicherlich auch Loks der Baureihen E 77 oder E 91 einsetzen können, statt eine neue Type zu entwickeln. Aufgrund einer Bestellung aus dem Jahre 1923 lieferten Maffei und die im Lokomotivbau sonst nicht hervorgetretene Firma Pöge in Chemnitz 1927 zwei siebenachsige Loks für den Rampenbetrieb. Lauf- und Triebwerk erinnern an die E 50, doch war anstelle eines Großmotors eine Antriebseinheit aus zwei Motoren mit gemeinsamem Zahnradgetriebe vorgesehen. Besonderheit des Laufwerks war das „Lotter-Gestell“, in dem das Drehgestell und die benachbarte Kuppelachse zusammengefasst waren.

Die Loks bewährten sich nicht und wurden schon 1939/40 ausgemustert. Die Geschichte der Kuriositäten im Zusammenhang mit dieser überflüssigen Lokgattung waren damit jedoch noch nicht zu Ende: Das Lotter-Gestell der E 79 02 fand Verwendung in der 1942 bei Krauss-Maffei fertiggestellten 1'C2'-Tenderlok Nr. 8 für die Tegernseebahn. Wohl niemals sonst in der Geschichte des Lokomotivbaus wurden wesentliche Teile einer verschrotteten Ellok beim Bau einer neuen Dampflok verwendet! Die Dampflok war nur bis 1960 im Einsatz.

Bauart:	2'D1' w2u
Treibraddurchmesser:	1250 mm
Übersetzungsverhältnis:	3 : 1
Höchstgeschwindigkeit:	65 km/h
Anfahrzugkraft:	19,6 t
Stundenleistung:	1480 kW
Geschwindigk. bei St.lstg.:	45 km/h
Länge über Puffer:	15264 mm
Dienstgewicht:	116 t
Leistungskennziffer:	14,7 kW/t

E 95 Die größte Ellok der Deutschen Reichsbahn

E 95 01–06, geliefert 1927–28

1924 plante die DRG, die schlesische Strecke Breslau – Liegnitz – Arnsdorf zu elektrifizieren. Hierfür forderte man eine Lok mit sechs angetriebenen Achsen und hoher Leistung. Im Hinblick auf die Wartung und Unterhaltung in den vorhandenen Werkstätten sollte die Lok zweiteilig ausgeführt werden. Die ersten Entwürfe der AEG stellten verschiedene Modelle einer 1'C + C1'-Lok mit Stangenantrieb zur Diskussion. 1926 fiel dann aber die Entscheidung für eine Lok mit Tatzlagerantrieb, der sich ja bei Triebfahrzeugen mit nicht allzu hoher Geschwindigkeit durchaus bewährt hatte. Geliefert wurden dann 1927/28 sechs Doppel-Loks einer bis dahin unbekannten Größenordnung. AEG lieferte alle Fahrzeugteile, AEG und SSW die elektrische Ausrüstung für je drei Exemplare.

Alle Treibachsen der E 95 waren fest gelagert, die jeweils mittleren erhielten geschwächte Spurkränze. Vorne und hinten führten Bisselachsen. Die Motoren arbeiteten über Tatzlagervorgelege auf die Radsätze. Die E 95 bestand aus zwei weitgehend separat betriebsfähigen Hälften. In jedem Vorbau waren ein Transformator und das zugehörige Schaltwerk mit 25 Dauerfahrstufen angeordnet. Hauptschalter, Batterie und Stromteiler waren in einer, die Drucklufterzeugung in der anderen Lokhälfte untergebracht. Da die Loks auch Personenzüge befördern sollten, besaßen sie Zugheizeinrichtungen mit 800 und 1000 V. Nur die E 95 02 hatte eine Widerstandsbremse.

Die Elektrifizierung der ursprünglich vorgesehenen Einsatzstrecke unterblieb. Die Loks bewährten sich im schweren Güterzugdienst auf den anderen elektrischen Strecken Schlesiens. Die E 95 war nicht nur die längste, sondern auch die teuerste aller von der DRG je beschafften Elloks. Ein Exemplar kostete 542.090 RM. Zum Vergleich: Die ebenfalls großen E 52 und E 91 waren für 310.250 bzw. 315.000 RM zu haben, die Schnellzuglok E 17 für 373.500 RM. Von daher musste der geplante Bau weiterer E 95 für die Strecke München – Stuttgart unterbleiben. Die „Kostenexplosion" bei der E 95 wurde zum Anlass für nachhaltige Bemühungen um preiswertere Elektrolokomotiven, wie sie dann in Form etwa der E 44 und E 93 glückten.

Die vorhandenen E 95er hatten teilweise ein durchaus langes Leben: Sie taten Dienst bis zum Ende der elektrischen Wechselstromzugförderung in Schlesien nach dem Zweiten Weltkrieg und wurden dann in die Sowjetunion abtransportiert. Von den später der DDR überlassenen Loks arbeitete die DR noch drei auf und setzte sie bis 1969 ein.

Bauart:	1'Co + Co1' w6t
Treibraddurchmesser:	1400 mm
Übersetzungsverhältnis:	90 : 17
Höchstgeschwindigkeit:	70 km/h
Anfahrzugkraft:	36
Stundenleistung:	2778 kW
Geschwindigk. bei St.lstg.:	47 km/h
Länge über Puffer:	20900 mm
Dienstgewicht:	138,5 t
Leistungskennziffer:	20 kW/t

ET 41 Die ersten deutschen Triebwagen für 100 km/h

ET 41 01–05, gel. 1927–28 als 501–506 Halle, später elT 1061–106, **ET 41 01–03,** gel. 1928 als elS 2061–2063

Keiner der Mitte der zwanziger Jahre vorhandenen elektrischen Triebwagen eignete sich für den Schnell- oder Eilzugdienst. Bislang hatte man nur Bauarten für Nahverkehr und Nebenbahnen entwickelt. Auf der 1922 elektrifizierten Strecke Leipzig – Halle wollte die DRG einen schnellen Pendelbetrieb mit nicht zuschlagpflichtigen Eiltriebwagen anbieten. Aus heutiger Sicht erstaunlich aktuell: Auch die Bedienung des Verkehrsflughafens Schkeuditz zwischen den beiden Städten war bereits ein Thema. Daher wurde bei Wegmann und SSW ein neuer Triebwagen in Auftrag gegeben. Sechs Exemplare wurden gebaut, der letzte erlebte wegen eines Unfalls nicht mehr die 1941 verfügte Umzeichnung in die Baureihe ET 41. Drei weitgehend ähnliche Steuerwagen und sechs Beiwagen nach dem Muster der zweiachsigen Einheitspersonenwagen ergänzten den Bestand.

Wagentechnisch war der ET 41 eine selbsttragende Ganzstahlkonstruktion ähnlich den zeitgenössischen Schnellzugwagen der DRG. Über den Drehgestellen befanden sich Einstiegsräume mit zurückgesetzten Doppeltüren. Die Drehgestelle waren wegen ihres einseitigen Antriebs asymmetrisch gestaltet. Recht modern war die Rollenlagerung aller Radsätze. Ein großer Fortschritt war auch die Unterbringung der gesamten elektrischen Ausrüstung des leistungsfähigen Fahrzeugs unter dem Fahrgastraum.

Der Transformator befand sich in Wagenmitte unter dem Rahmen. Eine elfstufige elektromagnetische Schützensteuerung belieferte die beiden sechspoligen Reihenschlussmotoren mit Fahrstrom. Eine Vielfachsteuerung erlaubte die Bedienung von bis zu vier Triebwagen von einem Führerstand aus.

Die neuen Triebwagen fielen durch eine außergewöhnliche Farbgebung auf: Die Dächer waren aluminiumfarbig, der Fensterbereich hellgrau, die untere Kastenhälfte stahlblaugrau und der Rahmen schwarz lackiert. Ab dem Jahre 1935 erhielten die Fahrzeuge den Einheitsanstrich in Weinrot und Beige.

Zunächst befriedigte das Laufverhalten der Triebwagen bei höheren Geschwindigkeiten nicht. Durch Einbau neuer Drehgestelle mit geänderter Federung konnten die Probleme behoben werden. Die Eiltriebwagen blieben bis 1946 in ihrem Stammnetz aktiv und verließen Deutschland 1946 in die Sowjetunion – ohne Wiederkehr.

Der ET 41 hat seinen festen Platz in der deutschen Triebwagengeschichte: Er kann in einer Zeit der technisch noch recht anspruchslosen Elektrotriebwagen für den Personenverkehr in Ballungsräumen und der urtümlichen Prototypen für Nebenbahnen mit einem Verbrennungsmotor als erster Versuch eines Schnelltriebwagens gelten. Und er beweist: Das „Design" war inzwischen ein eigenständiger Faktor bei der Fahrzeugentwicklung geworden.

Bauart:	(1A)(A1) w2t
Raddurchmesser:	1000 mm
Höchstgeschwindigkeit:	100 km/h
Sitzplätze 2. Kl.:	16
Sitzplätze 3. Kl.:	60
Stundenleistung:	570 kW
Geschwindigk. bei St.lstg.:	81 km/h
Länge über Puffer:	22900 mm
Dienstgewicht:	66 t

E 06^1 Nachzüglerelloks mit Großmotor

E 06 08–12, geliefert 1928

1925 bestellte die DRG fünf verbesserte Nachbauten der E 06 aus dem Jahre 1923 (s. S. 16). Als BMAG und BEW die Loks 1928 lieferten, mussten sie bereits als völlig veraltet gelten. Sie waren die letzten deutschen Elloks mit langsam laufendem zentralen Großmotor und Stangenantrieb.

Bauart:	2'C2' w1k
Treibraddurchmesser:	1600 mm
Übersetzungsverhältnis:	–
Höchstgeschwindigkeit:	110 km/h
Anfahrzugkraft:	18,7 t
Stundenleistung:	2780 kW
Geschwindigk. bei St.lstg.:	67 km/h
Länge über Puffer:	16330 mm
Dienstgewicht:	110 t
Leistungskennziffer:	25,3 kW/t

Die allgemeine Anordnung von Rahmen, Lauf- und Triebwerk blieb unverändert. Da der Dampfkessel für die Zugheizung entfiel, konnte man beide Führerstände an die Enden der Lok rücken. Die Verwendung modernerer Stromabnehmer mit geringerer Bauhöhe erlaubte die Anhebung des Daches und die großzügigere Anordnung der Baugruppen im Maschinenraum. Der Lokkasten war nun dem der fast gleichzeitig erschienenen E 75 sehr ähnlich.

Wie bei den E 06 07 und 08 wurde ein Trockentransformator verwendet. Die Zahl der Dauerfahrstufen des elektropneumatischen Schützenschaltwerks wurde von 16 auf 18 erhöht.

Die Loks wurden bis zum Abtransport 1946 vor Reisezügen im mitteldeutschen Netz eingesetzt. Für den Schnellzugdienst wurden sie jedoch nicht gebraucht, weil auf der einzigen längeren elektrischen Strecke Leipzig – Dessau – Magdeburg nur wenige Schnellzüge fuhren. Als 1934 der Ring Leipzig – Dessau – Magdeburg – Köthen – Halle – Leipzig geschlossen wurde, hatten die E 17 und E 04 bereits Vorrang bei der Bespannung schneller Züge. Die von der Sowjetunion in die DDR zurückgegebenen E 06^1 wurden nicht mehr aufgearbeitet.

E 75

Die letzte elektrische Großserie mit Stangenantrieb

E 75 01–12, geliefert 1928 und **E 75 51–69**, geliefert 1928, 1930–31

Die schlechten Erfahrungen mit den Laufeigenschaften der gelenkigen E 77 führten zur Überarbeitung der Konstruktion. Nunmehr wurde eine Ausführung mit durchgehendem Hauptrahmen gewählt. Alle Treibachsen waren bei der E 75 fest gelagert, die inneren hatten geschwächte Spurkränze. Vorne und hinten führten Bisselachsen.

Wiederum gaben die verschiedenen Beschaffungsstellen der DRG getrennte Serien für das bayerische und das mitteldeutsche Netz in Auftrag. Maffei und SSW bauten die E 75 01–12 für die Strecken in Bayern; Linke-Hofmann und BMAG fertigten die mechanischen Teile der E 75 51–69 für Mitteldeutschland, MSW und BEW teilten sich die Lieferung der elektrischen Ausrüstungen dieser Loks.

Der Verzicht auf die komplizierte Dreiteilung der E 77 ermöglichte eine einfachere und etwas leichtere Durchbildung der Maschine. Auf die Übergangstüren nach bayerischer Tradition wurde nun verzichtet, sodass alle Loks das gleiche Erscheinungsbild hatten. Elektrotechnisch und antriebsmechanisch entsprach die E 75 weitgehend der E 77. Der Transformator und die beiden über den Blindwellen angeordneten Motoren erbrachten dieselbe Leistung. Von vorneherein waren diesmal Einrichtungen für die elektrische Zugheizung eingebaut.

Die E 75 brachte den gegenüber der E 77 erhofften lauftechnischen Fortschritt. Trotzdem war man mit ihr aber nur begrenzt zufrieden. Die Höchstgeschwindigkeit von nur 70 km/h machte nämlich den geplanten Einsatz im Personenzugdienst fast unmöglich. Für den Güterzugdienst hatte das der Bestellung zugrunde liegende Leistungsprogramm von der E 75 verlangt, 1800 t in der Ebene mit 30 km/h zu befördern. Auch solche Anforderungen waren von der betrieblichen Realität aber schon überholt: Die inzwischen durchgehend druckluftgebremsten Güterzüge hätten mit solchen Geschwindigkeiten auf Strecken in der Ebene nur noch den Verkehr aufgehalten. Auch wenn die E 75 in größerer Zahl gebaut wurde, gilt doch auch für sie die schon für die E 95 getroffene Aussage: Die Erfahrungen mit diesen im Übrigen auch wieder recht teuren Lokomotiven waren eine Herausforderung für neue Konzepte im Ellokbau.

Die Loks waren zumeist im Güterzugdienst in den vorgesehenen Regionen eingesetzt. 1944 wurden alle E 77 nach Mitteldeutschland und alle E 75 nach Süddeutschland verlegt. Dadurch kamen fast alle E 75 zur DB. Ihre Aufgaben waren nun vor allem der Nahgüterverkehr und der Abstelldienst für den Münchner Hauptbahnhof. Im Mai 1972 wurde die letzte Lok abgestellt. Die E 7509 wurde als Museumslok erhalten.

Bauart:	1'BB1' w2u
Treibraddurchmesser:	1400 mm
Übersetzungsverhältnis:	110 : 42
Höchstgeschwindigkeit:	70 km/h
Anfahrzugkraft:	24 t
Stundenleistung:	1880 kW
Geschwindigk. bei St.lstg.:	44 km/h
Länge über Puffer:	15380 mm
Dienstgewicht:	106,2 t
Leistungskennziffer:	17,7 kW/t

24 Die Nebenbahnlok für lange Flachlandstrecken

P 34.15, **24 001–095**, geliefert 1928–33, 1936/38/40

Für die ersten acht Jahre seit der Verreichlichung der deutschen Staatsbahnen lassen sich die neu angeschafften Triebfahrzeug-Gattungen in gewisse Gruppen einteilen. Lokomotiven bisher kaum bekannter Leistungsklassen wie die 01, 02, 18^5, 39, 43, 44, 95 und E 16 setzten sich zur Erfüllung schwierigster Traktionsaufgaben an die Spitze des Bestandes. Überraschend viele Typen von den Schmalspurloks bis zu den Verbrennungstriebwagen und von Kleinserienelloks bis zu den ET für Stromschiene dienten lediglich regionalen Sonderzwecken oder der Erprobung von Konzepten, die erst später ihre Erfolge beweisen würden.

Eine dritte Gruppe von Bauarten modernisierte in einer jeweils nicht großen, aber doch betrieblich relevanten Stückzahl den Bestand, ohne freilich technisch in die Zukunft zu weisen. Zu diesen „braven Arbeitspferden" gehörten außer den 38^4, E 32, E 52, E 75, E 77, E 91 und ET 85 auch die hier und auf den folgenden Seiten noch näher zu besprechenden Dampflokomotiven für Nebenbahnen.

Erst ziemlich spät fällte man die Entscheidung, außer der 20 t-Achsdruck-Reihe für den Streckendienst und der 17,5 t-Reihe für den Rangierdienst auch eine leichte Typenfolge mit 15 t Achsdruck für Nebenbahnen zu beschaffen, nachdem man den dort noch üblichen Betrieb mit alten, schwachen und langsamen Nassdampfloks als besonders unwirtschaftlich erkannt hatte. Als Grundtypen wurden konzipiert ein Dreikuppler für den etwas schnelleren Dienst im Flachland und ein Vierkuppler für schwerere Züge, der vorrangig im Mittelgebirge eingesetzt werden sollte. Nur beim Dreikuppler beschaffte man Varianten mit Schlepptender und als Tenderlok.

Die Schlepptenderlok der Reihe 24 war vor allem für lange Nebenbahnen in den nord- und ostdeutschen Ebenen vorgesehen. Neben der vorhandenen 1'C-Loks der Reihen 37 und 54 war der Bedarf aber eher gering, sodass sich die Reichsbahn mit 95 Loks in einem recht langen Beschaffungszeitraum begnügte. Die 24 war der weitgehend gleichen 64 lauftechnisch unterlegen, weil der dreiachsige Tender nicht dieselbe stabilisierende Wirkung ausübte wie die Schleppachse der 64. Eine Lok, die nach dem Zweiten Weltkrieg versuchsweise mit dem vierachsigen Tender einer 50er gekuppelt war, zeigte einen wesentlich ruhigeren Lauf. Anders als bei der 64 und der 86 blieb der Ersatz der Bisselachse durch ein Krauss-Helmholtz-Gestell aus, weil die für diese Ausführung vorgesehenen Serien ab 24 096 kriegsbedingt storniert wurden.

Sonderfälle waren die 24 069 und 070 von Borsig. Sie nahmen an den Versuchen mit einem Kesseldruck von 25 at, dem sogenannten Mitteldruck, teil. Die 24 069 war eine Zweizylinder-Verbundlok, die 24 070 eine Zwillingslok. Mehrere Vergleichstests bewiesen eine größere Wirtschaftlichkeit der Verbundlok, sodass die andere Maschine entsprechend umgebaut wurde. Insgesamt ergab sich allerdings wie auch bei anderen Hoch- und Mitteldruckloks, dass die Kessel dem Alltagsbetrieb nur schlecht standhielten.

Die 24er wurden bevorzugt in Pommern und Ostpreußen eingesetzt, also durchaus in der Nähe des Herstellers der meisten Loks, nämlich Schichau in Elbing. Dadurch kamen von dieser Baureihe besonders viele Loks nach 1945 zur Polnischen Staatsbahn. Man konnte die 24 aber auch in Niederbayern, im Schwarzwald und am Niederrhein im Einsatz erleben. 1966 wurde die 24 bei der DB aus dem Dienst genommen. Von den nur vier DR-Loks blieb die 24 009 als betriebsfähige Museumslok erhalten.

Bauart:	1'C h2
Treibraddurchmesser:	1500 mm
Höchstgeschwindigkeit:	90 km/h
Zylinderdurchmesser:	500 mm
Kolbenhub:	660 mm
Kesseldruck:	14 at
Verdampfungsheizfläche:	104,4 m^2
Länge über Puffer (T 16):	16995 mm
Wasservorrat:	16/17 m^3
Kohlevorrat:	6 t
Dienstgewicht:	73,3 + 36 t
Leistung:	680 kW

64 Die Nebenbahnlok für Flachland und Personenzüge

Pt 35.15, **64 001–520**, geliefert 1928–40

Soeben wurde die 1'C-Nebenbahnlok der Baureihe 24 mit Schlepptender vorgestellt. Ihre Schwester war die Tenderlok mit symmetrischer Achsfolge. Kessel und Triebwerk entsprachen genau denen der 24 und selbstverständlich den Baugrundsätzen der Einheitslok. Auch das Laufwerk auf der Basis eines Barrenrahmens war wie bei der 24 gestaltet. Der Unterschied war nur, dass bei der 64 hinten noch einmal das gleiche Bissel-Laufgestell vorhanden war, das bei beiden Typen vorne eingebaut war. Zahlreiche Teile der 64 waren außer mit der 24 auch mit den Rangierloks der Baureihen 80, 81 und 87 austauschbar.

Die 64 war ein voller Erfolg; sie gehört nach Leistung und Wirtschaftlichkeit zu den gelungensten Einheitsloks. Ihre Laufeigenschaften waren deutlich besser als die der 24 und 86. Sie erfüllte auch auf Nebenbahnen mit erheblichen Steigungen durchaus ihre Pflichten. Ihre Höchstgeschwindigkeit befähigte sie nach den Maßstäben der zwanziger bis fünfziger Jahre aber auch zur Bespannung von Nahverkehrszügen im Umfeld von Großstädten und sogar Eilzügen auf Hauptstrecken. Die gleichwertigen Fahreigenschaften in beiden Richtungen waren im Betrieb sehr willkommen und ersparten so manchen zeitraubenden Drehscheibenaufenthalt – und den zuvor geforderten Einbau von Drehscheiben an vielen Endpunkten von Stichbahnen. Von ihrer Stückzahl her wurde die 64 schon sehr früh für den Betrieb relevant. Allein zwischen Januar 1928 und Juni 1929 gingen die Lok 64 001–224 in Betrieb. Zum Vergleich: Von allen anderen Einheitsloks war 1929 Rekordhalterin die 01 mit gerade einmal 76 Loks.

Stationiert wurden die wendigen Loks fast im ganzen Reichsgebiet zwischen Ostpreußen und der Eifel und von Rendsburg bis Rosenheim. An ihrem Bau waren alle wichtigen Hersteller beteiligt, darunter auch solche, die wenig später in der Weltwirtschaftkrise aufgeben mussten, nämlich Hanomag, Vulcan, Hagans, Humboldt und Union.

Im Laufe der Fertigung wurden Versuche und Bauartänderungen vorgenommen. Die Kupferfeuerbüchsen wurden in den dreißiger Jahren durch solche aus Stahl abgelöst. Bei den 64 234, 243–257 und 273–282 wurde anstelle von Speisepumpe und Vorwärmer ein Abdampf-Injektor von der österreichischen Firma Friedmann eingebaut. Die 64 293 hatte eine Ventilsteuerung der Bauart Esslingen. Ab 64 384 waren die Laufräder gebremst. Erst bei den letzten zehn Loks 64 511–520 wurden die Bissel-Gestelle durch die Krauss-Helmholtz-Gestelle ersetzt, die einen geschmeidigeren Bogenlauf ermöglichten.

Entsprechend ihrer Verbreitung waren die 64er nach 1945 auf DB und DR sowie die Polnischen und Tschechoslowakischen Staatsbahnen weit verteilt. Sowohl bei der DB als auch bei der DR endete der Betriebseinsatz erst 1974. Mehrere Loks sind heute als Museumsfahrzeuge vorhanden oder sogar betriebsfähig.

Bauart:	1'C1' h2t
Treibraddurchmesser:	1500 mm
Höchstgeschwindigkeit:	90 km/h
Zylinderdurchmesser:	500 mm
Kolbenhub:	660 mm
Kesseldruck:	14 at
Verdampfungsheizfläche:	104,4 m^2
Länge über Puffer:	12500 mm
Wasservorrat:	9 m^3
Kohlevorrat:	3 t
Dienstgewicht:	74,9 t
Leistung:	700 kW

Deutsche Reichsbahn
64 089

86 550

86 Die Nebenbahnlok für Mittelgebirge und Güterzüge

Gt 46.15, **86 001–591, 606–627, 698–816, 835–875, 966, 1000** gel. 1928, 1931–43

Dritte im Bunde der Nebenbahnloks mit 15 t Achsfahrmasse war die ebenfalls im Laufwerk symmetrische Tenderlok der Baureihe 86. Sie blieb ohne ein Pendant mit Schlepptender. Wiederum entstand eine Einheitslok mit dem Standard Barrenrahmen, Zwillingstriebwerk, Speisedom, Vorwärmer und Speisepumpe. Leider bildete man das Laufwerk mit geringer Sorgfalt durch. Die vier gekuppelten Radsätze waren seitlich festgelegt, für die Führung der Lok mussten zwei Bisselgestelle genügen. Dadurch blieben die Laufeigenschaften bei höheren Geschwindigkeiten unbefriedigend; außerdem beanspruchte die recht starre Lok den Oberbau in Gleisbögen über Gebühr. Stets beklagt wurden die zu geringen Vorräte, die den Aktionsradius einschränkten.

Bauart:	1'D1' h2t
Treibraddurchmesser:	1400 mm
Höchstgeschwindigkeit:	70 km/h, ab 86 234: 80 km/h
Zylinderdurchmesser:	570 mm
Kolbenhub:	660 mm
Kesseldruck:	14 at
Verdampfungsheizfläche:	117,3 m²
Länge über Puffer:	13820 mm, ab 86 230: 19920 mm
Wasservorrat:	9 m³
Kohlevorrat:	4 t
Dienstgewicht:	84,2 t, ab 86 230: 83 t
Leistung:	760 kW

Trotzdem war die 86 eine für den Betrieb sehr willkommene Maschine, die in Mittelgebirgsregionen für Jahrzehnte wichtige Aufgaben in der Zugförderung auf Nebenbahnen und auch auf kürzeren Abschnitten von Hauptstrecken übernahm. Wichtigstes Einsatzgebiet war zunächst das Erzgebirge. 1934 gehörte genau die Hälfte der bis dahin gelieferten 152 Loks zur Rbd Dresden. Auch im Weserbergland, in Nordbayern, in Schlesien, im Sauerland und im Allgäu wurde die 86 schnell heimisch. Besonders geeignet war sie für viele ab 1938 übernommene Strecken in Österreich und im Sudetenland. Nach den Maßstäben der dort zulässigen Achsfahrmassen und Geschwindigkeiten war die 86 geradezu eine Universallok auch für Personenzüge und für so manche Hauptbahn. Daher wurde ihre Beschaffung bis weit in den Zweiten Weltkrieg hinein fortgesetzt.

Allein schon wegen der erwähnten Kritikpunkte blieben Änderungen während des Baus nicht aus. Ab 86 230 war die Feuerbüchse aus Stahl. 86 234–292 und alle ab 297 erhielten Laufradbremsen und Krauss-Helmholtz-Laufgestelle, damit die Höchstgeschwindigkeit heraufgesetzt werden konnte. Die bessere Verträglichkeit dieser Variante für den Oberbau im Gleisbogen wurde jedoch mit einer verstärkten Neigung zu Rahmenbrüchen erkauft. Die meisten Loks ab 86 456 nahmen als sogenannte „Übergangs-Kriegsloks“ an einem großen Teil der „Entfeinerungen“ teil, mit denen aus der 50 die Kriegslok der Baureihe 52 entwickelt wurde. Mit weiterem Fortschreiten des Krieges wurden Restlieferungen storniert, sodass sich keine durchgehende Numerierung ergab.

Die 86 war auch nach 1945 bei DB, DR und ÖBB lange unentbehrlich. 1971 stellten die ÖBB und 1973 die DB ihre letzten 86er ab. Bei der DR hielt sie – zuletzt in sehr kleiner Stückzahl – sogar bis 1988 durch. Mehrere Loks konnten erhalten werden.

Meining
62 011
62 011

62 Die schwere Personenzugtenderlok

Pt 37.20, **62 001–015,** geliefert 1928, 1931–32

Die ab 1921 aufgestellten und erörterten Typenprogramme enthielten eine Vielzahl von Schlepptender- und Tenderloks mit 20 t Achsfahrmasse für verschiedene Einsatzbereiche unterhalb der schweren Aufgaben für die 01/02 und 43/44. Fast alle Entwürfe blieben auf dem Papier, weil genügend Länderbahnnachbauloks für die entsprechenden Betriebsbereiche vorhanden waren.
Auch eine 2'C-Lok als schwere P 8-Nachfolgerin blieb unverwirklicht. Hingegen wurde ihre Abwandlung als Tenderlok mit symmetrischer Achsfolge 1928 tatsächlich gebaut.
Die 62 hatte den klasssischen Treibraddurchmesser der preußischen Personenzugloks und stand damit in der Nachfolge der P 8 und P 10 (38^{10} und 39). Die Achsfolge wurde indes von der gelungenen T 18 (78^{0}) übernommen. Die hohe Achsfahrmasse erlaubte die Durchbildung eines großen leistungsfähigen Kessels nach Einheitsstandard mit Vorwärmer und Speisedom. Über den etwas auseinandergerückten hinteren Treibachsen konnte ein breiter Stehkessel mit annähernd quadratischem Rost Platz finden. Viele Teile waren wieder mit denen anderer Einheitsloks austauschbar. So entsprachen die Drehgestelle denen der 01 001–101. Die Zylinder waren ebenfalls von der Baureihe 01 übernommen.
Die 62 erwies sich als eine sehr gelungene Konstruktion. Mit ihrem Wirkungsgrad war sie fast allen anderen Einheitsloks überlegen. Mit Zylindern wie denen der 01 und kleineren Treibrädern konnte sie mit schweren Zügen besser beschleunigen als die große Schnellzuglok und auf Rampen zuverlässiger die Geschwindigkeit halten. Leider fehlte für eine größere Beschaffung der Bedarf. Am ehesten hätte sie die 78er ersetzen können, doch waren deren jüngste Exemplare 1928 gerade einmal vier Jahre alt.

So nahm die DRG noch nicht einmal die von Henschel gebauten 15 Loks der Baureihe 62 sofort ab. Nach Übernahme der 62 001 und 002 blieben die restlichen Loks auf dem Werkshof stehen und wurden erst 1931/32 angekauft. Die Weltwirtschaftskrise hatte der Reichsbahn jeden finanziellen Spielraum genommen. In den dreißiger Jahren hätte man eine größere Anzahl von 62ern (und von der hieraus abgeleiteten Schlepptenderlok, für die die Reihenbezeichnung 20 vorgesehen war) gut gebrauchen können. Sie hätten nun mit der Ablösung der allmählich alternden 38er und 78er beginnen können und wären auch den Aufgaben so mancher Lok der Reihen 17 und 18 gewachsen gewesen. Erst 1940 plante man die Beschaffung von 80 Loks der Baureihe 62. Der Krieg verhinderte aber eine Verwirklichung dieser Absicht. So bleibt festzuhalten, dass die DRG in den ersten 20 Jahren ihres Bestehens nur 15 Personenzugdampfloks für Hauptbahnen beschaffte. Genau zwei Loks der Reihe 23 sollten noch dazukommen.
Die kräftigen 62er wurden in Düsseldorf, Saßnitz und Meiningen stationiert. Nach dem Krieg war der Bestand auf DB und DR aufgeteilt.Die DB fand für die Splittergattung keine längerfristig geeignete Verwendung und stellte schon 1956 die letzten Loks ab. Die DR konnte auf derart hochwertige Maschinen erst viel später verzichten. Sie setzte die Loks zunächst in Thüringen, dann im erweiterten Berliner Vorortverkehr und zeitweise auch in der Rbd Schwerin ein. Erst 1971 wurde die letzte Lok ausgemustert. Die zeitweise betriebsfähig gewesene Traditionslok 62 015 bewies vielen Eisenbahnfreunden unserer Tage die Qualitäten einer zeitbedingt glücklos gebliebenen Einheitslok.

Bauart:	2'C2' h2t
Treibraddurchmesser:	1750 mm
Höchstgeschwindigkeit:	100 km/h
Zylinderdurchmesser:	600 mm
Kolbenhub:	660 mm
Kesseldruck:	14 at
Verdampfungsheizfläche:	193,25 m^2
Länge über Puffer:	17140 mm
Wasservorrat:	14 m^3
Kohlevorrat:	4,3 t
Dienstgewicht:	123,6 t
Leistung:	1235 kW

80

Die kleine Einheitsrangierlok

Gt 33.17, **80 001–039,** geliefert 1927–28

In fast unübersehbarer Vielzahl legten die Lokbaufirmen ab 1921 Entwürfe für Rangier- und Güterzugtenderloks mit den Achsfolgen C, D und E vor. Erst Mitte der zwanziger Jahre wurden dann die Pläne für den Dreikuppler und den Vierkuppler konkretisiert. Der Fünfkuppler wurde als Sonderanfertigung für die Hamburger Hafenbahn (Baureihe 87 s. S. 54) vorweg verwirklicht.

Bauart:	C h2t
Treibraddurchmesser:	1100 mm
Höchstgeschwindigkeit:	45 km/h
Zylinderdurchmesser:	450 mm
Kolbenhub:	550 mm
Kesseldruck:	14 at
Hfl V+Ü:	69,6+25,5 m^2
Länge über Puffer:	9670 mm
Wasservorrat:	5 m^3
Kohlevorrat:	2 t
Dienstgewicht:	54,4 t
Leistung:	420 kW

Die dreifach gekuppelte Lok war vor allem für den Dienst auf großen Personenbahnhöfen bestimmt, wo ja damals noch viele Kurs-, Post-, Speise- und Schlafwagen den Zügen beizugeben, abzuziehen oder umzusetzen waren. Die Baureihe 80 wurde von Hohenzollern, Wolf, Union und Jung in einer Serie von 39 Loks geliefert. Es handelte sich um solide Heißdampfloks mit Barrenrahmen. Wie bei Rangierloks üblich, wurde auf den Vorwärmer verzichtet; als Speiseeinrichtungen genügten zwei Strahlpumpen. Vorhanden war aber ein Speisedom mit Schlammabscheider. Die Normen des Einheitsprogrammes verhalfen auch den kleinen Verschiebeloks – mit erheblichen Kosten! – zu einer aufwendigen Gestaltung. Alle Radsätze waren fest gelagert, die Spurkränze des mittleren geschwächt. Alle Räder waren einseitig von vorne abgebremst.

Die Loks wurden zwischen Wesermünde (heute Bremerhaven), der Rbd Halle und bayerischen Bw's zur umfassenden Betriebserprobung recht weit gestreut. Sie bewährten sich gut, wobei die Entwicklung einer Lok dieser Größen- und Leistungsklasse freilich auch keine besondere Herausforderung dargestellt hatte. Für die neben dem Rangierdienst auch vorgesehene Beförderung leichter Güterzüge auf der Strecke genügten die Laufeigenschaften des Dreikupplers mit nur 3200 mm Gesamtachsstand nicht.

Ein Nachbau der 80 blieb aus. In der Weltwirtschaftskrise waren die Investitionsmittel für eine größere Beschaffung der großzügig konstruierten Einheitsrangierloks zu knapp. Die betrieblichen Einsparungen im Vergleich zu den zahlreich vorhandenen Nassdampfloks der Nummernreihen 89, 91 und 92 hielten sich in Grenzen. Möglicherweise hätten einfachere Lokomotiven mit Blechrahmen, wie sie für die Industrie in großer Zahl gebaut wurden, die Bedürfnisse der Reichsbahn zu günstigeren Preisen auch wirklich erfüllt.

Die vorhandenen 80er waren nach 1945 bei DB und DR in etwa gleicher Stückzahl vertreten. Die DB setzte ihre Loks bei der BD Nürnberg ein und verkaufte sie ab 1960 an Werkbahnen. Die Ruhrkohle AG stellte erst 1977 ihre letzte Lok ab. Die DR verwendete die 80er bis in die frühen sechziger Jahre hinein im Leipziger Hauptbahnhof und später noch in den Ausbesserungswerken. Mehrere 80er blieben der Nachwelt erhalten. Ihren festen Platz in den Herzen der Eisenbahnfreunde hat die kompakte Tenderlokomotive vor allem auch durch ihre vielfältigen Nachbildungen im Modell bekommen.

81

Die große Einheitsrangierlok

Gt 44.17, **81 001–010,** geliefert 1928

In engstem Zusammenhang mit der vorseitig gezeigten Baureihe 80 entstand die vierfach gekuppelte 81 für den schweren Rangierdienst vor allem auf den Verschiebebahnhöfen. Der kräftigen Heißdampflok traute man auch die Arbeit an den Ablaufbergen zu und verzichtete deshalb auf eine unmittelbare Nachfolgetype zur 94^5 (pr. T 16^1), die ja im Übrigen auch in großer Zahl und weitgehend noch fast neuwertig zur Verfügung stand. Viele Teile und ganze Baugruppen der 81 stimmten mit denen der Baureihe 80 überein. Die Kessel der beiden Typen unterschieden sich nur in der Länge. Das Führerhaus, wesentliche Teile der Vorratsbehälter, des Laufwerks und des Triebwerks waren gleich. Auch mit den Baureihen 24, 64, 86 und 87 waren z.B. Rauchkammertür, Speisedom, Dampfdom, Treib- und Kuppelachslager austauschbar.

Die DRG begnügte sich mit nur zehn Lokomotiven, die alle von Hanomag gebaut wurden. Wie für die 80 und so viele andere Gattungen ließ die Weltwirtschaftskrise den Bedarf wie auch die Investitionsmittel allzu stark schrumpfen. Wenn man den Bedarf der Reichsbahn um 1930 an einer schweren Rangierlok abschätzt, hat man auch zu berücksichtigen, dass durch die Erhöhung der Güterzuggeschwindigkeiten viele langsame Loks der Reihe 55 (pr. G 8 und G 8^1) frei wurden, die im schweren Verschiebedienst und insbesondere auch an den Ablaufbergen gut verwendbar waren. 1939 wurde noch einmal die Beschaffung von 120 Loks der Baureihe 81 geplant, doch vereitelte der Krieg die Realisierung dieser Absicht.

Die kleine Serie bewährte sich gut. Auch das Aussehen der 81 war für eine Rangierlok recht gut gelungen. Ihr erstes Heimat-Bw war Oldenburg Hbf. In den dreißiger Jahren war sie auch in Hof vertreten. Schon im Zweiten Weltkrieg wurden die Maschinen in der Rbd Münster konzentriert. Daran änderte sich bis zur Abstellung 1961/62 nichts mehr.

Wie für die 80 gilt auch für die 81 die Feststellung, dass sie eine recht aufwendige Rangierlok war. Für zahlreiche Werkbahnen wurden von verschiedensten Herstellern bis in die fünziger Jahre einfachere Maschinen mit Blechrahmen und teilweise sogar noch ohne Überhitzer gebaut, die letztlich für ihre Aufgaben völlig ausreichten.

Bauart:	D h2t
Treibraddurchmesser:	1100 mm
Höchstgeschwindigkeit:	45 km/h
Zylinderdurchmesser:	500 mm
Kolbenhub:	550 mm
Kesseldruck:	14 at
Verdampfungsheizfläche:	95,9 m^2
Länge über Puffer:	11080 mm
Wasservorrat:	8 m^3
Kohlevorrat:	3 t
Dienstgewicht:	67,5 t
Leistung:	630 kW

ET 165 Triebzüge der Bauarten „Stadtbahn“+„Wannsee“ (Berliner S-Bahn)

ET+EB 165 001–638, 801–851, gel. 1927–32 teilw. als elT 2185–2752 + elS 5202–5746, ab 1930 elT 3107–3795 + elB/elS 5051–5515, 6082–6305, 6320

Der elektrische Betrieb mit Stromschiene auf den Strecken vom Stettiner Vorortbahnhof nach Bernau (seit 1924) und nach Oranienburg (ab 1925) war vom ersten Tage an ein überaus großer Erfolg. 1927 folgte die Strecke nach Velten. Am 11. Juni 1928 wurde der elektrische Nahverkehr auf der langen Strecke Potsdam – Erkner mit der Berliner Stadtbahn als Kernstück eröffnet. In der kurzen Zeit bis Februar 1929 folgten die Ringbahn und die Außenstrecken nach Stahnsdorf, Spandau West, Grünau, Kaulsdorf und Spindlersfeld sowie mehrere Verbindungslinien. Für diese Strecken ergab sich ein enormer Fahrzeugbedarf.

Da sich die Triebzüge „Bauart Oranienburg“ (s.o. ET 168)ausgezeichnet bewährt hatten, konnte das Großserienmodell mit geringen Änderungen hieraus abgeleitet werden. 1927 bauten Wumag in Görlitz und O&K in Berlin je zwei Probezüge aus Trieb- und Steuerwagen. Im Vergleich zur Bauart Oranienburg konnte man etwa 15 % Gewicht einsparen. Dies wurde u.a. durch die Verwendung von siliziumlegierten Stahlen und durch die Fertigung der Drehgestellträger aus gekanteten Blechen anstelle von Walzprofilen möglich. Von Anfang an war nun eine Scharfenberg-Kupplung mit automatischer Verbindung auch für die Druckluft vorgesehen. Charakteristisch für das endgültige „Gesicht“ der Berliner S-Bahn war die einzelne zentrale Stirnlaterne neben den beiden auf das Dach gesetzten Schlusslaternen. Ebenfalls „endgültig“ war nun auch die Lackierung in den Farben Ocker und Rot. Die anfängliche Hervorhebung der Zweiten Klasse in Blau entfiel später.

Der Umfang der Beschaffung war beeindruckend und blieb im gesamten Triebfahrzeugbau für die DRG bis in die Zeiten der Kriegslokfertigung beispiellos. 1927 wurden sogleich 404 Trieb- und 376 Steuerwagen bestellt. Bis 1931 wurden insgesamt 638 Trieb-, 465 Steuer- und 173 Beiwagen geliefert.

Für diese Massenfertigung schlossen sich die Waggon- und Elektrofirmen zu Arbeitsgemeinschaften zusammen. Die Endmontage war im hierfür neu eingerichteten Raw Schöneweide konzentriert. Die Bauzeit für ein Fahrzeug betrug am Fließband nur neun Tage.

Entgegen den urspünglichen Absichten erscheinen in der Bilanz der Stückzahlen auch wieder Beiwagen: Das ungeahnt hohe Verkehrsaufkommen führte zur Abkehr vom Viertelzug-Konzept. Der Vollzug aus vier Wagen wurde zur kleinsten betrieblichen Einheit bestimmt. Zwei Viertelzüge wurden mit den nicht motorisierten Enden aneinandergekuppelt. Ab 1936 wurden die Steuerwagen in Beiwagen mit größerem Platzangebot rückgebaut, eine Aktion, die sich über Jahrzehnte hinzog.

1933 wurden für die neu elektrifizierte Wannseebahn 51 Züge nachbeschafft. Bei ihnen waren die Wagenkästen weitgehend geschweißt. Die Lücke zwischen den beiden kurzgekuppelten Teilen konnte zum Vorteil der Beinfreiheit in den Großräumen von 600 auf 350 mm verkürzt werden. Diese Variante wurde in das Nummernsystem von 1940 als ET 165^8 eingeordnet.

Die 1378 S-Bahn-Wagen der Baureihe ET 165 waren aus dem Bild der deutschen Hauptstadt sehr bald nicht mehr wegzudenken. In diesen Fahrzeugen fuhren die Berliner durch die Jahre der Weltwirtschaftskrise und zu den Massenaufmärschen der Nazizeit.

Die Anzahl der Berliner S-Bahn-Züge wurde im Boombenhagel des Zweiten Weltkrieges ziemlich dezimiert. Die Züge, die die Bombenangriffe überstanden, brummelten auf ausgefahrenen Gleisen durch die Vier-Sektoren-Stadt. Sie waren aber auch ein Symbol alltäglicher Gemeinsamkeit zwischen Ost und West in den Jahrzehnten der Teilung.

1990 durften frisch lackiert wieder das gesamte Berliner Stadtbahnnetz befahren. Erst ganze 70 Jahren nach ihrem ersten Einsatz, also Ende 1997, schieden die letzten Veteranen dieser Züge aus dem Dienst. Sie gehörten zu den letzten Triebfahrzeugen aus der Ära der „alten“ Reichsbahn, die im Alltagsbetrieb verwendet wurden.

Bauart:	Bo'Bo' g2t + 2'2'
Raddurchmesser:	900 mm
Höchstgeschwindigkeit:	80 km/h
Sitzplätze 2. Kl.:	33
Sitzplätze 3. Kl.:	86–92
Stundenleistung:	440 kW
Geschwindigkeit bei St.lstg.:	46 km/h
Länge über Kupplung:	35460 mm (ET+EB)
Dienstgewicht:	65,5/66,6 t (ET + EB)

3.Kl.Nichtraucher
3.Kl.Nichtraucher
2185

E 178 Eine vergessene Lokomotive für Stromschienenbetrieb

E 178 01, geliefert 1928

Die Aneinanderreihung der Triebfahrzeug-Typen bedingt eine fast gleichrangige Präsentation von Bauarten ganz unterschiedlicher Bedeutung. Dem ET 165 mit einigen Milliarden Laufkilometern in sieben Jahrzehnten folgt ein abseitiges Einzelstück im Lokbestand.

Um auch Fernzüge auf der Berliner Stadtbahn elektrisch bespannen zu können, wollte die Reichsbahn Lokomotiven für Gleichstrombetrieb mit Stromschiene erproben. Linke-Hoffmann und SSW lieferten eine zweiteilige Lok. Ihren voluminösen Eindruck verdankte sie nicht der unspektakulären elektrischen Ausrüstung mit vier Tatzlagermotoren, sondern den beiden feuerlosen Dampfkesseln für die Zug(vor)heizung. Die Kombination von Ellok und Dampfspeicherlok mag in der weltweiten Lokomotivgeschichte einmalig sein. Da die Elektrifizierung der Ferngleise der Stadtbahn unterblieb, war die E 178 zu einer Schattenexistenz als Rangierlok in den S-Bahn-Betriebswerken verurteilt. 1944 wurde sie zum Einsatz auf einer mit Gleichstrom elektrifizierten südböhmischen Lokalbahn an die RBD Linz abgegeben. Weitere Nachrichten über das Schicksal dieser Lok fehlen.

Bauart:	1Bo + Bo1 w4t
Raddurchmesser:	1000 mm
Höchstgeschwindigkeit:	80 km/h
Anfahrzugkraft:	19 t
Stundenleistung:	850 kW
Geschwindigk. bei St.lstg.:	47 km/h
Länge über Puffer:	17500 mm
Dienstgewicht:	98,6 t

70[1] Zweikuppler für die DRG

Pt 23.15, **70 126–133,** geliefert 1928

Die Kleinserie von acht 1B-Tenderloks aus dem Jahre 1928 ist (wie etwa auch schon die E 06[1] oder die E 79) ein gutes Beispiel für gewisse zeittypische Absonderlichkeiten in der Einkaufspolitik der DRG, die mit betrieblichen Erfordernissen nicht ausreichend zu erklären sind. Weite Teile der Literatur lassen mit der so beliebten Floskel „... wurde beschafft" solche Hintergründe außer Acht und stellen gar nicht erst die Frage, *wer* da beschafft hat.

Zur Vorgeschichte der Loks muss man weit ausholen. Die Königlich Bayerischen Staatsbahnen hatten ab 1909 starrachsige Heißdampftenderloks der Achsfolge 1B mit weit abgespreizter Laufachse zur Bespannung leichter Züge auf Hauptbahnen beschafft. Sie wurden als Pt 2/3 und bei der DRG als 70[0] bezeichnet. Die Großherzoglich Badische Staatsbahn ließ bei der Maschinenfabrik Karlsruhe ganz ähnliche Loks für Nebenbahnen bauen und reihte sie als I g (DRG 70[1]) ein.

Im Jahre 1928 konnte dieselbe Firma dann noch einmal acht Loks der inzwischen zwanzig Jahre alten Grundtype absetzen. Sie firmierten als „Nachbau" der I g. Es handelte sich jedoch um eine weitgehende Neukonstruktion, deren technischer Abstand zur bayerischen und zur badischen Ausgangstype etwa gleich groß ist. Der Kesseldruck wurde von 12 auf 14 at heraufgesetzt, der Seitenzugregler durch einen solchen mit querbeweglichem Hebel und Welle ersetzt, die Kesselausrüstung mit Speisedom und alle Rohrquerschnitte entsprachen dem Muster der Einheitsloks, das Triebwerk war umgestaltet, die gerade Schwinge durch eine regulär gekrümmte ersetzt.

Hatte man zur Befriedigung eines aktuellen badischen Bedürfnisses nach genau acht leichten Nebenbahnloks eine fast neue Lokomotive konstruiert? Wohl kaum. Gewiss hätten die bayerischen Direktionen – laufend mit neuen 64 versorgt – auf ein paar 70[0] verzichten können, oder man hätte sich mit den in Berlin zu hunderten frei gewordenen 74ern behelfen können. Man kann (bei völlig fehlender Aktengrundlage) folgendes annehmen: Damals wurden in Berlin Überlegungen zu einer leichten Tenderlok mit dem Grundaufbau der „alten" 70er als Triebwagenkonkurrenz angestellt, natürlich in Gestalt einer Einheitslok. Die Rbd Karlsruhe gab der unter Auftragsmangel leidenden Maschinenfabrik Karlsruhe, dem alten badischen Hauslieferanten, die Gelegenheit, eine fertige „Fast-Einheitslok" in die Diskussion einzubringen. Eigentlich hätte sie eine neue Nummernreihe (z.B. 70[2]) verdient gehabt. Doch wollte man die Schaffung einer „neuen Länderbahntype" nicht so deutlich dokumentieren. So galten die Loks dann eben als Nachbauten.

Die (fast) neue Type wurde vom Zentralamt Berlin auch systematisch untersucht. Von der Beschaffung einer Einheitslok dieses kleinen Kalibers sah man jedoch ab. Die Wirtschaftskrise tat ein weiteres Mal ihre Wirkung, und die Entwicklung des Motortriebwagens für die denkbaren Einsatzbereiche einer solchen Maschine schritt mächtig voran. So blieben die späten 70er ziemlich unbeachtete Sonderlinge im Lokbestand. Schon in den frühen fünfziger Jahren konnte die DB auf sie verzichten.

Bauart:	1B h2t
Treibraddurchmesser:	1250 mm
Höchstgeschwindigkeit:	70 km/h
Zylinderdurchmesser:	375 mm
Kolbenhub:	500 mm
Kesseldruck:	14 at
Verdampfungsheizfläche:	58,2 m²
Länge über Puffer:	9640 mm
Wasservorrat:	6 m³
Kohlevorrat:	2 t
Dienstgewicht:	45,1 t
Leistung:	292 kW

99^{73-76} Die „sächsische VII k“

K 57.9, **99 731–762**, geliefert 1928–33

Bauart:	1'E1' h2t
Spurweite:	750 mm
Treibraddurchmesser:	800 mm
Höchstgeschwindigkeit:	30 km/h
Zylinderdurchmesser:	450 mm
Kolbenhub:	400 mm
Kesseldruck:	14 at
Verdampfungsheizfläche:	80 m^2
Länge über Kupplungen:	10540 mm
Wasservorrat:	6 m^3
Kohlevorrat:	2,5 t
Dienstgewicht:	56,2 t
Leistung:	279 kW

Auch nach der Indienststellung der Nachbau-Fünfkuppler 99 671–717 in den Jahren 1923–27 bestand weiterer Bedarf an leistungsfähigen Loks für die großenteils steigungsreichen 750 mm-Strecken der Rbd Dresden. Daher fiel die Entscheidung, eine siebenachsige Tenderlok für die kleinste im Reichsbahnnetz vorkommende Spurweite ins Einheitsprogramm aufzunehmen. Bei dieser Gattung war es kaum möglich, Baugruppen vorhandener oder alsbald vorgesehener Baureihen zu übernehmen. Dafür waren die Größenverhältnisse von denen der Normalspurloks zu verschieden.

Der Einheitsstandard bedingte eine aufwendige und hochwertige, aber auch kostspielige Durchbildung der kleinen Lok mit Barrenrahmen, Speisepumpe, Vorwärmer und Speisedom. Dadurch ergab sich, wie schon bei der 80 und 81, das charakteristische Erscheinungsbild kleinerer Reichsbahntenderloks mit einer dichten Bepackung von Domen, Rohrleitungen und Ventilen rings um den Kessel. Auch das Läutewerk durfte nicht fehlen. Nachdem die 99 731–743 zunächst eine Gasbeleuchtung gehabt hatten, wurden diese Loks nachträglich und der Rest von Anfang an mit Turbogenerator und elektrischer Beleuchtung ausgerüstet. Die zweite und fünfte Kuppelachse waren um 6 mm seitenbeweglich gelagert. Die Laufachsen wurden in Bisselgestellen geführt, deren Unterbringung im engen Rahmen nicht leichtfiel. Die Loks waren entsprechend den unterschiedlichen Bremssystemen auf den einzelnen Strecken mit Heberlein-Seilzugbremse, Knorr-Druckluftbremse mit Zusatzbremse sowie Körting-Saugluftbremse ausgerüstet. Die von Hartmann gebaute erste Serie hatte überdies eine Riggenbach-Gegendruckbremse.

Die ersten 13 Loks wurden vom sächsischen Hauslieferanten Hartmann in Chemnitz gebaut. Nachdem dieses Werk ein Opfer der Weltwirtschaftskrise geworden war, übernahm die BMAG (Schwartzkopff) die Lieferung der weiteren Loks.

Die Loks bewährten sich ausgezeichnet. Obwohl sie einer reinrassigen Reichsbahnkonstruktion angehörten, bürgerte sich für sie doch in Fortschreibung des sächsischen Bezeichnungssystems die „Länderbahn“-Gattungsnummer „VII K“ ein.

Nach dem Zweiten Weltkrieg wurden einige Loks in die Sowjetunion abgefahren. Zur Ergänzung des Bestandes und zum Ersatz für Reparationsverluste auch bei der VI K hatte die Beschaffung neuer 750 mm-Loks hohe Priorität bei der DDR-Reichsbahn. Daher wurden von 1952 bis 1957 die Loks 99 771–794 in einer etwas modernisierten Form nachgebaut. Noch zu Beginn des 21. Jahrhunderts sind originale und nachgebaute VII K in Sachsen und auf Rügen tagtäglich unterwegs und gehören somit zu den letzten Dampfloks in ganz Europa, die im Regelbetrieb verwendet werden.

Deutsche Reichsbahn
99 734

E 17 Die erste Serienschnellzuglok mit Federtopfantrieb

E 17 01–18, 101–120, geliefert 1928-29/ E 17 15–18 umgezeichnet 1936 in E 17 121–124

Von allen ab 1925 erprobten elektrischen Schnellzugloks bewährten sich die beiden E 21 von AEG mit Federtopfantrieb am besten. Daher fiel für eine Serienbestellung die Wahl auf eine verbesserte Ausführung dieser Konstruktion.
Die Überarbeitung führte zu einer Gewichtsersparnis von etwa 10 t. Dadurch wurde der Verzicht auf eine Laufachse und die symmetrische Gestaltung des Laufwerks möglich. Insbesondere konnte man mit kleineren Treibrädern auskommen. Der Abstand zwischen den zentralen Treibachsen wurde vergrößert, damit dort der Hauptumspanner Platz finden konnte. Beide Laufachsen wurden mit den benachbarten Treibachsen zu Krauss-Helmholtz-Gestellen zusammengefasst. Dadurch waren gleich gute Laufeigenschaften in beiden Fahrtrichtungen garantiert. Wie bei der Nachlaufachse der E 21 02 wurde die Deichsel an einer Gabel angelenkt, die an den Achslagern der Treibachse befestigt war. Wegen der Hohlwelle gab es ja zwischen den Rädern keinen Angriffspunkt an der Achse. (Dem Verfasser steigt bei der Beschreibung dieser Konstruktion auch Jahrzehnte nach der letzten Begegnung mit einer E 17 Ölgeruch in die Nase.) Auch der Lokkasten wurde symmetrisch gestaltet.
Wie bei der E 21 wurde – letztmals bei einer Serienellok – ein luftgekühlter Hauptumspanner verwendet. Dem genannten Vorbild entsprachen auch die Doppelmotoren. Charakteristisch war der fachwerkartige Außenrahmen mit zahlreichen Aussparungen zur Gewichtsminderung. Die Drehzahl des Motors erreichte 2050 Umdrehungen pro Minute, einen Wert, den von allen Elloks der DRG nur die relativ ähnlich motorisierte E 19[1] übertraf.
AEG lieferte für alle Loks die Fahrzeugteile, während sich AEG und SSW im Rahmen der Liefergemeinschaft Wasseg den Bau der elektrischen Ausrüstungen teilten. Wie bei den E 77, E 91 und E 75 wurden die Baulose für die bayerischen und die preußischen Direktionen separat genummert. Als die E 17 15–18 nach Schlesien umbeheimatet wurden, erhielten sie neue Ordnungsnummern im Anschluss an die dortigen Loks. Zunächst wurden die 38 Loks in Mitteldeutschland, Schlesien und Bayern eingesetzt. Als die im Flachland wirtschaftlicher arbeitende E 04 zur Verfügung stand, wurden die Loks aus Mitteldeutschland abgezogen.
Die Loks bewährten sich hervorragend und übernahmen sofort eine Spitzenstellung im hochwertigen Reisezugdienst auf den elektrifizierten Hauptbahnen.

Bauart:	1'Do1' w8e
Treibraddurchmesser:	1600 mm
Höchstgeschwindigkeit:	120 km/h
Übersetzungsverhältnis:	92 : 18
Anfahrzugkraft:	24 t
Stundenleistung:	2800 kW
Geschwindigk. bei St.lstg.:	89 km/h
Länge über Puffer:	15950 mm
Dienstgewicht:	111,7 t
Leistungskennziffer:	25,1 kW/t

Die E 17 war bei ihrem Erscheinen die leistungsfähigste Serienschnellzuglok (jeglicher Traktionsart) in Europa. Die E 16 zog erst wieder annähernd gleich, als 1932/33 ihre stärksten Exemplare E 16 18–21 geliefert wurden. Die epochale Konstruktion mit Federtopfantrieb wurde zum Vorbild für die E 04, E 18 und E 19. Bei Kriegsende kamen 28 Loks zur DB, nur zwei zur DR. Die letztgenannten wurden nur zwischen 1958 und 1963 eingesetzt. Bei der DB hingegen wurde die E 17 Stammlok für den Schnellzugdienst zwischen München und Stuttgart. Eine Lok wurde umfassend, fünf weitere im elektrischen Teil modernisiert. Ende der sechziger Jahre wurde die nunmehrige 117 von schnelleren Loks aus dem hochwertigen Dienst verdrängt und war dann noch im Eil- und Personenzugdienst auf vielen Strecken in Südbayern und Baden-Württemberg zu sehen. 1979 musste die letzte Lok ihren Abschied nehmen.

H 02 1001 Versuchslok mit höchstem Kesseldruck der Welt

S 36.20, **H 02 1001**, gebaut 1929

Nicht von der Reichsbahn übernommen wurde eine noch kühnere Lokomotive mit einem gegenüber der H 17 206 (s. S. 34) nochmals verdoppelten Kesseldruck. Sie sei daher nur am Rande erwähnt. Schwartzkopff baute 1929 eine 2'C1' h3v-Lok für einen Kesseldruck von 120 at. Auch bei ihr bestand die Feuerbüchse aus geschlossenen Rohrelementen. Der Hochdruckdampf wurde in einem dreistufigen Überhitzersystem auf 500° C erwärmt und den äußeren Hochdruckzylindern zugeführt. Der Abdampf wurde wieder verwendet. Im Wege des Wärmeaustauschs wurde Dampf mit 14 at und 300° C für den inneren Niederdruckzylinder erzeugt. Die Maschine wurde als H 02 1001 erprobt, konnte aber im Regelbetrieb keine Tauglichkeit nachweisen.

Bauart:	2'C1' h3v
Treibraddurchmesser:	2000 mm
Höchstgeschwindigkeit:	120 km/h
Durchmesser der Hochdruckzyl.:	220 mm
Durchmesser des Niederdruckzyl.:	600 mm
Kolbenhub:	660 mm
Kesseldruck:	14/120 at
Verdampfungsheizfläche:	237 m²
Länge über Puffer (T 32):	23750 mm
Wasservorrat:	32 m³
Kohlevorrat:	10 t
Dienstgewicht:	115 + 61,5 t
Leistung:	1910 kW

99²¹ Schmalspurlok für Wangerooge

K 33.6, **99 211**, geliefert 1929

Auf der meterspurigen Wangerooger Inselbahn genügten die vorhandenen Zweikuppler nicht mehr für die schwerer werdenden Bäderzüge. Außerhalb des Einheitsprogramms wurde eine dreifach gekuppelte Nassdampflok bei Henschel beschafft. In den amtlichen Unterlagen wurde sie als „oldenburgische" Type geführt, obwohl sie mit Bautraditionen dieser Länderbahn nichts zu tun hatte. Technisch bot sie mit dem als Wasserkasten genutzten Blechrahmen, der Heusinger-Steuerung und den preiswerten Flachschiebern keine Besonderheiten im Vergleich zu zahllosen Bau-, Werkbahn- und Kleinbahnloks ihrer Epoche. Sie war bis 1957 auf der Insel im Einsatz und blieb als Denkmal erhalten.

Bauart:	C n2t
Spurweite:	1000 mm
Raddurchmesser:	800 mm
Höchstgeschwindigkeit:	40 km/h
Zylinderdurchmesser:	310 mm
Kolbenhub:	400 mm
Kesseldruck:	14 at
Verdampfungsheizfläche:	29,1 m²
Länge über Kupplungen:	6400 mm
Wasservorrat:	1,8 m³
Kohlevorrat:	0,6 t
Dienstgewicht:	18,3 t
Leistung:	70 kW

98^{10}

Die letzte Länderbahngattung

L 45.11, **98 1001–1045**, geliefert 1929–33

Einen erheblichen Teil des Verkehrs auf den bayerischen Lokalbahnen bewältigten die Dt-Loks der Gattung GtL 4/4, die von 1911 über einen bemerkenswert langen Zeitraum bis 1927 gebaut worden waren und bei der DRG die Nummern 98 801–917 trugen. Da im Zeichen von Arbeitsbeschaffungsmaßnahmen auch Ende der zwanziger Jahre immer noch Lokalbahnprojekte verwirklicht wurden und weil der Ersatz von Nassdampfloks aus dem 19. Jahrhundert anstand, konnte die Gruppenverwaltung Bayern weiteren Bedarf an Lokalbahnloks nachweisen. Die Einheitsbauarten 64 und 86 kamen nicht in Betracht, da sie eine Achsfahrmasse von 15 t aufwiesen, während der Oberbau der meisten Lokalbahnen nur eine solche von 11 oder 12 t erlaubte. Der Umbau ging nur sehr zögernd vonstatten.

Für den Weiterbau der außerordentlich leistungsfähigen und wirtschaftlichen GtL 4/4 wünschte man sich eine Erhöhung der Geschwindigkeit. Daher fiel die Entscheidung für die Beigabe einer hinteren Laufachse. Sie wurde mit der letzten Kuppelachse in einem Krauss-Helmholtz-Gestell zusammengefasst, das auch bei Vorwärtsfahrt den Bogenlauf stabilisierte. Zugleich wurde eine großzügigere Gewichtsverteilung und die Vergrößerung der Vorräte möglich. Der Kessel sowie das gesamte Triebwerk mit den vier angetriebenen Radsätzen wurden vollständig von der laufachslosen 98^{8-9} übernommen. Dadurch blieben etwa bei Treibraddurchmesser und Kolbenhub mitten im Zeitalter der Einheitsloks immer noch eigenartige Maße aus vormetrischer Zeit erhalten. Ebenfalls länderbahntypisch war die leichte Schräglage der Zylinder. Ein auffälliges Merkmal der ersten 33 Loks war die voluminöse gemeinsame Verkleidung des Dampfdoms mit einem bei dieser Serie vorhandenen Wasserreiniger auf dem Langkessel. Wie für fast alle bayerischen Tenderloks übernahm Krauss die Fertigung. Nach der Fusionierung mit Maffei trugen die Loks ab 98 1022 Fabrikschilder von Krauss-Maffei.

Die Loks bewährten sich, erfüllten aber nicht die wichtigste in sie gesetzte Erwartung: Die Höchstgeschwindigkeit der alten GtL 4/4 konnte von 40 km/h gerade einmal auf 45 km/h erhöht werden. Der größere Aktionsradius aufgrund der vermehrten Vorräte war hingegen im Betrieb sehr willkommen und wurde als Vorteil gegenüber der 98^{8-9} viel deutlicher wahrgenommen. Besonders auf steigungsreichen Nebenbahnen war die 98^{10} noch bis in das Zeitalter von Schienenbus und Streckenstillegung unentbehrlich. 1966 wurde die letzte Lok abgestellt – vor der letzten laufachslosen GtL 4/4.

Bauart:	D1' h2t
Treibraddurchmesser:	1006 mm
Höchstgeschwindigkeit:	45 km/h
Zylinderdurchmesser:	460 mm
Kolbenhub:	508 mm
Kesseldruck:	12 at
Verdampfungsheizfläche:	61,4 m^2
Länge über Puffer:	10050 mm
Wasservorrat:	6,3 m^3
Kohlevorrat:	2,7 t
Dienstgewicht:	54,5 t
Leistung:	330 kW

E 91^9

Die modernisierte E 91

E 91 95–106, geliefert 1929

Im Juni 1927 wurden zwölf Loks der Baureihe E 91 (s. S. 28/29) für die schlesischen Strecken nachbestellt. Hierbei wurden Erfahrungen mit den bisherigen Loks und neue Wünsche des Betriebes

Bauart:	C'C' w4u
Raddurchmesser:	1250 mm
Übersetzungsverhältnis:	101 : 25
Höchstgeschwindigkeit:	55 km/h
Anfahrzugkraft:	30 t
Stundenleistung:	2200 kW
Geschwindigk. bei St.lstg.:	39,2 km/h
Länge über Puffer:	17300 mm
Dienstgewicht:	116,4 t
Leistungskennziffer:	18,9 kW/t

berücksichtigt. Vor allem sollte eine elektrische Widerstandsbremse eingebaut werden. Um sie unterbringen zu können, musste man die gesamte Konstruktion gewichtsparend überarbeiten und den Maschinenraum vergrößern. Der Hauptumspanner wurde völlig umgestaltet und konnte um 2900 kg leichter ausgeführt werden als bei der Ursprungs-E 91. Bei den Doppelmotoren konnten jeweils 2300 kg eingespart werden. Im Ergebnis gelang die Verminderung des Gewichts so gut, dass die ganze Lok leichter wurde. Weitere Änderungen betrafen eher die Optik: Mit dem gemeinsamen Vordach über den jeweils drei Stirnfenstern sahen die Loks „strenger" aus als ihre älteren Schwestern. Die Loks wurden komplett von AEG gebaut.

Die meisten E 91^9 kamen zur DB und waren teilweise bis 1975 in Betrieb. Ihre geringe Höchstgeschwindigkeit wies ihr Einsatzbereiche zunächst im Schiebebetrieb auf Steilrampen und dann an den Ablaufbergen von Rangierbahnhöfen zu.

V 120

Die erste Großdiesellok der DRG

V 120 001, geliefert 1929 als V 3201

Bei der Entwicklung von hauptbahntauglichen Dieselloks musste die Tatsache beachtet werden, dass ein Dieselmotor nicht unter Last in Gang gesetzt werden kann und dass keine mechanische Kupplung flexibel genug ist, um einen bereits laufenden starken Motor der extremen Belastung eines noch stehenden Zuges auszusetzen. Frühzeitig zog man verschiedene mittelbare Kraftübertragungsarten in Erwägung. So konnte der Dieselmotor zunächst elektrischen Strom erzeugen oder in einem geschlossenen System einen Ölstrom in Bewegung bringen, der mittels Turbine auf die Radsätze wirkte.
Frühzeitig wurde auch Druckluft als Zwischenmedium erprobt. 1924 bestellte die DRG bei der Maschinenfabrik Esslingen eine erste Großdiesellok mit pneumatischer Kraftübertragung. Man versprach sich vor allem den Vorteil, die Druckluft mit der bekannten Technik einer Dampflok zur Erzeugung der Zugkraft zu nutzen. Als Motor wurde ein U-Boot-Reihenmotor von MAN gewählt. Er arbeitete direkt auf einen zweizylindrigen Luftverdichter. Die Druckluft wurde mit den Motorabgasen erhitzt und Zylindern wie denen einer Dampflok zugeführt. Das Triebwerk, die Heusinger-Steuerung sowie das gesamte Laufwerk entsprachen gänzlich einer 2'C2'-Tenderlok mit Barrenrahmen und wurden unter Verwendung zahlreicher Teile aus dem Programm der Einheitsdampfloks gebaut. Konstruktion und Bau des Kompressors waren am schwierigsten.

1927 war die Lok fertig; 1929 waren die Erprobungen und Verbesserungen so weit gediehen, dass die Reichsbahn ihre V 3201 abnahm. Wie es für eine derart innovative Konstruktion nicht anders zu erwarten war, konnte sie eine Tauglichkeit für den Regelbetrieb nicht erlangen. Beklagt wurden insbesondere Vibrationen bei schneller Fahrt, hohe Unterhaltungskosten, große Störanfälligkeit und schwierige Bedienung. Bereits kurz nach der Umbezeichnung in V 120 001 wurde die Lok in den dreißiger Jahren ausgemustert und verschrottet.

Bauart:	2'C2' Dieseldruckluft
Treibraddurchmesser:	1600 mm
Höchstgeschwindigkeit:	80 km/h
Zahl der Motoren:	1
Zahl der Zylinder/Motor:	6
Motorleistung:	882 kW
Länge über Puffer:	16330 mm
größte Zugkraft:	12 t
Dienstgewicht:	124,6 t

03

Die „leichte" Schnellzuglok

S 36.17/18, **03 001–298**, geliefert 1930–38

Die Verpfändung der Betriebsrechte auf den Eisenbahnen des Reiches für die Reparationsschuld und die Abführung des Überschusses an die Gläubigerstaaten schränkten den Investitionsspielraum der DRG empfindlich ein. Genau wie die Elektrifizierung konnte daher auch der Ausbau der Hauptstrecken für eine Achsfahrmasse von 20 t nur zögernd voranschreiten. Ein freizügiger Einsatz der 01 war noch nicht absehbar. Daher wurde eine etwas leichtere Schnellzuglok erforderlich, weil die preußischen S 10-Typen entlastet (S 10^1 = 17^{10}) oder abgelöst (S 10 und S 10^2 = 17^0 und 17^2) werden mussten.

Die Lokfabriken legten dem Reichsbahn-Zentralamt und dem Lokausschuss eine Fülle interessanter Entwürfe vor, mit denen wenige Jahre nach der Entscheidung in Sachen 01/02 auch schon wieder die Debatte über ein- und zweistufige Dampfdehnung und zwei- oder mehrzylindrige Triebwerke eröffnet wurde. Die leitenden Gremien entschieden sich jedoch – nicht überraschend – für eine Bauart in enger Anlehnung an die 01, hatten sie doch soeben mit sehr aufwendigen Versuchsreihen deren Überlegenheit wissenschaftlich nachzuweisen versucht. 1930 lieferte Borsig die ersten drei Loks der neuen Baureihe 03.

Es handelte sich um eine Pazifik mit Barrenrahmen und Zwillingstriebwerk. Der Kessel wies dieselbe Rohrlänge von 6800 mm auf wie die jüngeren Lieferungen der 01. Aufgrund des geringeren Durchmessers des Kessels (1700 statt 1900 mm) und der geringeren Zahl der Röhren war die Heizfläche (ohne Überhitzer) im Vergleich zur 01 von 238 auf 202 m^2 herabgesetzt, die Überhitzerheizfläche von 100 auf 70 m^2. Der geringere Zylinderdurchmesser trug der verminderten Kesselleistung Rechnung. Die Stärke des Barrenrahmens war von 100 auf 90 mm reduziert. Die drei Probeloks hatten einen Kesseldruck von 14 at, die Loks ab 03 003 einen solchen von 16 at. Auch waren die schweren Druckausgleicher mit Eckventilen auf den Schieberkästen durch Nicolai-Druckausgleich-Kolbenschieber ersetzt.

Wie bei der 01 und anderen Einheitsloks wurden während der Bauzeit Änderungen verfügt. Ab 03 123 war die Feuerbüchse aus Stahl statt aus Kupfer. Ab 03 163 wurde (wie bei der 01 ab 102) der

Bauart:	2'C1' h2
Treibraddurchmesser:	2000 mm
Höchstgeschwindigkeit:	130 km/h
Zylinderdurchmesser:	570 mm
Kolbenhub:	660 mm
Kesseldruck:	16 at
Hfl V+Ü:	201,96+70 m^2
Länge über Puffer (T 34):	23905 mm
Wasservorrat:	30/ 32/ 34 m^3
Kohlevorrat:	10 t
Dienstgewicht:	99,6 + 61,5 t (T 32) /59,3 t (T 34)
Dienstgewicht ab 03 123:	100,3 + 61,5 /59,3 t
Leistung:	1460 kW

03 256

Durchmesser der vorderen Laufräder von 850 auf 1000 mm erhöht, weil die hohen Drehzahlen zu Lagerschäden geführt hatten. Gleichzeitig wurde zur doppelseitigen Abbremsung der Treibräder übergegangen; wie schon bisher die Vorlaufräder, wurden nun auch die Räder der Schleppachse einseitig abgebremst. Je nach der Größe der an den Wendepunkten vorhandenen Drehscheiben wurden Tender mit 30, 32 oder 34 m^3 Wasservorrat beigegeben.
Im Vorfeld des Baus der Schnellfahrlok 05 wurden bei der 03 154 verschiedene Varianten einer Stromlinienverkleidung erprobt. Gänzlich ungewohnt war die parabolförmige Haube vor der Rauchkammertür. Weil man für den Umlaufplan der 05 001 und 002 eine Reservelok ähnlicher Ausstattung bereithalten wollte, erhielt die 03 193 eine Verkleidung nach Art der 05.
Ihre Einsatzstrecken fand die 03 wie beabsichtigt zunächst im Wesentlichen im nord- und ostdeutschen Tiefland. Sie hatte sich in Langläufen zwischen Altona und Aachen (534 km) sowie zwischen Berlin und dem Grenzübergang Groß Boschpol (440 km) zum „polnischen Korridor" zu bewähren. Im Zweiten Weltkrieg ging eine bauartgerechte Einsatzplanung immer mehr verloren. In den Nackriegsjahrzehnten übernahm die 03 bei DB und DR wieder wichtige Aufgaben im hochwertigen Reisezugdienst. Bei der DB wurden die letzten Loks 1972, bei der DR erst 1981 abgestellt.
Kaum eine deutsche Dampflokomotive blieb so umstritten wie die 03. Immer wieder wurden die wärmewirtschaftliche und lauftechnische Überlegenheit deutscher und ausländischer Verbundloks gegen die Leistung und die Zuverlässigkeit der 03 in die Waagschale geworfen. Für die Epoche, in der die 03 ihre Dienstjahrzehnte abzuleisten hatte, war sie aber wohl eine durchaus taugliche Maschine. Den hochwertigen Schnellverkehr mit leichten Zügen auf gut gepflegten Strecken, betreut von einer stabilen Lokführer- und Heizerelite, für den eine Schar hochgezüchteter Verbundloks vielleicht noch bessere Ergebnisse gebracht hätte, gab es aufgrund politischen Wahnwitzes ja ab 1939 für lange Zeit nicht mehr. In dem Mischbetrieb mit schwereren und leichteren Eil- und Schnellzügen in Geschwindigkeitsbereichen zwischen 80 und 120 km/h, der in Westdeutschland bis in die fünfziger Jahre und in der DDR auch weiterhin üblich war, konnte man die 03 gut gebrauchen. Es gab viele Strecken, auf denen gemeinsam oder nacheinander bayerische S 3/6, die 01, die 03, ihre dreizylindrigen Nachfolger, die 39 und sogar die 41 eingesetzt waren. Das Personal kam mit all diesen Loks zurecht und fragte weniger nach den mehr oder weniger theoretischen Vorteilen von Verbundmaschine, Verbrennungskammer oder gesteigertem Kesseldruck, sondern nach Pflegezustand der Lok, Laufgüte der Wagen, Zustand des Oberbaus und Qualität der Kohle.
Den erkannten Mängeln der 03 rückten die Bahnverwaltungen durchaus zuleibe: Der Einbau neuer Aschkästen mit besserer Luftzuführung sowie die Schweißung aller Kesselverbindungen erhöhte die Verdampfungsfreude und die Zuverlässigkeit ganz erheblich. Die DR baute ab 1969 noch bei 52 Loks den ursprünglich für die Reihen 03^{10}, 22 und 41 gebauten Rekokessel ein, mit dem die Leistung der 03 ganz erheblich gesteigert werden konnte.
Festzuhalten bleibt: Keine europäische Schnellzug-Dampflok hat zwischen 1930 und 1980 so viele Laufkilometer oberhalb von 100 km/h erbracht wie die viel gelobte und viel gescholtene 03. Es mag erlaubt gewesen sein, in diesem Rahmen etwas weiter auszuholen als es dem Standard für andere Gattungen entspricht. In der Geschichte der Deutschen Reichsbahn liegen erfüllte und versäumte Chancen, technische Klugkeit und harte zeitgeschichtliche Realitäten dicht beeinander. Die Erinnerung an die 03 legt Gedanken hieran besonders nahe.

Kö/Kb/Ks

Die Probe- und Vorserienkleinloks

Kö 0001–0104, geliefert 1930–34 (Kö 0001–0002 als V6016–6017) Kö/ Kb /Ks 4000–4097, geliefert 1930-34 (Kö/ Kb 4000–4011 als V 6004–6015, Ks 4012–4015 als A 6001–6004)

	Kö 0001-0104	Kö /Kb 4000...4097	Ks II 4012-4015
Bauart:	B dm	B d/b m	B g2t akku
Raddurchmesser:	850 mm	850 mm	850 mm
Höchstgeschwindigkeit:	30 km/h	30 km/h	30 km/h
Zahl der Motoren:	1	1	2
Zahl der Zyl. pro Motor:	2/4	2/3/4/6	el.
Motorleistung:	14,7–26,5 kW	17,6–54,4 kW	17,6 kW
Länge über Puffer:	4840–6500 mm	5805–7750 mm	5600 mm
Achsstand:	2000–2505 mm	1800–2810 mm	2500 mm
Dienstgewicht:	6,2–18 t	10,1–15,0 t	11 t

Verglichen mit den sehr langsamen Schritten zum betriebstüchtigen Dieseltriebwagen und erst recht zur hauptbahntauglichen Streckendiesellok eroberte sich schon sehr früh die kleine Motorlok den untersten Bereich des Rangierbetriebes. Deutz baute bereits 1892 eine brauchbare 8 PS-Petroleumlok. 1907 lieferte dasselbe Werk seine fünfhundertste Motorlok aus; und insbesondere nach den großen Serien in 600 mm Spur für die Feldeisenbahnen wurde 1922 schon die Fabriknummer 7000 vergeben. Weitere Firmen beteiligten sich mit Erfolg am Motorlokgeschäft. In den zwanziger Jahren setzte sich der Dieselmotor weitgehend gegen den Vergasermotor durch.

Vor allem auf Werks-, Anschluss- und Feldbahnen bewiesen die kleinen Schleppfahrzeuge ihre personal- und energiesparende Arbeitsweise. Ab 1923 wurden in Frankreich, ab 1926 in den Niederlanden und ab 1925 in Dänemark auch auf Staatsbahngleisen kleine Motorloks erprobt. Sie sollten vor allem das Rangieren mit Güterwagen auf kleinen Unterwegsbahnhöfen übernehmen, um die Güterzugdampfloks von unwirtschaftlicher Rangierarbeit zu entlasten und einen schnelleren Lauf der Nahgüterzüge zu ermöglichen.

1929 entschloss sich auch die DRG zu umfassenden Untersuchungen auf diesem Gebiet. BMAG, Deutz, Windhoff, Ilsenburg und AEG bauten die ersten 18 Loks, die als V 6004–6015 und A 6001–6004 (Akkuloks von AEG) bezeichnet wurden. Sie waren von sehr unterschiedlicher Bauart. BMAG und Deutz bauten wie schon BMAG für die Niederlande Loks mit einem in der Mitte heruntergekröpften Außenrahmen und annähernd zentralem Bedienungsbereich. Der Antrieb erfolgte über ein Zweiganggetriebe und Ketten. Die Windhoff-Loks hatten Innenrahmen und waren über Blindwelle und Treibstangen ange-

trieben. Das Laufwerk der Ilsenburg-Loks glich dem eines kurzen Güterwagens, angetrieben wurden sie direkt vom Getriebe über Zahnräder auf die Achse. AEG baute kleine Elloks mit Batterien und Tatzlagerantrieb.
Nach ersten Erfahrungen mit diesen Fahrzeugen fielen Grundsatzentscheidungen. Weil man die neuartigen Maschinen nicht mit einem ausgebildeten Lokpersonal, sondern mit einem Arbeiter besetzen wollte, musste man im Sinne der Eisenbahnbau- und Betriebsordnung eine neue Triebfahrzeugklasse schaffen, die „Kleinlokomotiven“ mit dem Kennzeichen „K“. Zwei Leistungsgruppen sollten unterschieden werden, nämlich „I“ bis 39 PS Motorleistung mit den Ordnungsnummern 0001–3999 und „II“ ab 40 PS mit den Nummern ab 4000. Antriebe und Kraftübertragungen wurden mit Kleinbuchstaben gekennzeichnet, nämlich b = Benzin/Benzol, ö = Öl, g = Gas, s = Speicher, f = Flüssigkeitsgetriebe und e = elektrisch.

Nun bauten mehrere Hersteller, darunter Gmeinder, O&K, Jung und Deutz, Krauss-Maffei und Windhoff bis 1934 die einander im Grundaufbau schon ähnlichen Vorserienloks Kö 0003–0104 und Kö/Kb 4016–4097 mit einem Achsstand von 2500 mm. Weiterhin gab es erhebliche Unterschiede in Bauart und Leistung der Motoren, in der Kraftübertragung (Ketten oder Stangen) und in dem durch die Anordnung der Baugruppen bedingten äußeren Erscheinungsbild. Trotz der großen Stückzahl handelte es sich ja noch immer um Probefahrzeuge für eine Großbeschaffung.
Bewährt haben sich bereits die meisten „Ur“-Kleinloks. So manche von ihnen war bei DB oder DR sowie nach einem Verkauf auch auf Werks- oder Privatbahngleisen noch viele Jahre nach dem Zweiten Weltkrieg in Betrieb. Ergänzend sei noch eine kleine Diesellok der DRG, die V 3601 erwähnt. Sie wurde 1926 von der Motorlokomotiv-Verkaufsgesellschaft Baden geliefert, besaß die Achsfolge 1'B mit Stangenantrieb und wurde vor 1930 ausgemustert.

Die Prototypen der modernen Elloks

E 44 001, 501 und 502–509, 2001, geliefert 1930, 1933–34 als E 44 001, 101–109 und 201

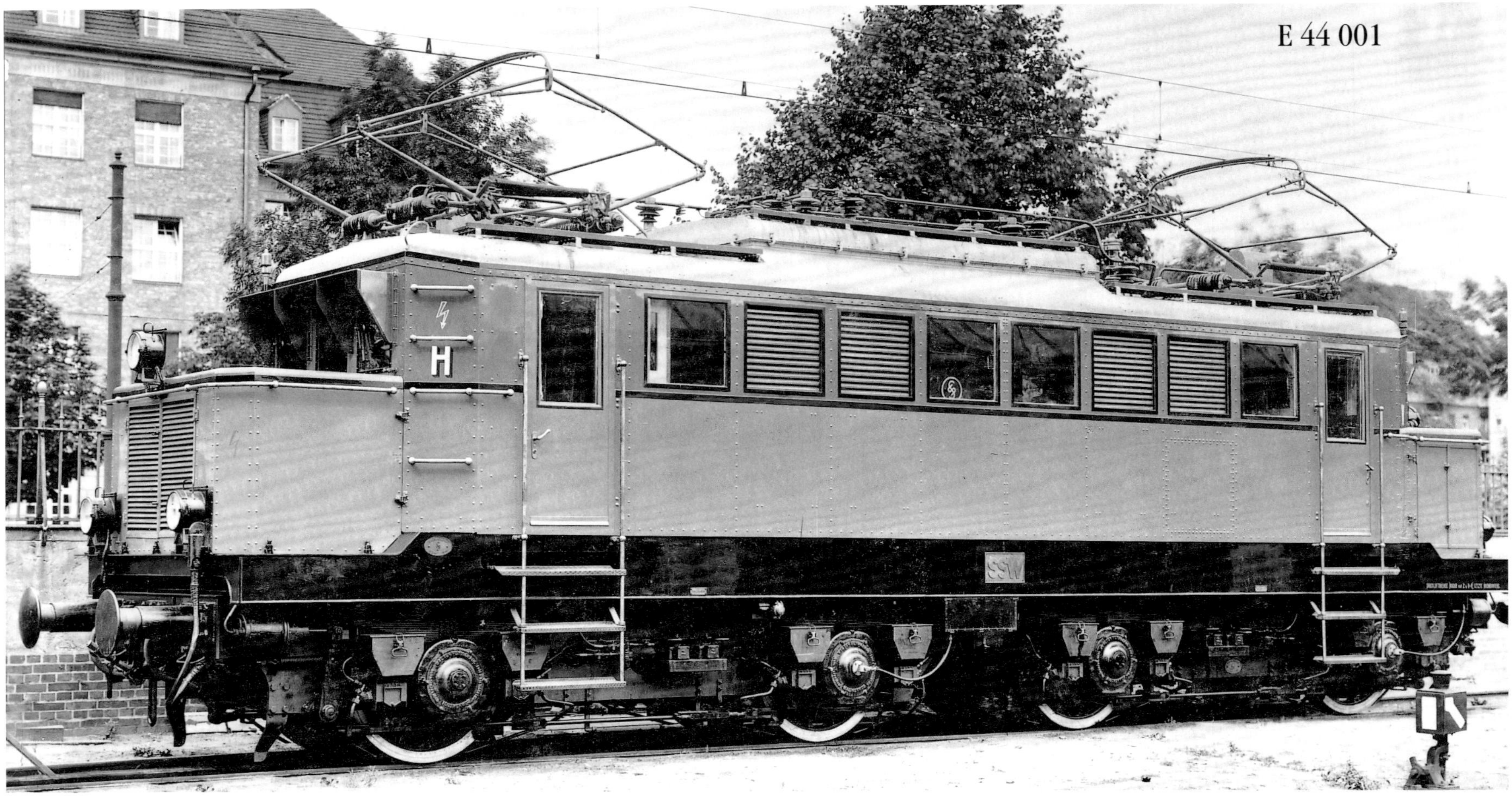

Weiter oben wurde schon erwähnt, dass sich die Zufriedenheit mit den Elloks in den späten zwanziger Jahren in Grenzen hielt. Die hohen Leistungen der E 95 oder der E 17 mussten mit 542.000 RM bzw. 373.500 RM pro Lokomotive bezahlt werden. Doch auch für mittlere Aufgabenbereiche sollten billigere Lösungen gefunden werden, denn sogar die relativ schwache und langsame E 75 kostete 356.750 RM, mehr als doppelt so viel wie eine hochmoderne Dampfschnellzuglok der neuen Baureihe 03. Ausgangspunkt für die Neuentwicklung war die E 75, doch sollte die Leistung erhöht und die Geschwindigkeit den Fahrplänen der Personenzüge angepasst werden. Einigkeit bestand, von der noch dampfloktypischen Bauform mit starrem Rahmen, Laufachsen und Stangenantrieb zur laufachslosen vierachsigen Drehgestellbauart mit Tatzlagerantrieb überzugehen. Die Verminderung der Motorgewichte erlaubte diesen Schritt. (Beispielsweise

E 44 201

hatte der Motor der E 50^4 mit 2400 kW noch 24,5 t gewogen, die vier Motoren der E 52 mit 2200 kW hatten 32 t auf die Waage gebracht und die vier Motoren der E 16 11–17 mit 2280 kW waren 19,4 t schwer gewesen. Die vier Motoren der Serien-E 44 mit 2200 kW wogen dann nur noch 15 t.) Die konkurrierenden Hersteller bauten auf eigenes Risiko drei Vorausloks und übergaben sie zur eingehenden Erprobung der DRG.

Die **E 44 001** war eine Weiterentwicklung der ebenfalls von SSW gebauten E 15 01 und E 16 101. Ihr erstmals überwiegend geschweißter Lokkasten wurde von der Wismarer Waggonfabrik gebaut. Der Hauptrahmen ruhte mit jeweils vier gefederten Stützen auf den Drehgestellen. Die kugelgelagerten Drehzapfen waren beide seitenverschieblich, einer auch längsbeweglich angeordnet. Zug- und Stoßvorrichtungen waren an den Drehgestellen angebracht, die zur Kraftübertragung durch eine Mittelkupplung verbunden waren. Als Hauptumspanner wurde ein Trockentransformator gewählt. Eine elektromagnetische Schützensteuerung ermöglichte 19 Dauer- und 54 Zwischenfahrstufen. Wie bei den SSW-Probeschnellzugloks waren in zwei Vorbauten vor allem Kompressor und Luftbehälter untergebracht.

BMAG und MSW als Urheber der E 75 stellten die **E 44 101** vor. Die grundsätzliche Gestaltung des Laufwerks entsprach der E 44 001. Auch hier war der Hauptrahmen an der Übertragung der Zug- und Stoßkräfte nicht beteiligt. Ebenfalls war der Fahrzeugteil weitgehend aus Schweißkonstruktionen erstellt. Die Drehgestelle hatten Rahmen in Barrenbauweise. Die elektrische Ausrüstung mit dem Öltransformator und der fünfzehnstufigen Nockenschaltersteuerung entsprach weitgehend der E 75.

BMAG und BEW bauten die **E 44 201**. Sie war ebenso eine Weiterentwicklung der von denselben Firmen gebauten E 75, ähnelte aber vor allem in der Bauart des Trockenumspanners auch den BEW-Loks E 06^1 und E 50^3. Wie bei der E 44 101 war das Nockenschaltwerk von der E 75 übernommen. Puffer und Kupplungen waren an den Drehgestellrahmen befestigt, die Kräfte zwischen den Drehgestellen wurden jedoch vom Hauptrahmen übertragen. Beide Drehzapfen waren längsbeweglich angeordnet. Mit Druckluftzylindern ausgerüstete Stützzapfen verhinderten beim Anfahren die Entlastung der vorauslaufenden Radsätze. Hauptrahmen und Lokomotivkasten waren komplett geschweißt.

Noch bevor die in großer Stückzahl zu beschaffende endgültige Ausführung zur

	E 44 001	**E 44 501–509**	**E 44 2001**
Bauart:	Bo'Bo' w4t	Bo'Bo' w4t	BoBo' w4t
Raddurchmesser:	1250 mm	1250 mm	1250 mm
Übersetzungsverhältnis.	84 : 17	80 : 19	97 : 30
Höchstgeschwindigkeit:	90 km/h	80 km/h*	80 km/h
Anfahrzugkraft:	20 t	22 t (501) /24 t	26 t
Stundenleistung:	2120 kW	1600 kW	2200 kW
Geschwindigk. bei St.lstg.:	83,5 km/h	70 km/h	50 km/h
Länge über Puffer:	14530 mm	13150 mm*	13500 mm
Dienstgewicht:	79,2 t	79,2 t	82,5 t
Leistungskennziffer:	26,8 kW/t	27,55 kW/t	26,65 kW/t

*Höchstgeschwindigkeit E 44 508 und 509: 90 km/h, LüP ab E 44 506: 14300 mm

Gänze festgelegt war, wurde für den aktuellen Bedarf auf der Strecke Freilassing – Berchtesgaden zunächst einmal die E 44 101 nachbestellt. BMAG und AEG lieferten 1933 die **E 44 102–105**, die eine Erhöhung der Zuglasten auf dieser Strecke von 90 auf 200 t ermöglichten. Gegenüber der E 44 101 waren sie vor allem durch Übernahme des für die Serien-E 44 entwickelten Öltransformators verbessert.

Für vier weitere Loks **E 44 106–109** wurde die Konstruktion weitgehend überarbeitet. Stärkere und größere Motoren verlangten einen größeren Achsstand der Drehgestelle und damit eine größere Länge der Lok. Zum Ausgleich des größeren Gewichts mussten Rahmen und Kasten gewichtsparend überarbeitet werden. Dadurch kamen die für das Aussehen der Loks charakteristischen Aussparungen in den Langträgern zustande.

Die E 44 001 blieb bis 1978 im Einsatz. Die E 44 101–109 wurden auf 501–509 umgezeichnet, weil die alten Nummern für Serien-E 44 benötigt wurden. Die E 44 501 schied 1960 aus, die anderen blieben bis 1983 auf ihrer Stammstrecke. Die E 44 201 wurde 1944 zur E 44 2001. Da sie jedoch zu keiner Zeit befriedigt hatte, wurde sie 1945 ausgemustert.

Bauform E 44 101–105

E 44 106–109

E 80

Pioniere der Zweikraft-Rangierloks

E 80 01–05, geliefert 1930

Mitte der zwanziger Jahre beschaffte die DRG zwei- und vierachsige „Turmtriebwagen“ mit Akkumulatorantrieb für die Unterhaltung der Fahrleitungen. Die Akkus wurden mittels eines Quecksilberdampf-Gleichrichters aus der Fahrleitung aufgeladen. Die positiven Erfahrungen mündeten in das Konzept einer Zweikraft-Rangierlok für Fahrleitungs- und Batteriebetrieb für die Münchner Bahnhöfe, auf denen es weiterhin viele Gleise ohne Fahrleitung gab. Maffei lieferte den Fahrzeugteil, SSW den elektrischen Teil und die Firma Hagen die Batterien. Fünf Loks wurden 1927 bestellt und 1930 geliefert.
Die Batterien bedingten trotz einer eher geringen Leistung ein hohes Gewicht der Lokomotive. Daher kam man nicht ohne Laufachsen aus. Sie wurden zwischen den Treibachsen in den Drehgestellmitten angeordnet. Das Aussehen der Loks war von den langen Vorbauten geprägt, in denen die Akkumulatoren mit 168 Zellen Platz fanden. Sie reichten für fünf Stunden fahrdrahtlosen Rangierbetrieb. Zwei Quecksilberdampf-Gleichrichter konnten im Stillstand und während der Fahrt die Akkus aufladen. Fahren konnte diese Lokomotive allein mit Oberleitungsstrom, allein mit Batteriestrom oder aber mit Strom aus beiden Quellen zugleich.

Bauart:	(A1A)(A1A) w4t
Raddurchmesser:	1000 mm
Übersetzungsverhältnis:	5,94 : 1
Höchstgeschwindigkeit:	40 km/h
Anfahrzugkraft:	13 t
Stundenleistung:	248 kW
Geschwindigk. bei St.lstg.:	14 km/h
Länge über Puffer:	15400 mm
Dienstgewicht:	90,6 t
Leistungskennziffer:	3,31 kW/t

Wie bei der E 60 wurde ein Stromabnehmer mit weit voneinander gespreizten Schleifstücken verwendet. Der Hauptumspanner war unter dem zentralen Maschinenraum in den Rahmen gehängt. Die vier Gleichstrommotoren waren in den Drehgestellrahmen einseitig gefedert aufgehängt und stützten sich andererseits mittels Tatzlagern auf die Achsen. Wegen der empfindlichen elektrischen Ausrüstung waren die Radsätze mit Blatt- und Wickelfedern doppelt gefedert.
Die Loks mit ihrer einzigartig gebliebenen Konzeption bewährten sich und konnten den alltäglichen Anforderungen des Rangier- und Kurzstreckendiensts in der bayerischen Hauptstadt jahrzehntelang gerecht werden. Die komplizierte Wartung der Batterien bedingte jedoch Abstellzeiten von etwa 100 Tagen pro Jahr. Ein Weiterbau unterblieb. 1938 erhielt die E 80 01 versuchsweise einen robusteren Selen-Gleichrichter. 1956/57 fuhr sie versuchsweise mit dem ersten in ein Wechselstrom-Triebfahrzeug eingebauten Silizium-Gleichrichter. Die Erfahrungen wurden beim Bau der ersten Zweisystemloks der Baureihe E 320 verwertet. 1961 wurde die E 80 01 als letzte ausgemustert.

99^{22} Die stärkste Schmalspurlok deutscher Staatsbahnen

K 57.10, **99 221–223**, geliefert 1931

Auf den Meterspurstrecken Hildburghausen – Heldburg – Lindenau-Friedrichshall und Eisfeld – Unterneubrunn in Thüringen wurde dringend leistungsfähiger Ersatz für die vorhandenen preußischen Nassdampf-Dreikuppler aus der Zeit der Jahrhundertwende fällig. Daher wurde ins Einheitsprogramm das Projekt der stärksten für deutsche Staatsbahnen je gebauten Schmalspurlok aufgenommen. Auch der Einsatz auf den noch vorhandenen bayerischen und württembergischen 1000 mm-Strecken wurde in Betracht gezogen, kam dann aber nie zustande.
Wie schon für das sächsische 750 mm-Netz wurde eine 1'E1'-Lok vorgesehen. Die größere Spurweite erlaubte einen höheren Grad an Austauschbarkeit von Teilen und Baugruppen mit denen anderer Einheitsloks als es bei der „VII K“ (s. S. 78/79) möglich gewesen war. So konnte der Kessel weitgehend von der Baureihe 81 übernommen werden. Das Laufwerk ähnelte dem der wenig später gebauten Baureihe 85 mit derselben Achsfolge. Die Laufachsen wurden in Bisselgestellen geführt.
Die BMAG (Schwartzkopff) baute die drei bestellten Maschinen. Ein Nachbau unterblieb. Einige Meterspurstrecken wurden auf Normalspur umgebaut, auf anderen musste man sich weiterhin mit älteren Loks begnügen.
Im Zweiten Weltkrieg wurden die 99 221 und 223 nach Norwegen zum Kriegseinsatz abtransportiert und kehrten nicht mehr zurück. Die 99 222 wurde in der DDR zum Vorbild einer Nachbauserie. Von 1954 bis 1956 baute der VEB Lokomotivbau Karl Marx 21 sehr ähnliche Loks, allerdings mit Blechrahmen und Mischvorwärmer. Vier wurden in die Sowjetunion geliefert, 17 kamen als 99 231–247 zur DR und wurden zumeist auf der 1949 von der Reichsbahn übernommenen Harzquerbahn eingesetzt. 1966 wurde auch die 99 222 von der Strecke Eisfeld – Schönbrunn in den Harz umgesetzt. Dort ist sie nach erneuter Privatisierung der Harzbahnen immer noch im Einsatz. Sie gehört damit zu den ganz wenigen in diesem Buch vorgestellten Triebfahrzeugen, die noch im 21. Jahrhundert dem regulären Verkehr dienen.

Bauart:	1'E1' h2t
Spurweite:	1000 mm
Treibraddurchmesser:	1000 mm
Höchstgeschwindigkeit:	40 km/h
Zylinderdurchmesser:	500 mm
Kolbenhub:	500 mm
Kesseldruck:	14 at
Länge über Kupplungen:	11636 mm
Wasservorrat:	8 m^3
Kohlevorrat:	3 t
Dienstgewicht:	65,8 t
Leistung:	515 kW

99^{32}

Lokomotiven für „Molli“ bis ins 21. Jahrhundert

K 46.8, **99 321–323**, geliefert 1932

Nur wenige Jahre nach dem Bau der 99 311–313 (s. S. 15) wurden schon wieder stärkere und schnellere Lokomotiven für die 900 mm-Strecke Bad Doberan – Arendsee an der mecklenburgischen Ostseeküste benötigt. O&K wurde beauftragt, im Rahmen des Einheitslokprogramms eine für flotten Streckendienst im Bäder- und Ausflugsverkehr geeignete Maschine zu entwickeln.

Konstruktiv war die 99^{32} am ehesten mit der normalspurigen 86 vergleichbar. Abweichend von allen bisherigen Einheitsloks wurde anstelle des „geheiligten“ Barrenrahmens der preiswertere Blechrahmen akzeptiert, äußerlich erkennbar an der flächigen Rahmenfront hinter den Rädern ohne den beim filigranen Barrenrahmen möglichen Durchblick. Die vierachsige Antriebseinheit wurde vorne und hinten von jeweils gleich gebauten Bisselgestellen geführt. Die neue 1'D1' hatte die höchste bis dahin für eine deutsche Schmalspurlok zugelassene Höchstgeschwindigkeit. Der Kessel war nach Rost- und Heizfläche in etwa mit dem der Baureihe 80 vergleichbar, mit 3500 statt 2500 mm Rohrlänge aber viel gestreckter. Die Führerhauswände mussten aus Gründen der Profilfreiheit oben stark eingezogen werden.

Die Loks übernahmen sofort den Streckendienst auf der Bäderbahn – und sie beherrschten ihn durch alle Epochen des organisierten Tourismus mit „Kraft durch Freude“ und „FDGB“ hindurch und sind auch heute noch Tag für Tag auf der seit Langem als „Molli“ bekannten inzwischen privatisierten Bahn aktiv.

Bauart:	1'D1' h2t
Spurweite:	900 mm
Treibraddurchmesser:	1100 mm
Höchstgeschwindigkeit:	50 km/h
Zylinderdurchmesser:	380 mm
Kolbenhub:	550 mm
Kesseldruck:	13 at
Verdampfungsheizfläche:	60,54 m^2
Länge über Kupplungen:	10595 mm
Wasservorrat:	3 m^3
Kohlevorrat:	1,7 t
Dienstgewicht:	43,7 t
Leistung:	340 kW

04 Die „Mitteldruck"-Schnellzuglok

S 36.18, **04 001–002**, geliefert 1932, umgezeichnet 1935 in 02 101–102

Die Versuche mit den Hochdrucklokomotiven H 17 206 und H 02 1001 hatten keine befriedigenden Resultate gebracht. Kessel und Dampfmaschinen für 60 bzw. sogar 120 at warfen Unterhaltungs- und Sicherheitsprobleme auf, die im Schiffs- oder Kraftwerksbetrieb beherrschbar sein mochten, nicht aber im Bahnbetrieb. In einem zweiten bescheideneren Anlauf testete die DRG ab 1932 sogenannte „Mitteldruck"-Lokomotiven. Dies waren die 24 069 und 070 (auf S. 64 bei der Baureihe 24 bereits erwähnt), die 44 011 und 012 (s. u. S. 111) und die Schnellzugloks 04 001 und 002. Diesmal war der Kesseldruck auf 25 at festgesetzt.

Den Auftrag über die beiden Schnellzugloks erhielt Krupp. Die Loks sollten weitgehend der Baureihe 03 entsprechen, damit ein Vergleich zwischen ähnlich dimensionierten Normal- und Mitteldruckloks möglich würde. Bei höheren Kesseldrucken war die Ausnutzung in zwei Stufen, und damit die Rückkehr zu der in Berlin so ungeliebten Verbundmaschine, unabdingbar. (Die 24 070 mit Zwillingsmaschine musste alsbald ein Zweizylinder-Verbund-Triebwerk wie die 24 069 erhalten). Obwohl Krupp damals kaum Erfahrung mit dem Bau von Verbundloks hatte, gelang eine gute Vierzylinder-Maschine mit gleichmäßiger Verteilung der Leistung zwischen Hoch- und Niederdruckteil. Anders als bei der 02 hatte man auf Dampfwege mit weiten Querschnitten Wert gelegt und damit die Drosselverluste gering gehalten. Die innen liegenden Hochdruckzylinder arbeiteten auf die erste Kuppelachse, die äußeren Niederdruckzylinder auf die zweite. Die Steuerung der Innenzylinder wurde durch eine Übertragungswelle von der Außensteuerung abgeleitet. Das Laufwerk entsprach weithin dem der 03.

Die Kessel der beiden Loks waren verschieden gebaut. Die 04 001 hatte einen Dampferzeuger aus Kupfer-Mangan-Stahl mit einer Rohrlänge von 5800 mm (wie die älteren 01) und einen herkömmlichen Rauchrohrüberhitzer der Bauart Schmidt. Bei der 04 002 bestand der Kessel aus Chrom-Molybdän-Stahl, die Rohrlänge betrug 6800 mm (wie bei den jüngeren 01 und der 03). Ungewöhnlich waren ein Weitrohr-Überhitzer sowie (nach amerikanischem Vorbild) Nicholson-Wasserkammern in der Feuerbüchse.

Der erste Weg der Lokomotiven führte wie bei den Erstlingen jeder neuen Dampflokgattung zum Versuchsamt Grunewald. Während die 04 001 aufgrund von erst später entdeckten Undichtigkeiten nicht befriedigte, kam die 04 002 in ihrer Leistung der 01 nahe. Alsbald ergaben sich bei ihr jedoch große Reparatur- und Umbauerfordernisse, anschließend aber gute Betriebseigenschaften. 1935 wurden die Loks in 02 101 und 102 umgezeichnet. Dem Regelbetrieb dienten die Maschinen zunächst beim Bw Altona und dann beim Bw Hof. Der Kesseldruck wurde auf 20 at vermindert. Die weiterhin hohe Leistung und Wirtschaftlichkeit waren also letztlich nicht mehr Erfolge des höheren Kesseldrucks, sondern Beweise für die Qualitäten einer gut durchgebildeten Vierzylinder-Verbundlok.

Ein tragisches Ereignis beendete die Laufbahn der 02^1: Am 3. April 1939 explodierte der Kessel der 02 101.

Bauart:	2'C1' h4v
Treibraddurchmesser:	2000 mm
Höchstgeschwindigkeit:	130 km/h
Durchmesser der Hochdruckzyl.:	350
Durchmesser der Niederdruckzyl.:	520 mm
Kolbenhub:	660 mm
Kesseldruck:	25 at
Verdampfungsheizfläche:	188,6/ 206,8 m^2
Länge über Puffer (T 32):	23905 mm
Wasservorrat:	32 m^3
Kohlevorrat:	10 t
Dienstgewicht:	1106,3 + 61,5 t (T 32)
Leistung:	1700 kW

Dampftriebwagen

Bauart Doble

DT 15–16, 51–59, geliefert 1932–35, 1938

Schon um die Jahrhundertwende versuchten Lokomotivhersteller und Bahnverwaltungen, dampfbetriebene Fahrzeuge an den Erfolgen der Akkumulator- und Motortriebwagen teilhaben zu lassen. Dampftriebwagen setzten sich aber kaum durch, weil sie die Nachteile des Dampflokbetriebes (lange Betriebsvorbereitungszeiten usw.) beibehielten und weil die Integration von Feuerung, Kessel, Rauchkammer und Dampfmaschine in den Wagen viele Belästigungen für die Reisenden brachte. Bei der DRG wurden zunächst nur die 25 zweiachsigen „Kittel"-Triebwagen verwendet, die die Maschinenfabrik Esslingen ab 1905 für Baden und Württemberg gebaut hatten. Der hiervon 1930 noch vorhandene Teil wurde zu DT 1–14 umgezeichnet.

Bei der Steigerung der Motorleistungen der VT und den wachsenden Herausforderungen durch die Frage der Kraftübertragung zwischen Motor und Radsätzen erinnerte man sich an die aus dem Stand in Gang zu setzende und stufenlos regelbare Dampfmaschine. Um mit den modernen VT konkurrieren zu können, mussten zeitgemäße Dampftriebwagen eine schnell in Betrieb zu setzende leichte Dampferzeugungsanlage erhalten. Die Wahl fiel auf den mit flüssigen Brennstoffen befeuerten Hochdruckdampferzeuger mit Abdampfkondensation nach dem System Doble aus den USA. Es handelte sich um einen senkrechten Kessel, in dem das Wasser bzw. der Dampf in einem durchgehenden Spiralrohr erhitzt wurde. Das Zwangsumlaufsystem enthielt nur 7 bis 8 Liter Wasser! Der Dampfdruck betrug 120 at. 1932 wurde ein erster **DT 15** mit einer solchen Anlage gebaut. Wagenbaulich ähnelte er den VT 133 000–002. Die wegen des hohen Druckes mit Verbundwirkung arbeitende Dampfmaschine arbeitete mit Tatzlagerantrieb auf die Vorderachse. Für den **DT 16** baute Borsig die Doble-Anlage.

Die nächsten Triebwagen **51–53** sollten mit den vierachsigen VT 137 025–027 und 055–057 (s. S. 118/119) konkurrieren und waren ihnen im Wagenteil sehr ähnlich. Sie besaßen zwei Doble-Anlagen mit Dampfmaschinen, für jede Treibachse gesondert.

Die Dampftriebwagen überzeugten durch schnelle Betriebsbereitschaft, problemlose Wagenheizung und im Vergleich zum VT viel geringere Geräuschbelästigung. Doch fand man keinen Baustoff für den Dampferzeuger, der den großen Temperatur- und Druckschwankungen lange standgehalten hätte. Im Übrigen konnte man trotz vieler Versuche und sogar auch bei den verbesserten und verstärkten **DT 54–58** ein entscheidendes Problem nicht lösen: Der Brennstoffverbrauch blieb etwa doppelt so hoch wie bei vergleichbaren VT. Der mit flüssigem Brennstoff betriebene Dampftriebwagen geriet daher gänzlich ins Hintertreffen, als die Regierung im Zusammenhang mit der Kriegsvorbereitung die Unabhängigkeit der Wirtschaft von Ölimporten anstrebte. Daher mündete die Dampftriebwagen-Entwicklung 1937 in das letzte und anspruchsvollste Projekt: Der **DT 59** wurde von Borsig mit einer Doble-Anlage für Schwelkoksbetrieb gebaut. Der gegenüber den bisherigen Modellen doppelt so leistungsfähige Dampferzeuger arbeitete mit größerer Wassermenge und niedrigerer Temperatur, sodass auch die Materialprobleme beherrschbar wurden. Die Anlage nahm aber so viel Platz in Anspruch, dass ein großer Maschinenraum mit mächtigem Dachaufbau erforderlich wurde. Aus Gewichtsgründen musste die Dampfmaschine ins andere Drehgestell verlegt werden, sodass lange gelenkige Dampfleitungen erforderlich wurden. Sie waren der wesentliche Schwachpunkt des ansonsten recht tauglichen DT 59.

Der Krieg verhinderte weitere Versuche. Alle Dampftriebwagen wurden schon in den späten dreißiger und frühen vierziger Jahren aus dem Betrieb genommen und teilweise zu VB umgebaut.

15	A1 h2v	1932	Wegmann/Doble
16	A1 h2v	1932	Wegmann/Borsig
51	Bo'2' h4v	1932	Wegmann/Henschel
52	Bo'2' h4v	1932	Wegmann/Borsig
53	Bo'2' h4v	1932	Wegmann/Borsig
54–56	Bo'2' h4v	1934	Wegmann/Borsig
57, 58	Bo'2' h4v	1935	Wegmann/Henschel
59	2'Bo' h4v	1937	Wismar/Borsig

85 008

85 Die Tenderlok für das Höllental

Gt 57.20, **85 001–010**, geliefert 1932–33

Wie auf den vormaligen preußischen Zahnradstrecken wollte die DRG auch auf der badischen Höllentalbahn Freiburg – Neustadt im Schwarzwald zum ausschließlichen Reibungsbetrieb übergehen. Zwischen Hirschsprung und Hinterzarten war auf 7 km Länge eine maximale Steigung von 55 Promille zu überwinden. Die auf preußischen Strecken zur Ablösung der Zahnradloks ausreichende T 16^{1} (DRG 94^{5}) wäre hier überfordert gewesen; die 45 vorhandenen Loks der Gattung T 20 (DRG 95^{0}, s. S. 12/13) waren im Rampendienst vor allem in Thüringen und auf der Geislinger Steige unverzichtbar. Daher beschlossen Zentralamt und Engerer Lokausschuss die Entwicklung einer neuen 1'E1'-Tenderlok in Einheitsbauart und in enger Anlehnung an vorhandene Einheitsloks. Das Laufwerk und das dreizylindrige Triebwerk wurden von der Baureihe 44 übernommen und lediglich um eine Schleppachse ergänzt, den Kessel konnte man bis auf die Rauchkammer von der Baureihe 62 übernehmen. Henschel baute die bestellten zehn Loks, mit denen es dann auch schon sein Bewenden hatte.

Wie bei der 44 arbeiteten die beiden waagerechten Außenzylinder auf die dritte, der geneigte Innenzylinder auf die zweite Kuppelachse. Das Laufwerk basierte auf einem Barrenrahmen mit 100 mm Barrenstärke, einem auch von der 01/02, 43/44 und 62 bekannten und später bei der 41 und der 45 erneut angewendeten Maß. Vorne und hinten führten Krauss-Helmholtz-Gestelle die große Lokomotive, deren Achsstand mit 12500 mm nicht nur den der 95^{0} mit 11900 mm, sondern sogar noch den der achtachsigen 96^{0} (bay. Gt 2 x 4/4, Achsfolge D'D) mit 12200 mm übertraf. Die Spurkränze der mittleren Treibräder waren geschwächt. Der Kessel hatte eine Rohrlänge von 4700 mm, die annähernd quadratische Form des Rosts garantierte eine gute Verbrennung. Zwei Sanddome sorgten für die Besandung aller Kuppelräder von vorne und von hinten. Wie alle Steilrampenloks erhielt die 85 eine Riggenbach-Gegendruckbremse.

Nach Auslieferung der Baureihe 85 und ihrer Zuteilung an das Bw Freiburg konnte der Zahnradbetrieb im Höllental am 7. Oktober 1933 beendet werden. Die Loks wurden noch nicht entbehrlich, als 1936 auf ihrer Stammstrecke der elektrische Versuchsbetrieb mit 50 Hz/ 20 kV eröffnet wurde. Die vier Elloks der Baureihe E 244 (s. S. 152) genügten weder von ihrer Stückzahl noch von ihrer Leistung zur Übernahme des Gesamtverkehrs. Erst mit der Umstellung der Höllental- und Dreiseenbahn auf das übliche Stromsystem im Jahre 1960 und der nunmehrigen Einsetzbarkeit von E 40 und E 44 mit Widerstandsbremse wurde die 85 überflüssig. Die 85 007, zuletzt auf die Rampe Erkrath – Hochdahl zwischen Düsseldorf und Wuppertal versetzt, wurde 1961 als letzte ausgemustert und blieb der Nachwelt erhalten.

Bauart:	1'E1' h3t
Treibraddurchmesser:	1400 mm
Höchstgeschwindigkeit:	80 km/h
Zylinderdurchmesser:	600 mm
Kolbenhub:	660 mm
Kesseldruck:	14 at
Verdampfungsheizfläche:	195,9 m^{2}
Länge über Puffer:	16300 mm
Wasservorrat:	14 m^{3}
Kohlevorrat:	4,5 t
Dienstgewicht:	133,6 t
Leistung:	1100 kW

VT 872–874 Vierachsige dieselelektrische Triebwagen schwerer Bauart geliefert 1932

Über viele Seiten hinweg wurden keine neuen Motortriebwagen mehr vorgestellt. Der Bau der oben besprochenen VT 751–766, VT 851–871 und VT 10 001–003 hatte ja bis in die Jahre 1929/30 gedauert. Nach der Beschaffung von 65 Triebwagen trat dann eine Pause ein. Bis 1932 schritt die Erprobung und Betriebsertüchtigung dieser Fahrzeuge weiter voran.

Nun galt es immer noch, das Gewicht des Dieselmotors ohne Hochdruckverdichter zu senken und seine Betriebszuverlässigkeit zu stärken. Zugleich machten die Verkehrsrückgänge und die finanziellen Engpässe der Weltwirtschaftskrise eine kostengünstige Bedienung schwächer belasteter Strecken besonders dringlich und gaben der Weiterentwicklung des Triebwagens neue Aktualität.

Bauart:	2'Bo' de
Treibraddurchmesser:	1000 mm
Höchstgeschwindigkeit:	90 km/h
Motorleistung:	302 kW
Zahl der Zyl. pro Motor:	12
Länge über Puffer:	22140 mm
Dienstgewicht besetzt:	57,4 t
Sitzplätze 2. Klasse:	16
Sitzpl. 3. Klasse:	56
Hersteller Wagenteil:	Wismar
Hersteller Motor:	Maybach
Hersteller Kraftübertragung:	MSW
Baureihe bei DB:	(VT 92^5)

Zur Verkehrsverdichtung auf Hauptbahnen, zum Ersatz unwirtschaftlicher Eilzüge und als Zubringer für Schnellzüge wurden die ersten Hauptbahntriebwagen entwickelt. Die VT 872–874 waren die letzten Triebwagen der sogenannten schweren Bauart und zugleich die ersten Vertreter der Triebwagen mit elektrischer Kraftübertragung und all den Vorteilen, die dieses System im Vergleich zur letztlich primitiven mechanischen Kupplung des Straßenkraftwagens bot. Ihr Maybach 410 PS-Motor wurde zu einem Erfolgsmodell für die Triebwagen der Folgejahre. Die Triebwagen konnten erstmals auch vom Steuerwagen aus bedient werden.

Sie nahmen zwischen Juli 1932 und März 1933 ihren Dienst auf. Teile des VT 872 wurden nach dem Krieg von der DB als Basis für den dieselhydraulischen Versuchstriebwagen VT 92 501 verwendet.

VB 140 001–006, 010–031, 048–096, 123–229

zweiachsige Beiwagen, geliefert 1931–34

Ab 1931 wurden spezielle Beiwagen für VT beschafft. Sie konnten auch mit Akkumulatortriebwagen eingesetzt werden. Die Wagen der ersten Generation waren ihrer Bauart nach kürzere Einheitspersonenwagen mit 39 bis 48 Sitzplätzen und geschlossenen Plattformen. Einige boten neben der dritten auch die zweite Wagenklasse, andere ein Traglastenabteil. Die Serienwagen hatten 54 Sitzplätze. Die Fahrzeuge ab 140 123 entsprachen der moderneren Bauform für Personenwagen mit einem an den Enden etwas nach unten und nach innen gerundetem Dach.

VS 145 001–003

vierachsige Steuerwagen, aus Eilzugwagen umgebaut 1932

Bevor serienmäßige Steuerwagen für VT gebaut wurden, baute die DRG für den Zusammenlauf mit den VT 872–874 drei vierachsige Eilzugwagen mit zurückgesetzten Einstiegen und vier bzw. sechs Türen zu Steuerwagen um. Auch für „VB" und „VS" gilt: Diese Kürzel wurden erst nach 1945 amtlich.

VT 133 Zweiachsige benzolmechanische Triebwagen leichter Bauart VT 133 000–008, geliefert 1932–33 (teilweise als VT 717–722)

Als absehbar wurde, dass die Zahl der Motortriebwagen kräftig ansteigen würde, musste die Reichsbahn das System der dreistelligen Nummern ab 701 ff. aus dem Jahre 1927 aufgeben. Eine Verfügung vom 21.10.1932 wies den künftigen Leichtbautriebwagen Nummernreihen im Anschluss an die bisherigen Bezeichnungen der Personenwagen zu. Die Stammnummer 133 kennzeichnete zweiachsige Triebwagen mit Ottomotor. Der Siegeszug des Dieselmotors führte dazu, dass die auf dieser Seite vorgestellten Triebwagen auch schon die letzten Neubauten mit Vergasermotoren blieben.

Die **VT 133 000–002** hießen zunächst noch 717–719. Ihre Maschinenanlage war in einem Tragrahmen zusammengefasst, der an Gummipuffern unter dem Wagenkasten aufgehängt war. Die Steuerung des Motors erfolgte per Seilzug.

Die **VT 133 003–005** trugen anfangs noch die Nummern 720–722. Bei grundsätzlich ähnlichem Aufbau wie die vorgenannten drei Wagen wurden sie von konkurrierenden Herstellern zu Vergleichszwecken gebaut. Während die 133 000–002 Dachkühler hatten, war die Kühlanlage der Wumag/Maybach/Mylius-Wagen unter dem Kasten angeordnet. Äußerlich waren die Triebwagen an den kleineren Fenstern und dem recht kantigen Dach erkennbar.

VT 133 006–008 gehörten zu den vielen Triebwagen in Deutschland und anderswo, die in den zwanziger und dreißiger Jahren in enger Anlehnung an Straßenomnibusse gebaut wurden. Der Wagenkasten des Niederflurfahrzeuges war bis über die bei damaligen Omnibussen und Lastkraftwagen übliche Motor- und Kühlerhaube vorgezogen. Zum Einstieg dienten Schiebetüren auf halber Wagenlänge. Die Fahrzeuge bewährten sich kaum und wurden bereits 1941 zu Bahndienstfahrzeugen umgebaut.

Bauart 133 006–008

Die 133 000–005 hingegen wurden Vorbilder einer erfolgreichen Entwicklungslinie – aber mit Dieselmotor.

VB 140 007-009

zweiachsige Beiwagen, geliefert 1931

Passend zu 133 000–005 baute Wumag die drei ersten Beiwagen in Leichtbauweise.

	133 000–002	133 003–005	133 006–008
Bauart:	A1 bm	A1 bm	A1 bm
Raddurchmesser:	900 mm	900 mm	965 mm
Höchstgeschwindigkeit:	65 km/h	65 km/h	60 km/h
Motorleistung:	88 kW	74 kW	74 kW
Zahl der Zyl. pro Motor:	6	6	6
Länge über Puffer:	12200 mm	12095 mm	11460 mm
Dienstgewicht besetzt:	17,7 t	16,3 t	14,9 t
Sitzplätze 2. Klasse:	–	–	–
Sitzplätze 3. Klasse:	46	44	46
Hersteller Wagenteil:	Busch	Wumag	Busch
Hersteller Motor:	Vomag	Maybach	Henschel
Hersteller Getriebe:	TAG	Mylius	ZF
Baureihe bei DB:	VT 78^9	VT 79^9	–

VT 135 Zweiachsige Dieseltriebwagen leichter Bauart

VT 135 000–076, 083–132 geliefert 1932–38

VT 135 000–001, 012–021 mit elektrischer Kraftübertragung
VT 135 002–011, 022–045, 051–076, 083–132 mit mechanischer Kraftübertragung
VT 135 046–050 mit hydraulischer Kraftübertragung

Mit den VT 133 000–005 hatte die DRG die Epoche der schweren Versuchs- und Kleinserientriebwagen verlassen. Der Stahlleichtbau der neuen Fahrzeuggeneration ermöglichte bei gleicher Motorleistung bessere Beschleunigung und höhere Geschwindigkeit. Die genannten VT 133 waren trotz ihrer Maschinenanlage leichter als die zur gleichen Zeit gelieferten zweiachsigen Personenwagen! Die Abkehr von der alten „Festungs"architektur der Triebwagen und ihre nun zur Norm erhobene zweifarbige Lackierung in Creme und Rot taten das Ihre, um dem Motortriebwagen Popularität als Vertreter der modernen Eisenbahn zu verschaffen. Mit grundsätzlich gleicher wagenbaulicher Konzeption wurden nun 127 Wagen mit Dieselmotor beschafft. Sie dienten aber immer noch der Erprobung von wagenbaulichen Elementen, Motoren, Kraftübertragungen und Bedienungseinrichtungen verschiedener Hersteller. Mit der Serie ab 135 061 war der Einheitsnebenbahntriebwagen erreicht, für den auf dem Streckennetz der Reichsbahn mit Sicherheit ein Bedarf in vierstelliger Zahl bestanden hätte. 1938 wurde jedoch beschlossen, auch auf Nebenbahnen dem vierachsigen Triebwagen den Vorzug zu geben.

Bauart:	A1 de/ dm/ dh
Raddurchmesser:	900 mm
Höchstgeschwindigkeit:	65/72/75/85 km/h
Motorleistung:	88/99/110/132 kW
Zahl der Zyl. pro Motor:	6 (135 060: 8)
Länge über Puffer:	12095 – 12475 mm
Dienstgewicht besetzt:	17,7 – 20,7 t
Sitzplätze 2. Klasse:	–
Sitzplätze 3. Klasse:	41-46
Hersteller Wagenteil:	Westwaggon, Busch,
MAN, Wegmann, Rathgeber,	Esslingen
Hersteller Motor:	Daimler-Benz, MAN, DWK
Hersteller el. Kraftübertragung:	SSW, BBC
Hersteller mech. Getriebe:	TAG, Mylius
Hersteller hydr. Kraftübertr.:	Trilok, Voith
Baureihe bei DB:	VT $70^{0,9}$, VT 73^{5}, VT $75^{0,9}$

Die **VT 135 000–001** von Westwaggon aus dem Jahre 1932 besaßen Daimler-Benz-Motoren (88 kW) und elektrische Kraftübertragung von SSW.

VT 135 002–011, 022–031 und 051–059 wurden wagenbaulich von Busch (Bautzen) erstellt, ebenfalls von Daimler-Benz motorisiert und mit Getrieben und mechanischen Kupplungen von TAG versehen. Die Kühler waren auf dem Dach angeordnet. Die Höchstgeschwindigkeit betrug bei den ersten Serien 72, bei der letzten Lieferung nach Steigerung der Motorleistung 75 km/h. Die erste und zweite Serie hatte 88, die dritte 99 kW Motorleistung.

Bei **VT 135 012–021** aus den Jahren 1933/34 handelte es sich um eine Weiterentwicklung der 000–001. Wagen und Motoren stammten von MAN, Generator und Tatzlagermotor von BBC.

Der vorgenannten Serie waren fahrzeug- und motorseitig sehr ähnlich die 1935 ebenfalls von MAN gebauten **VT 135 032–045** und **048–050**. Jedoch besaß die erste Gruppe eine mechanische Kraftübertragung von Mylius bzw. TAG, die zweite eine hydraulische Übertragung von Voith. VT 135 046 und 047 stammten von Wegmann/MAN/Trilok.

VT 135 060 war ein Einzelgänger. Besonderheit des Wagens von Busch aus dem Jahre 1935 war der achtzylindrige Boxermotor von DWK. Die mechanische Kraftübertragung von TAG wurde schon 1936 durch das erste von AEG gebaute Flüssigkeitsgetriebe ersetzt.

Die **VT 135 061–064, 067–076 und 083–132** aus den Jahren 1937 und 1938 waren Einheitstriebwagen. Nachdem die vorherigen Fahrzeuge noch die alte eckige Kastenform mit eingezogenen Einstiegsbereichen an den Enden hatten, wiesen diese Wagen nun eine moderne Architektur mit durchgängig gleicher Breite und leicht gewölbter Front auf. MAN, Busch, Rathgeber und Esslingen bauten die Fahrzeugteile, MAN die Motoren und Mylius die vierstufigen Wechselgetriebe mit Achswendegetriebe und Kupplung.

Die Besonderheit der **VT 135 065 und 066** war die Ausführung von Untergestell und Wagenkasten aus einem Leichtmetall namens Hydronalium. Die Fahrzeuge waren nicht lackiert und fielen durch ihr metallfarbiges Äußeres auf.

Die Triebwagen der ersten Serien wurden zumeist der Rbd Regensburg zugeteilt, die für eine breite Erprobung des motorisierten Nebenbahnbetriebes ausersehen war. Die späteren Fahrzeuge wurden weiter verbreitet. Mehrere Varianten wurden bei der DB noch bis Anfang der sechziger Jahre eingesetzt.

135 062

VB 140 032-047, 097-122, 230-329
VS 144 001–004

zweiachsige Bei- und Steuerwagen, geliefert 1932–38

Mehrere Hersteller bauten leichte Beiwagen für die VT 135. Nachdem die Fahrzeuge der Personenwagen-Bauart noch ein Dienstgewicht zwischen 16,6 und 18,8 t hatten, wogen die Leichtfahrzeuge nur noch 12,7 bis 14,5 t. Ab VB 140 250 entsprachen die Wagenkästen der Einheitsform mit Türen in der Ebene der Außenwände. 1936 baute MAN die ersten vier Steuerwagen. Sie wurden dem Bw Passau zugewiesen.

135 065

SVT 877 Der „Fliegende Hamburger“

geliefert 1932

„Also wissen Sie, die neue Regierung schlägt ja vielleicht hie und da über die Stränge, aber Sie müssen doch anerkennen, dass es nun einfach auf allen Gebieten aufwärts geht ...“

Als am 15. Mai 1933 der „Fliegende Hamburger“ seinen regelmäßigen Pendelverkehr zwischen Hamburg und Berlin aufnahm, war die brutale Etablierung der NS-Diktatur nahezu abgeschlossen. Die Propaganda machte glauben – und die Öffentlichkeit glaubte allzu gerne –, dass der Rückgang der Arbeitslosenzahlen, der beginnende Bau der Reichsautobahnen und auch die Eröffnung einer Städteverbindung mit einer in aller Welt bislang nicht übertroffenen Geschwindigkeit von 160 km/h allesamt auf das geniale Wirken der Regierung Adolf Hitlers zurückzuführen seien.

In Wirklichkeit war der Doppeltriebwagen 877 ein Produkt des Jahres 1932. Sein Erfolgsrezept war, dass er – im Gegensatz etwa zu Turbinen- und Hochdruckdampfloks und zu dem von Kruckenberg 1930 gebauten „Schienenzeppelin“ mit Propellerantrieb – technologisch durchaus auf erprobtem Gelände blieb. Die 410 PS (302 kW)-Antriebsanlage der VT 872–874 (s. S. 102) wurde doppelt verwendet. Der radikale Leichtbau des Wagenteils und seine aerodynamische Gestaltung mit stark gerundeter Kopfform und tief heruntergezogenen Schürzen ermöglichten es, das Fahrzeug für 160 km/h zu ertüchtigen. Die Motoren mit den Fahrstromgeneratoren waren in den Enddrehgestellen untergebracht und ragten etwas in die Wagenkästen hinein, die beiden elektrischen Tatzlager-Fahrmotoren im zentralen Jakobs-Drehgestell, auf dem beide Wagenkästen ruhten. Als Zug- und Stoßvorrichtungen mussten Notpuffer und ein Abschlepphaken genügen.

Unter der inoffiziellen Bezeichnung „Fliegender Hamburger“ erlangte der edle violett-elfenbein-aluminium-farbige Schnelltriebwagen eine von kaum einem Reichsbahnfahrzeug übertroffene Popularität. Er wurde zum Vorbild weiteren SVT, mit denen bis 1939 ein Schnellverkehrsnetz aufgebaut wurde. Die DB setzte ihn noch bis 1957 als VT 04 000 ein.

Bauart:	2'Bo'2' de
Treibraddurchmesser:	1000 mm
Höchstgeschwindigkeit:	160 km/h
Motorleistung:	2 x 302 kW
Zahl der Zyl. pro Motor:	12
Länge über Puffer:	41902 mm
Dienstgewicht besetzt:	85 t
Sitzplätze 2. Klasse:	102
Sitzplätze 3. Klasse:	–
Hersteller Wagenteil:	Wumag
Hersteller Motor:	Maybach
Hersteller Kraftübertragung:	SSW
Nummer bei DB:	VT 04 000

E 04 Die leichte Schnellzuglok mit Federtopfantrieb

E 04 01–23, geliefert 1932–35

Schon sehr bald nach der Lieferung der E 17 stellte sich heraus, das diese kräftigen Lokomotiven auf den mitteldeutschen Strecken leistungsmäßig nicht ausgenutzt werden konnten. Daher bestellte die DRG im Vorfeld der Elektrifizierung der Strecke Augsburg – Stuttgart leichtere Schnellzugloks für das mitteldeutsche Netz, um die E 17 von dort auf die steigungsreiche Strecke von Bayern nach Württemberg umsetzen zu können. AEG entwickelte die neue Schnellzuglok E 04, die mit 335.112 RM deutlich preiswerter war als die E 17 mit 373.500 RM. Der Preis für die zweite Serie konnte sogar auf 304.700 RM ermäßigt werden.

In der Tradition von E 21 und E 17 entstand wiederum eine Einrahmenlok mit führenden Krauss-Helmholtz-Gestellen und Kleinow-Federtopfantrieb. Sie hatte keinen festen Achsstand. Die Spurkränze der mittleren Räder waren geschwächt. Bei grundsätzlich ähnlichem Aufbau wie bei der E 17 wurde eine Treibachse weggelassen, wodurch sich ein asymmetrischer Achsstand ergab. Anstelle der Gitterkonstruktion des Hauptrahmens der genannten Vorgängerinnen wurde ein billigerer Blechrahmen gewählt. Der elektrische Teil war gekennzeichnet durch den Einheitsölschalter als Hauptschalter, einen ölgekühlten Mantelumspanner mit 15 Anzapfungen für den Motorstromkreis, zwei für die Zugheizung und einen für die Hilfsbetriebe. Den Trockentrafo der E 17 gab man auf, weil er durch Stromüberschläge viele Störungen verursacht hatte. Das handbetätigte Nockenschaltwerk der von 1931 bis 1945 gültigen Einheitsausführung mit Feinsteller bediente die drei Fahrmotoren der E 04. In den Vorbauten war im Wesentlichen die Druckluftausrüstung untergebracht.

Bei Versuchen erreichte die E 04 09 am 28. Juni 1933 problemlos eine Geschwindigkeit von 151,5 km/h. Daraufhin wurde die Zahnradübersetzung der Nachbauserie für eine Höchstgeschwindigkeit von 130 km/h ausgelegt. Diese Lokomotiven erhielten außer der einseitigen Bremse der Treibräder auch eine Laufradbremse. Trotzdem blieb die E 04 bremstechnisch kein Liebling der Lokführer. Die E 04 23 war die erste deutsche Ellok mit Wendezugsteuerung. Sie erhielt ein motorbetriebenes Schaltwerk wie die E 18. Gedacht war an einen Schnellverkehr mit Wendezügen zwischen München und Berlin, der dann freilich erst mit mehr als 60 Jahren Verspätung realisiert wurde.

Die ersten Loks wurden beim Bw Leipzig Hbf West, weitere dann aber auch in bayerischen Bw's stationiert. Nach dem Zweiten Weltkrieg besaß die DB sechs E 04, die DR arbeitete von 1956 bis 1961 vierzehn Loks auf, die bis zur Serienlieferung der E 11 die wichtigsten elektrischen Schnellzugloks der DR blieben. 1976 stellte die DR ihre letzte E 04 (seit 1970: 204) ab. Die DB versetzte ihre Loks 1968 von München nach Osnabrück, wo sich die nunmehrige 104 bis 1981 halten konnte. Beide Verwaltungen haben je eine Loks betriebsfähig erhalten.

	E 04 01–08	**E 04 09–23**
Bauart:	1'Co1' w3e	1'Co1' w3e
Treibraddurchmesser:	1600 mm	1600 mm
Höchstgeschwindigkeit:	120 km/h	130 km/h
Übersetzungsverhältnis:	97 : 33	99 : 29
Anfahrzugkraft:	18 t	15,5 t
Stundenleistung:	2190 kW	2190 kW
Geschwindigk. bei St.lstg.:	84 km/h	98 km/h
Länge über Puffer:	15120 mm	15120 mm
Dienstgewicht:	92 t	92 t
Leistungskennziffer:	23,8 kW/t	23,8 kW/t

E04 02
E04 02

VT 137 Vierachsige Dieseltriebwagen dieselmechanische Bauart mit Stangenantrieb VT 137 000–024, 036–054, 121–135, geliefert 1932–35

Als Weiterentwicklung der VT 851–861 und 866–871 (s. S. 42) beschaffte die DRG ab 1932 dieselmechanische Vierachser in Leichtbauart. Sie entsprachen antriebstechnisch ihren Vorgängern und waren wie diese an Blindwelle und Treibstangen leicht erkennbar. Auch die charakteristische Einziehung der Endbereiche des Wagenkastens wurde beibehalten. Die sehr deutlichen Gewichtseinsparungen am Fahrzeugteil ermöglichten die Heraufsetzung der Höchstgeschwindigkeit für die mit 175 PS motorisierten Triebwagen auf 80 km/h. Diese Geschwindigkeit konnte auch mit einem vierachsigen Beiwagen gehalten werden. Die zweite und dritte Serie wurde mit 210 PS-Motoren ausgestattet.
Die Triebwagen wurden an vielen Orten überall im Reichsgebiet beheimatet. Der Einsatz für Zwecke der Wehrmacht ab 1939 führte bei dieser Bauart zu besonders zahlreichen Verlusten. Sieben Wagen konnten bei der DR und ganze zwei bei der DB nach 1945 wieder in Betrieb genommen werden.

147 002

VB 147 001–076 vierachsige Beiwagen, geliefert 1932–35 teilweise noch als 954–956

Wumag, Uerdingen und Talbot bauten sehr leichte (18,5-19,8 t) Drehgestell-Beiwagen für die dieselmech. Maybach-Wagen und die Dampftriebwagen. Von der Serienbauform wichen ab 147 069–071, die bis auf die fehlende Steuerausrüstung den VS 145 088–094 entsprachen. Die Lieferung von Beiwagen endete mit dem nur 13,4 t schweren „Ultra-Leichtwagen" 147 076. Fortan wurden als Mitläufer für Triebwagen nur noch Steuerwagen gebaut.

Bauart:	B'2' dm
Treibraddurchmesser:	1000 mm
Höchstgeschwindigkeit:	80 km/h
Motorleistung:	129 kW, ab 036: 155 kW
Zahl der Zyl. pro Motor:	6
Länge über Puffer:	20590 mm
Dienstgewicht besetzt:	34,3 t, ab 036: 35,3 t
Sitzplätze 2. Klasse:	8, ab 036: 16
Sitzplätze 3. Klasse:	55, ab 036: 45, ab 121: 41
Hersteller Wagenteil:	Wumag, Wismar, LHW, Dessau, Talbot, Danzig
Hersteller Motor:	Maybach
Hersteller mech. Getriebe:	Maybach
Baureihe bei DB:	VT 65^9/ VT 62^9

M 44

Die Mitteldruck-Güterzugloks

G 56.20, **44 011–012**, geliefert 1932

Wie bei der 2'C1'-Schnellzuglok und der 1'C-Personenzuglok (04 001–002 und 24 069–070 s.64/65 und 98) wollte die DRG auch bei der 1'E-Güterzuglok einen höheren Kesseldruck erproben, ohne wie bei der H 02 1001 in völlig neue Bereiche vorzustoßen. Auch von der Grundform der Baureihen 43/44 wurden daher zwei „Mitteldruck"-Loks mit 25 at beschafft. Sie wurden im Anschluss an die 44er-Vorserie von 1926 eingenummert. Der in schriftlichen Unterlagen häufig verwendete Kennbuchstabe „M" vor den Nummern wurde auf den Loks nicht angebracht. Das Foto zeigt die 44 012 im Versuchsbetrieb mit Indiziereinrichtung. Um den Dampfdruck auszunutzen, musste man wie bei den anderen Loks zum Verbundtriebwerk greifen und letztmals vierzylindrige Güterzugloks bauen. Henschel führte die beiden Loks mit verschiedenen Kesselstählen aus. Nach amerikanischem Vorbild besaßen sie Wasserkammern in der Feuerbüchse. Die Überhitzer waren besonders groß. Das Verhältnis der Überhitzer- zur Verdampfungsheizfläche betrug 1 : 1,8 (im Vergleich zu 1 : 2,4 bei der Regel-44). Wie bei den Vorserien-44ern gab es eine Riggenbach-Gegendruckbremse.

Die Loks erbrachten hohe Leistungen, doch hielt das Material den extremen Belastungen nicht stand. Die Feuerbüchsen und Wasserkammern zeigten schon bei den Versuchsfahrten Risse, die nach 7000 bzw. 9000 Laufkilometern die ersten Reparaturen notwendig machten. Die hohen Überhitzungstemperaturen von bis zu 450° C führten zu einem Riss des Dampfsammelkastens der 44 012. Alsbald wurden die Wasserkammern ausgebaut und die Überhitzer durch Kürzung der Rohre auf Normalmaß reduziert. Anfang der vierziger Jahre wurde der Kesseldruck auf 16 at gesenkt. Die 44 011 wurde 1950 in Kornwestheim ausgemustert. Die 44 012 gehörte ab 1950 zum Versuchsamt Halle/S., weil sie als Vierzylinderlok mit Gegendruckbremse eine besonders geeignete Bremslok für Messfahrten war. 1962 wurde auch sie ausgemustert.

Bauart:	1'E h4v
Treibraddurchmesser:	1400 mm
Höchstgeschwindigkeit:	80 km/h
Durchmesser der Hochdruckzyl.:	440 mm
Durchmesser der Niederdruckzyl.:	700 mm
Kolbenhub:	660 mm
Kesseldruck:	25 at
Hfl V+Ü:	220,4+113 m^2
Länge über Puffer (T 32):	22655 mm
Wasservorrat:	32 m^3
Kohlevorrat:	10 t
Dienstgewicht:	114,9 + 61,5 t
Leistung:	1870 kW

E 44 Die moderne Ellok für Personen- und Güterzüge

E 44 002-175 geliefert 1933–45

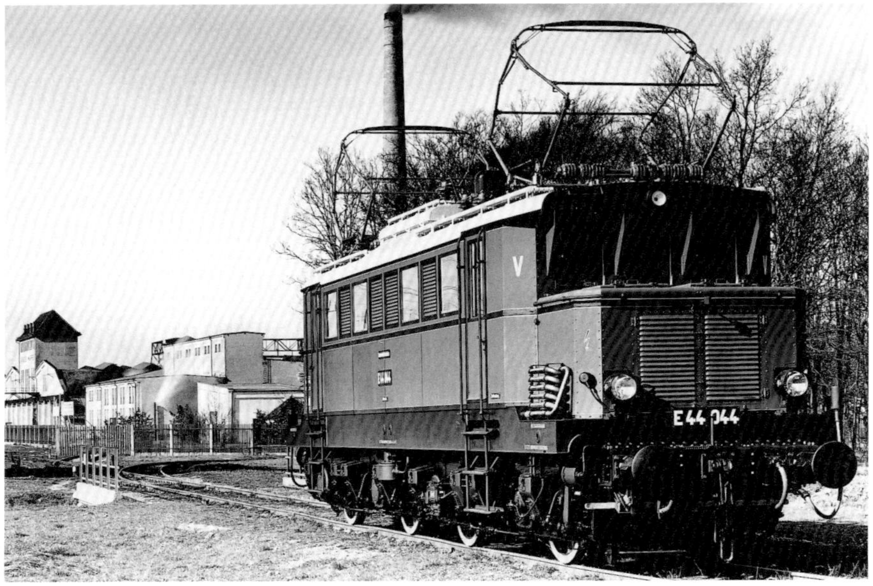

Die Erprobung der E 44 001, 101 und 201 (s. S. 92–94) bewies schon sehr bald die Tauglichkeit der laufachslosen Drehgestell-Ellok mit Tatzlagerantrieb. Am besten bewährte sich die E 44 001, am schlechtesten die E 44 201. Während die E 44 101 wie schon erwähnt in einer Kleinserie von acht Maschinen fast unverändert nachgebaut wurde, überarbeitete man die Konstruktion der E 44 001 mit dem Ziel, die Mehrzwecklokomotive in einer bislang bei Elloks ungewohnten Stückzahl zu beschaffen.

Wie bei der E 44 001 waren Drehgestelle, Brückenrahmen und Kasten geschweißt. Hingegen wurden die Einheitspufferträger mit den Drehgestellrahmen verschraubt, um den Austausch nach Beschädigungen zu erleichtern. Die Last von Rahmen und Kasten wurde ohne Beanspruchung der Drehzapfen über Federpuffer direkt auf die Drehgestellrahmen übertragen. Beide Drehgestelle waren nach jeder Seite um 10 mm beweglich, eines hatte auch +/- 15 mm Spiel in Längsrichtung. Das Innere des Maschinenraumes wurde asymmetrisch gestaltet: Auf einer Seite befand sich der Durchgang zwischen den Führerhäusern, auf der anderen die elektrische Ausrüstung. Die einseitige Ansaugung der Kühlluft bedingte eine etwas unterschiedliche Gestaltung der Seitenwände.

Anstelle des bisherigen Einheitsölschalters erhielten die Loks einen öllosen Expansionsschalter, dessen Abschaltleistung ab E 44 103 von 100 auf 200 MVA verdoppelt wurde. Anstelle des Trockentrafos der E 44 001 wählte man einen Hauptumspanner mit Ölumlaufkühlung. Auch er wurde ab E 44 103 mit stärkerer Kühlung und dadurch möglicher höherer Leistung ausgeführt. Ein fünfzehnstufiges Nockenschaltwerk mit Feinsteller und Zusatzumspanner führte den achtpoligen Reihenschluss-Fahrmotoren den Strom zu. Die Steuerung entsprach der der E 44 101 und wurde später Vorbild für die Einheitssteuerung.

Eine erste Serie E 44 002–021 wurde 1931 für die Strecke München – Stuttgart bestellt. Weitere folgten und kamen auf fast allen elektrifizierten Strecken in Süddeutschland, Mitteldeutschland und Schlesien zum Einsatz. Die E 44 konnte die Leistungsbereiche der fünf- bis achtachsigen E 32, E 50, E 52, E 75 und E 77 bei deutlich geringerem Unterhaltungsaufwand mühelos abdecken.

SSW lieferte sämtliche elektrische Ausrüstungen, Henschel, Krauss-Maffei und Floridsdorf die Fahrzeugteile. Im Zuge der Kriegsvorbereitung versuchte man, das zu importierende Kupfer weitgehend entbehrlich zu machen. Nach Versuchen mit der E 44 055, 056 und 082 erhielten die Loks ab E 44 126 als „Heimstofflokomotiven" serienmäßig einen Hauptumspanner mit Aluminiumwicklung. Die Loks ab E 44 152 wurden zum Einsatz auf österreichischen Bergstrecken mit elektrischer Widerstandsbremse ausgerüstet. Da sich die angestammten Loks jedoch in den Alpen besser bewährten, blieb auch die „E 44 W" im „Altreich".

Die Lieferung brach mit der E 44 175 im Frühjahr 1945 ab. Für die Reichsbahn in den Westzonen bzw. für die DB wurden zwischen 1945 und 1954 noch die E 44 176–187 nachgebaut.

Die DB setzte die E 44 bis 1983 ein. Bei der DR war sie ab dem Neubeginn der elektrischen Zugförderung im Jahre 1955 und bis zur Serienlieferung der E 11/E 42 die wichtigste Ellok. Erst 1991 wurden die letzten abgestellt.

Die E 44 war eine der gelungensten Konstruktionen der Reichsbahnzeit. Sie wurde zu einem Vorbild für fast alle Elloks in der zweiten Hälfte des 20. Jahrhunderts. Mehrere vor der Verschrottung gerettete Exemplare halten die Erinnerung an sie wach.

Bauart:	Bo'Bo' w4t
Raddurchmesser:	1250 mm
Höchstgeschwindigkeit:	90 km/h
Übersetzungsverhältnis:	83 : 18
Anfahrzugkraft:	20 t
Stundenleistung:	2200 kW
Geschwindigk. bei St.lstg.:	76 km/h
Länge über Puffer:	15290 mm
Dienstgewicht:	78 t
Leistungskennziffer:	28,2 kW/t

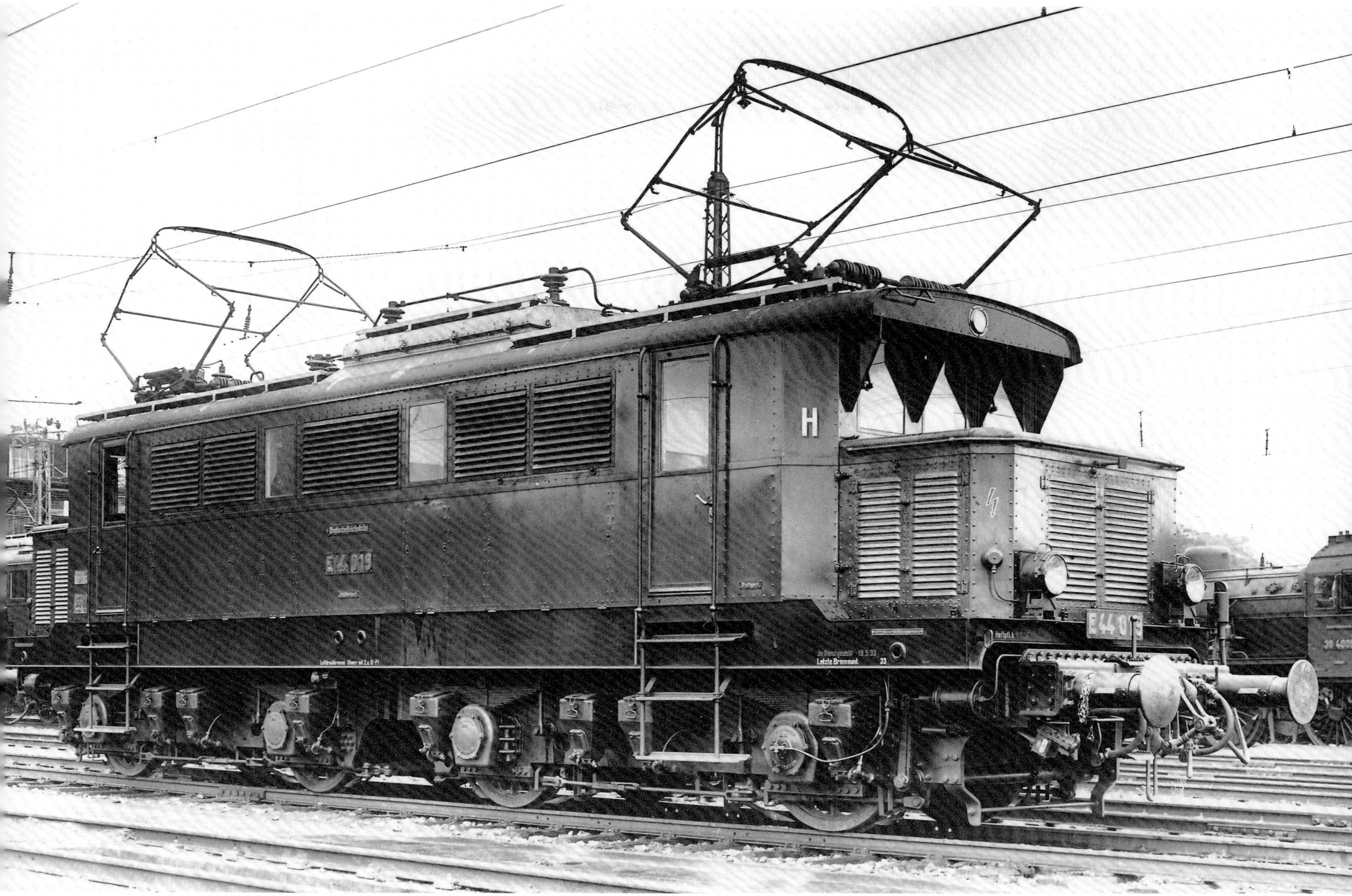
H
E 44 019
Im Dienst gestellt 19.5.33
Letzte Bremsunt. 33
38 4009

E 05 Die leichte Schnellzuglok mit Tatzlagerantrieb

E 05 001, 002, 103, geliefert 1933

Obwohl der Vergleich zwischen den E 21 und E 17 mit Federtopfantrieb und den E 15 01/E 16 101 mit Tatzlagerantrieb eindeutig die Überlegenheit des Federtopfantriebs bewiesen hatte, gelang es Geheimrat Dr.-Ing. Reichel von SSW, die DRG auch anlässlich der Bestellung der E 04 wieder zum Kauf von Vergleichsloks mit Tatzlagerantrieb zu überreden. Henschel und SSW bauten drei entsprechende Lokomotiven. Da die Höchstgeschwindigkeit auf der Strecke Leipzig – Dessau – Magdeburg im Jahre 1932 von 100 auf 130 km/h erhöht wurde, wurde eine der im Bau befindlichen E 05 durch Änderung der Übersetzung für diese Höchstgeschwindigkeit ausgelegt.

Die Loks ähnelten im Grundaufbau der E 04. Ihr Laufwerk war jedoch symmetrisch, da es nicht am Prinzip „E 17 minus eine Treibachse" orientiert war. Die Laufachsen der ersten beiden Loks waren nach Art von Bisselachsen radial einstellbar, wobei anstelle von Deichseln antriebsbedingt komplizierte Lenkgestelle ohne Drehzapfen notwendig waren. Schon mit den einfachen radial einstellbaren Laufachsen war die E 05 der E 04 unterlegen. Erst die E 05 103 erhielt Gestelle ähnlich den Krauss-Helmholtz-Gestellen der E 04.

Nahe der Fahrzeugmitte war der ölgekühlte Hauptumspanner aufgestellt. Eine Nockenschaltersteuerung entnahm ihm in 15 Stufen den Fahrstrom. Die drei Motoren entsprachen weitgehend denen der E 15 01 und E 16 101 desselben Herstellers.

Die Loks wurden bis zum sowjetischen Abtransport 1946 auf dem mitteldeutschen Netz verwendet. Der durch gemeinsamen Einsatz mögliche unmittelbare Vergleich mit der E 04 fiel zuungunsten der E 05 aus. Wie eigentlich zu erwarten, konnte die E 05 lauftechnisch bei Geschwindigkeiten ab 100 km/h nicht befriedigen. Der Tatzlagerantrieb, der bei der E 44 mit Motoren zu 3760 kg und Geschwindigkeiten bis zu 90 km/h keine Probleme aufwarf, zeigte bei einem Motorgewicht von 5080 kg und Geschwindigkeiten von 110 bzw. 130 km/h doch allzu deutlich seine Grenzen. Die Zukunft gehörte bis lange nach dem Zweiten Weltkrieg der Schnellzuglok mit Federtopfantrieb.

1952 gab die Sowjetunion zwei Loks an die DDR zurück. Die E 05 103 wurde aufwendig instandgesetzt, erbrachte dann aber von 1959 bis zur endgültigen Abstellung 1963 nur noch eine Laufleistung von etwas mehr als 200.000 km.

	E 05 001,002	**E 05 103**
Bauart:	1'Co1' w3t	1'Co1' w3t
Treibraddurchmesser:	1400 mm	1400 mm
Höchstgeschwindigkeit:	110 km/h	130 km/h
Übersetzungsverhältnis:	89 : 24	94 : 29
Anfahrzugkraft:	15,75 t	13,35 t
Stundenleistung:	2160 kW	2160 kW
Geschwindigk. bei St.lstg.:	97 km/h	111 km/h
Länge über Puffer:	15400 mm	15400 mm
Dienstgewicht:	89 t	90 t
Leistungskennziffer:	24,3 kW/t	24 kW/t

E 93 Die elektrische Güterzuglok für die Schwäbische Alb

E 93 01-18 geliefert 1933, 1935–37

Die ersten Erfahrungen mit den drei Probe-E 44 ermutigten zum Bau einer schweren Güterzuglok mit derselben Konzeption als laufachslose Drehgestell-Lok mit Tatzlagerantrieb. Benötigt wurde eine solche Maschine auf der Strecke München – Stuttgart, die im Rahmen von Arbeitsbeschaffungsmaßnahmen elektrifiziert wurde und am 1. Juni 1933 in ganzer Länge elektrisch befahrbar war. AEG übernahm Entwicklung und Bau von Fahrzeugteil und elektrischer Ausrüstung.

Die Motoren wurden aus denen der E 95 entwickelt, wobei besonderer Wert auf Gewichtseinsparung gelegt wurde. Der Fortschritt in der Entwicklung der Motoren war beeindruckend: Die sechs Motoren der E 92 (s. S. 18) aus dem Jahre 1923, der bisher einzigen sechsachsigen laufachslosen Lok mit Einzelachsantrieb, erbrachten mit einem Gewicht von je 4390 kg eine Stundenleistung von 850 kW, die sechs Motoren der achtachsigen E 95 aus dem Jahre 1927 (s. S. 60) mit einem Gewicht von je 4895 kg eine solche von 2778, aber die der E 93 mit nur noch je 3600 kg eine nicht sehr viel geringere Stundenleistung von 2502 kW. Die Drehzahl war von 1340/1348 Umdrehungen bei E 92/ E95 auf 1540 Umdrehungen pro Minute heraufgesetzt worden. Im Fahrzeugteil profitierte auch die E 93 von den schon bei der E 44 bewährten Möglichkeiten der Schweißtechnik. Die beiden kurzgekuppelten Drehgestelle trugen feste halbhohe Vorbauten und den verbindenen Hauptrahmen mit Maschinenraum und Führerständen. Der Brückenrahmen lagerte mit Gleitstücken auf den Drehgestellrahmen und wurde durch Drehzapfen geführt. Im Zentrum des Maschinenraums stand der ölgekühlte Hauptumspanner, dem das im Wesentlichen von der E 44 übernommene 15-stufige Nockenschaltwerk den Fahrstrom für die Motoren entnahm.

Zwei 1933 gelieferten Probeloks folgten nach vorzüglicher Bewährung in mehreren Kleinserien 16 weitere Loks. Bei der Nennung dieser geringen Stückzahl sei daran erinnert, dass die DRG sowohl in den Krisenjahren der späten Weimarer Republik als auch in der Nazizeit die Elektrifizierung ihres Netzes nur langsam fortsetzen konnte. Die Erleichterung des Betriebsablaufes, die mit der Aufnahme des elektrischen Betriebs etwa auf der Strecke Ulm – Stuttgart eintrat, hätte man sich auf so hochbelasteten und steigungsreichen Verbindungen wie Ruhrgebiet - Siegen - Hanau- Würzburg oder Frankfurt (Main) – Bebra – Erfurt ebenfalls dringend gewünscht, doch fehlten hierfür die Mittel und der politische Wille. In der Schweiz, in Italien und Schweden wurden die Bahnen zügiger elektrifiziert.

Die E 93 wurden zunächst auf der vorgesehenen Strecke, insbesondere auf der Geislinger Steige, eingesetzt. Die letzten Loks kamen auf das mitteldeutsche Netz, wurden aber alsbald nach Süden abgegeben. Ab 1942 waren alle Loks bei der Rbd Stuttgart beheimatet. Dort blieben sie auch zu DB-Zeiten. Wegen ihrer geringen Höchstgeschwindigkeit gab die E 93 den Streckendienst mit längeren Zugläufen ab und wurde vor allem im Schiebedienst auf der Geislinger Steige sowie mit Güterzügen auf kürzeren Strecken im Raum Stuttgart beschäftigt. Erst 1984 wurden die letzten Loks abgestellt. Die E 93 wurde Vorbild für die ab 1940 in viel größerer Stückzahl gebaute deutlich verstärkte E 94 (s. 178/179).

Bauart:	Co'Co' w6t
Raddurchmesser:	1250 mm
Höchstgeschwindigkeit:	65 km/h (ab E 93 05: 70 km/h)
Übersetzungsverhältnis:	86 : 16
Anfahrzugkraft:	36 t
Stundenleistung:	2502 kW
Geschwindigk. bei St.lstg.:	57 km/h
Länge über Puffer:	17700 mm
Dienstgewicht:	117,2 t
Leistungskennziffer:	21,3 kW/t

ET 65

Nahverkehrstriebwagen für Stuttgart

ET 65 001–025, gel. 1933–1939 als elT 1201–1225, ES 65 001–024, EB 001–031, 101–103 a/b, gel. bzw. umgeb. 1933–41 als elS 1201–1224 + el 2650/51–2692/93

Im Zusammenhang mit der Elektrifizierung der Strecke München – Stuttgart sollte auch der Vorortverkehr auf den Strecken nach Esslingen und Ludwigsburg auf elektrischen Betrieb umgestellt werden. Daher wurde ein neuer Nahverkehrstriebwagen entwickelt, der auch als Vorläufer der späteren Einheitstriebwagen ET 25/31/55 gelten kann. Im Sinne regionaler Arbeitsförderung bestellte man die Fahrzeugteile bei der Maschinenfabrik Esslingen und die elektrischen Ausrüstungen bei BBC in Mannheim. In mehreren Serien wurden 25 Triebwagen und 24 Steuerwagen gebaut. 34 Beiwagen-Pärchen entstanden aus kurzgekuppelten Doppelwagen, die erst 1929/30 für die Dampfzüge des Stuttgarter Nahverkehrs gebaut worden waren. Der Architektur dieser Zweiachser mit zurückgesetzten End- und Mitteleinstiegen waren auch die Wagenkästen der Trieb- und Steuerwagen angepasst. Als Regelzug war die Kombination ET + Doppel-EB + ES vorgesehen, die Zugkraft des Triebwagens reichte aber auch für zwei EB-Pärchen aus. ET und ES hatten jeweils nur einen Führerstand, weil der Betrieb mit Einzeltriebwagen nicht vorgesehen war. Der Triebwagen wurde für eine Höchstgeschwindigkeit von 75 km/h ausgelegt, weil diese Geschwindigkeit bei Schiebebetrieb nach damaligen Vorschriften nicht überschritten werden durfte. Die Untergestelle mit den Wagenkästen aus Stahlgerippe und -blech waren genietet. Alle Radsätze der ET wurden mit Tatzlagermotoren angetrieben. Der ölgekühlte Haupt-Transformator fand unter dem Wagenboden Platz. Das geräuschvoll arbeitende zwölfstufige Nockenschaltwerk mit Drehmagnetantrieb und der Hauptschalter waren in einer Hilfsmaschinenkammer im Fahrgastraum untergebracht.

Die ersten Erprobungen fanden zwischen Januar und März 1933 auf dem mitteldeutschen Netz statt, weil in Württemberg noch keine Fahrleitung unter Spannung stand. Am 15. Mai 1933 wurde der elektrische Nahverkehr Esslingen – Stuttgart Hbf – Ludwigsburg mit Zehn- bzw. Zwanzig-Minuten-Takt eröffnet. Wegen des Verkehrszuwachses und der dadurch bedingten Häufung von Voll- und Langzügen aus zwei bzw. drei Regelzügen mussten 1937 die elT 1218–21 nachgebaut werden. Für die 1939 elektrifizierte Strecke nach Zuffenhausen wurden die letzten vier Trieb- und acht Steuerwagen erforderlich. Sie waren etwas moderner ausgeführt. Die Wagenkästen waren nun geschweißt, die Übergangstüren in den Führerstandsfronten weggelassen.

Die Fahrzeuge waren stets in Esslingen stationiert. Der durch den Bombenkrieg reduzierte Bestand wurde zwischen 1961 und 1963 modernisiert. 1977/78 stellte die DB den Vorortverkehr im Raum Stuttgart auf S-Bahn-Triebzüge der Baureihe 420/421 um und konnte die inzwischen als 465/865 bezeichneten Vorkriegsfahrzeuge abstellen.

	ET 65 001–017	ET 65 018–021	ET 65 022–025
Bauart:	Bo'Bo' w4t	Bo'Bo' w4t	Bo'Bo' w4t
Raddurchmesser:	1000 mm	1000 mm	1000 mm
Höchstgeschwindigkeit:	75 km/h	85 km/h	85 km/h
Sitzplätze 2. Kl.:	–	–	–
Sitzplätze 3. Kl.:	73	73	73
Stundenleistung:	924 kW	924 kW	924 kW
Geschwindigk. bei St.lstg.:	51 km/h	58 km/h	58 km/h
Länge über Puffer:	20300 mm	20300 mm	20500 mm
Dienstgewicht:	63,7 t	65 t	51,9 t

Kö II

Einheitskleinloks Leistungsgruppe II

Kö, Kb, Kbe, Kbf, Köf und Ks 4098–4993, 4994* ... 5346, geliefert 1933–44

Schon die ersten Erfahrungen mit zweiachsigen Klein-Motorloks ab 1930 (s. S. 90/91) waren so gut, dass Bauarten für eine Lieferung in sehr großen Stückzahlen entwickelt wurden. Für die Vorausloks der Leistungsgruppe II (Kö/Kb 4016–4097) hatten bereits einige feste Vorgaben gegolten. So mussten der Achsstand 2500 mm, die Länge 6100 mm und der Raddurchmesser 850 mm betragen. Das Führerhaus musste am Fahrzeugende auf einem heruntergekröpften Rahmen angebracht sein und die komfortable Fußbodenhöhe von 375/380 mm über Schienenoberkante bieten. Die Hersteller konnten aber noch sehr verschiedenartige Motoren einbauen und zwischen Stangen- oder Kettenantrieb wählen. Die Kb 4065–4070 hatten schon weitestgehend der ab Kö 4098 verbindlichen Einheitsform entsprochen.

Bei dieser war nun der Antrieb über eine vierstufige mechanische Kupplung und Ketten verbindlich. Der Achsstand wurde mit Abstandhaltern in den Lagern um 6 mm vergrößert, damit die genormten Antriebsketten passten. Die ersten Baulose sollten zu zwei Dritteln Dieselmotoren und zu einem Drittel Vergasermotoren erhalten. Die bessere Bewährung der Dieselvariante führte aber alsbald zu einer weitaus überwiegenden Beschaffung der Kö anstelle der Kb. Deutz, MAN, Maybach, MWM, Kämper und Jung lieferten die Motoren, BMAG, Jung, O&K, Deutz, Krauss-Maffei, Borsig, Henschel, Krupp und Windhoff die Fahrzeugteile. Die Leistung der Motoren konnte immer weiter gesteigert werden, sodass die Verwendung von Flüssigkeitsgetrieben anstelle der mechanischen Schaltgetriebe ratsam wurde. Kbf 4736 aus dem Jahre 1935 war die erste Kleinlok mit hydrodynamischer Kraftübertragung von Voith.

Sonderfälle blieben aufgrund hoher Anschaffungskosten und geringer Reichweite die Akkumulator-Kleinloks Ks 4815–4820, 4859–4870, 4903–4910 und 4979–93 von Siemens und BMAG bzw. Windhoff. Auch sie blieben jedoch teilweise bis in die siebziger Jahre hinein im Einsatz.

Die Beschaffung der Kleinloks ging erstaunlich schnell vonstatten. Der Gesamtbestand (einschließlich Versuchsloks und Leistungsgruppe I) stieg allein zwischen Ende 1932 und Ende 1935 von 85 auf 993 Exemplare. Der Kleinlokbau wurde bis weit in den Krieg hinein fortgesetzt, übrigens nicht nur für die Reichsbahn, sondern auch für Privatbahnen, Wehrmacht und Industrie. Die Treibstoffknappheit machte ab 1943 die Umrüstung vieler Kö und Kb auf Treibgasbetrieb notwendig. Provisorisch erhielten sie die Bezeichnung Kg. Zum äußeren Erscheinungsbild bleibt noch zu erwähnen, dass die Kleinloks schwarzen Anstrich trugen. Beheimatet waren sie nicht bei Bw's, sondern auf Bahnhöfen.

Die Kleinloks der Leistungsgruppe II waren nach dem Krieg in Ost und West unentbehrlich und wurden für die DB wie auch für die DR und für viele andere Kunden nachgebaut. Mit mehr als 2000 gebauten Exemplaren war die Kö II eine der erfolgreichsten Motorloks der Welt. Viele fanden den Weg in andere Länder Europas. Keine gelangte je ins westafrikanische Burkina Faso. Trotzdem ehrt ausgerechnet dieser Staat unsere Köf II mit einer Briefmarke.

	Kö(f), Kb(f)	**Ks**
Bauart:	B d/b m/h/e	B g2t akku
Raddurchmesser:	850 mm	850 mm
Höchstgeschwindigkeit:	30 km/h	30 km/h
Zahl der Motoren:	1	2
Zahl der Zyl. pro Motor:	3/4/6	el.
Motorleistung:	38,8–80,8 kW	33,8 kW
Länge über Puffer:	6450 mm	6450 mm
Achsstand:	2506 mm	2506 mm
Dienstgewicht:	14,1–16 t	17 t

*(ab 4994 waren abweichende Loks von ausländischen und privaten Bahnen enthalten, einige Nummern blieben frei; Original-Lieferung an Reichsbahn etwa 1174 Kleinloks)

VT 137 Vierachsige Dieseltriebwagen dieselelektrische Bauarten

VT 137 025–035, 055–120, 156–159, 164–225, 296–300, geliefert 1933–37

Nach den schweren Triebwagen 872–874 und dem Schnelltriebwagen 877 wurden in größerer Zahl Triebwagen für den Eilzugdienst und den Nahverkehr ebenfalls mit elektrischer Kraftübertragung beschafft. Entscheidender Fortschritt war der Leichtbau, mit dem bei gleicher Motorleistung eine sehr viel flottere Fahrweise möglich wurde. Die Kombination aus einem VT 872/3/4 und einem entsprechenden Steuerwagen hatte 90 t gewogen, das Gespann aus VT 137 028 und Steuerwagen wog nur 61 t! Die gerundeten Kopfformen verminderten den Luftwiderstand und sparten somit Energie. Die einzelnen Serien boten eine große bauliche Vielfalt, weil man sich immer noch im Stadium des Großversuchs und der schnell fortschreitenden Entwicklung befand.

VT 137 025–027 wurden von LHW, MWM und AEG gebaut. Sie zeigten erstmals die flach gerundete senkrechte Kopfform mit Übergangstür und Dachwölbung, die von vielen vierachsigen Dieseltriebwagen und von den ET 25/31/55 als unverwechselbares designerisch gut gelungenes „Reichsbahn-Triebwagengesicht“ in Erinnerung blieb. Die drei Linke-Hofmann-Wagen von 1933 fielen durch

Bauart:	2'Bo' de
Raddurchmesser:	900/(156-159 Trd. 1000 mm)
Höchstgeschwindigkeit:	90/ 100/ 110 km/h
Motorleistung:	221/ 302/ 309/ 331/412 kW
Zahl der Zyl. pro Motor:	6/ 12
Länge über Puffer:	21873/ 22035 mm
Dienstgewicht besetzt:	46,2 – 53,6 t
Sitzplätze 2. Klasse:	14/ 16
Sitzplätze 3. Klasse:	43 – 55
Hersteller Wagenteil:	LHW, Wismar, MAN, Düwag, Talbot, Westwaggon
Hersteller Motor:	MWM. Maybach, Daimler-Benz, MAN
Hersteller el. Kraftübertragung:	AEG, SSW, BBC
Baureihe bei DB:	VT 25^{5}, VT $32^{0,5}$, VT $33^{1,2}$, VT 38^{0} ,VT 39^{0}, VT $50^{0,1,2}$, VT $51^{0,1}$

einen Maschinenraum auf, der äußerlich an Lüftergittern kenntlich war.

Die im Fahrzeugteil ähnlichen **VT 137 028–030**, **058–067** und **075–079** von der Waggonfabrik Wismar besaßen dieselbe weitgehend unterflur eingebrachte Antriebsanlage mit Maybach-410 PS-Motor, wie sie im VT 877 doppelt vorhanden war. Die elektrische Kraftübertragung der ersten drei Wagen kam von BBC, die der weiteren von SSW.

VT 137 031–035 und **074** mit kreisförmig gerundeter Front wurden von Wismar gebaut und von BBC elektrisch ausgerüstet und besaßen Maybach- bzw. MAN--Motoren. Mitteleinstiege mit Schiebetüren kamen den Bedürfnissen des Vorortverkehrs entgegen. Die Wagen wurden als „Essener Bauart" bekannt.

VT 137 055–057, 111–120 und **296–300** waren mäßig veränderte Nachfolger der 137 025–027 mit größerem Platzangebot. Da die Kühlanlage unterflur angeordnet wurde, entfielen die Lüftungs-

schlitze in der Maschinenraumseitenwand. Zwei verschiedene Motorbauarten wurden eingebaut.
Die **VT 137 068–073** waren wiederum 410 PS-Wagen mit Maybach-Motor und BBC/SSW-Ausrüstung ähnlich 137 028 ...079. MAN baute diesmal den Fahrzeugteil mit etwas größerem Gepäckraum.
VT 137 080–093 von Talbot, Maybach und BBC/AEG/SSW setzten die mit 137 031–035 und 074 begonnene Reihe der „Essener Bauart" für den Nahverkehr im Ruhrgebiet fort.
VT 137 094–110 und **164–223** bildeten die größte Serie dieselelektrischer Vierachser. Sie waren eine Fortentwicklung der „Essener Bauart", zeigten allerdings anstelle der kreisrunden Kopfform nun die flach gewölbte „Korbbogen"-Front der anderen Typen. An der Herstellung waren mehrere Firmen beteiligt. Die Motorleistung variierte zwischen 410, 420 und 450 PS (302, 309 und 331 kW). Je 27 Triebwagen waren nach 1945 noch bei DB und DR vorhanden.

VS 145 004–094, 096–153, 214–220

vierachsige Steuerwagen, geliefert 1933–37

Mehrere Hersteller bauten 156 Steuerwagen für die dieselelektrischen und -hydraulischen VT 137 025 ... 300. VS 145 004–008 und 034–047 entsprachen der „Essener Bauart" und VS 145 096–150 und 214–220 dem „Einheitsgrundriss" jeweils mit Mitteleinstieg und Schiebetüren. Alle anderen hatten nur Endeinstiege.

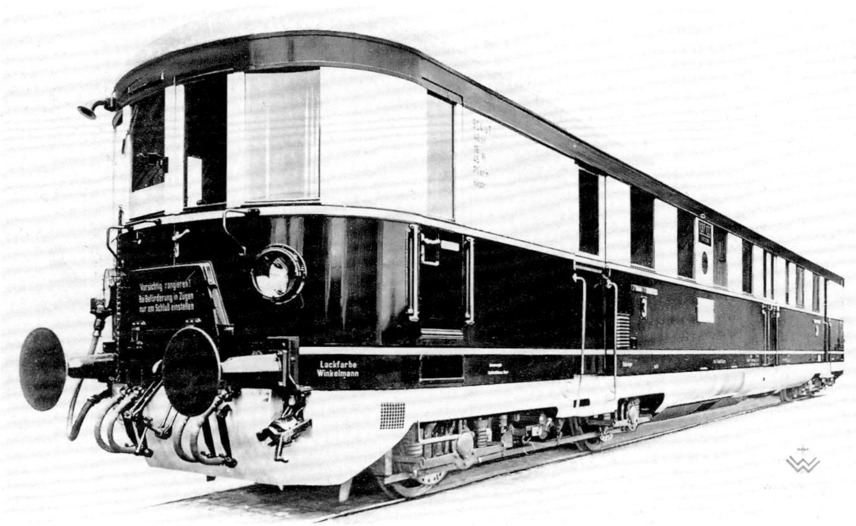

ET 51

Eiltriebwagen für Schlesien

ET 51 01–04, 11–14, gel. 1934, 1939 als elT 1701–08, **ES 51 01–04, 11–14** gel. 1934, 1939 als elS 2351–58
EB 51 01–04, gel. 1934 als el 2501–04

Ab 1928 konnte die schlesische Fernbahn Breslau – Görlitz in ganzer Länge elektrisch befahren werden. Die Rbd Breslau schlug den Einsatz von Triebwagen für den Eilzugdienst vor, die aufgrund der Geldnöte in der Weltwirtschaftskrise erst 1932 bestellt werden konnten.

Die Bauart wurde weitgehend von den Stuttgarter Nahverkehrstriebwagen (späterer ET 65, s. S. 116) übernommen. Der elektrische Teil stammte teilweise von BBC, teilweise von der AEG/SSW-Liefergemeinschaft Wasseg. Bei der Vergabe des Auftrages für die Fahrzeugteile berücksichtigte man, wie schon bei den Triebwagen für Württemberg, regionale Interessen und ließ sie von Linke-Hofmann in Breslau bauen.

Im Gegensatz zum ET 65 war die Stirnpartie leicht gerundet. Sie ähnelte derjenigen, die mit den Dieseltriebwagen ab VT 137 025 vom selben Hersteller erstmals präsentiert worden war und die bei Diesel- und Elektrotriebwagen fortan zur Norm wurde, war aber noch etwas flacher gehalten. Der Triebwagen war auch noch nicht im Leichtbau konstruiert.

Die Innenräume waren im Vergleich zum ET 65 mehr den Bedürfnissen des Fernverkehrs angepasst. Die elektrische Ausrüstung wurde bereits mit Blick auf die baldige Herausbildung einer Einheitsausführung konzipiert und deshalb trotz der geringen Stückzahl von nur vier Triebwagen von drei Herstellern gemeinsam beigesteuert. Die gesamte elektrische Ausrüstung konnte auf dem Dach und unter dem Wagenboden untergebracht werden. Der Öltrafo und die vier Motoren wurden nur durch den Fahrtwind belüftet.

Im Gegensatz zu den urspünglichen Überlegungen wurde der ET 51 nicht zum Vorbild eines Einheits-ET, weil man sich für eine zweiteilige Bauart entschied (ET 25 s. S. 139). Da die Rbd Breslau aber weitere zum Einzellauf geeignete Triebwagen benötigte, wurden vier etwas veränderte Wagen nachbestellt und 1939 geliefert. Wiederum lieferte LHW die Wagenteile, diesmal aber bereits in vollständig geschweißter Ausführung mit der Folge einer Gewichtseinsparung. Allein BBC baute die etwas verstärkte elektrische Ausrüstung.

Die erst vier und dann acht Triebwagen waren bis 1945 in Schlesien eingesetzt, wurden aber alsbald von den neueren ET 25 und ET 31 aus dem Fernverkehr verdrängt. Einige Trieb-, Steuer- und Beiwagen wurden vor der näherrückenden Front nach Bayern zurückverlegt. Die DB passte sie den ET/ES 65 an und gab ihnen entsprechende Nummern.

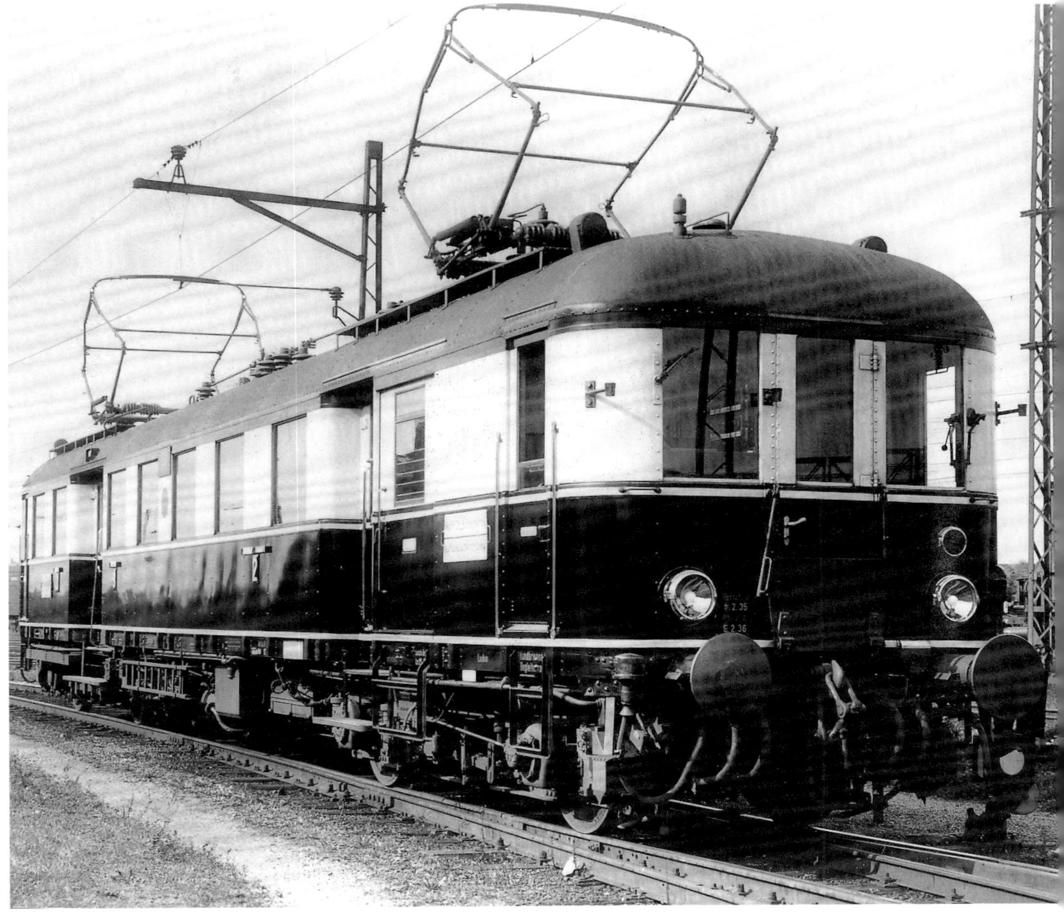

	ET 51 01–04	ET 51 11–14
Bauart:	Bo'Bo' w4t	Bo'Bo' w4t
Raddurchmesser:	1000 mm	1000 mm
Höchstgeschwindigkeit:	90 km/h	90 km/h
Sitzplätze 2. Kl.:	15	6
Sitzplätze 3. Kl.:	48	54
Stundenleistung:	812 kW	924 kW
Geschwindigk. bei St.lstg.:	66 km/h	63 km/h
Länge über Puffer:	20300 mm	22440 mm
Dienstgewicht:	69,2 t	66,1 t

56^2 Die preußische G 8^1 mit Laufachse

G 45.16, **56 201–891** umgebaut 1934–41

Verglichen mit den Bahnen beispielsweise in Frankreich oder der Tschechoslowakei hielt sich die DRG mit dem Umbau älterer Dampflokomotiven sehr zurück. Von verschiedenen preußischen Nassdampftypen wurden jeweils nur recht wenige mit Überhitzer nachgerüstet. Der zunächst konzipierte Umbau unwirtschaftlicher Vierzylinder-Verbundloks mittlerer Leistung zu Heißdampf-Zwillings-Maschinen unterblieb genauso wie die hier und da wünschenswerten Verbesserungen des Laufwerks. Zum einen verurteilte der Loküberhang der späten zwanziger und frühen dreißiger Jahre die eventuell umbauwürdigen Loks zu schneller Ausmusterung. Andererseits musste aus technischer Sicht klar sein, dass die Umbauten keine modernen Loks „aus einem Guss" schaffen würden, sondern nur Zwitter aus alten und modernen Baugruppen oder problematische Mischformen zwischen Länderbahn- und Einheitsloks.

Es gab Ausnahmen. Die Erhöhung der

Bauart:	1'D h2
Treibraddurchmesser:	1350 mm
Höchstgeschwindigkeit:	70 km/h
Zylinderdurchmesser:	600 mm
Kolbenhub:	660 mm
Kesseldruck:	14 at
Hfl V+Ü:	146+51,9 m^2
Länge über Puffer:	18296 mm
Wasservorrat:	16,5 m^3
Kohlevorrat:	7 t
Dienstgewicht:	74,4 + 37,7 t
Leistung:	926 kW

Güterzuggeschwindigkeiten zu Beginn der dreißiger Jahre machte den Einsatz der preußischen G 8^1 (55^{25}) mit einer Höchstgeschwindigkeit von nur 55 km/h im Streckendienst immer problematischer. Dieser laufachslose Vierkuppler war aber in sehr großer Zahl vorhanden: Der Bestand belief sich von 1927 bis 1929 stabil auf 3120 Loks. Da die Reichsbahn nicht alle als Rangierloks verwenden konnte, musterte sie bis 1933 mehr als tausend Stück aus. Zur besseren Ausnutzung des Restbestandes dieser leistungsfähigen und wirtschaftlichen Maschinen ließ sich die DRG einen Umbau einfallen: Die Beigabe einer Vorlaufachse sollte eine höhere Geschwindigkeit erlauben. Zugleich ergab sich durch die Verteilung des Gewichts auf fünf Radsätze eine Absenkung der Achsfahrmasse um etwa 1,5 t, mit der Folge, dass die „G 8^1 Umbau" auch auf vielen Nebenbahnen fahren durfte. Sie vertrat im Betrieb letztlich die im Einheitsprogramm nicht vorgesehene Schlepptendervariante der 86.

Die ersten zehn Loks wurden von Borsig umgebaut, alle weiteren von Reichsbahn-Ausbesserungswerken. Der Umbau war nicht allzu aufwendig: Man baute ein Bisselgestell mit einer um je 100 mm nach rechts und links verschiebbaren Laufachse ein und rückte den Kessel zur gleichmäßigen Gewichtsverteilung um 720 mm nach vorn. Der Umbau wurde bis in den Krieg hinein fortgesetzt und auf 691 Loks ausgedehnt. Dies spricht für die grundsätzliche Beliebtheit der Umbauloks im Betrieb. Im schweren Nahgüterzugdienst und am Ablaufberg zog man allerdings die Originalausführung der G 8^1 wegen ihres größeren Reibungsgewichts weiterhin vor. Die ideale Güterzuglok mit 15 t Achsfahrmasse für den Streckendienst erschien 1939 in Form der Baureihe 50. Neben ihr blieb der 56^2 nur eine Nischenexistenz, die sie sich aber in Ost und West bis in die sechziger Jahre bewahren konnte.

98^{11}

Die bayerische GtL 4/4 mit Laufachse

L 45.11, **98 1101–1129**, umgebaut 1934–41

Auch eine Tenderlok wurde des Umbaus für würdig befunden. Die Gruppenverwaltung Bayern benötigte weiterhin schnellere Loks mit einer Achsfahrmasse von deutlich unter 15 t. Die 98^{10} (S. 83) hatte den erhofften Geschwindigkeitszuwachs im Vergleich zur laufachslosen GtL 4/4 ja nicht gebracht. Deshalb wurde das Raw Weiden damit beauftragt, eine Anzahl der zuletzt gebauten 98^{8-9}, darunter die gesamte Gruppe 98 898–917, mit einer Vorlaufachse auszustatten. Man wählte eine Bisselachse mit einem Seitenspiel von +/- 30 mm. Kessel und Führerhaus wurden auf dem Rahmen entsprechend nach vorne gerückt und um 250 mm angehoben. Dadurch konnte der Kohlevorrat vergrößert werden. Der Wasservorrat wurde aber etwas kleiner.

Anfangs behielten die Loks ihre bisherigen Nummern, wurden dann aber als 98 1101 ff. neu bezeichnet. Obwohl die Gruppenverwaltung Bayern entsprechend dem zentralistischen Kurs des Naziregimes 1933 aufgelöst wurde, wurde der von ihr initiierte Lokumbau noch bis 1941 fortgesetzt.

Die Loks wurden stets auf steigungsreichen Nebenbahnen in Bayern, beispielsweise im Allgäu und im Fichtelgebirge, mit gutem Erfolg eingesetzt. Älter als die Original-98^{8} und die 98^{10} wurden sie aber auch nicht. 1967 stellte die DB die 98 1125 als letzte ab.

Die wirklich optimierte GtL 4/4 kam nur durch die Übernahme der Lokalbahn-Aktien-Gesellschaft München in den Bestand der Deutschen Reichsbahn: Zwei als 98^{18} eingereihte Loks besaßen die Vorlaufachse der 98^{11} und die Nachlaufachse der 98^{10}. Eine solche 1'D1'-Tenderlok für die Nebenbahnen mit schwachem Oberbau wünschten sich die bayerischen Direktionen bis in die fünfziger Jahre vergeblich.

Bauart:	1'D h2t
Treibraddurchmesser	1006 mm
Höchstgeschwindigkeit:	55 km/h
Zylinderdurchmesser:	460 mm
Kolbenhub:	508 mm
Kesseldruck:	12 at
Verdampfungsheizfläche:	61,4 m^2
Länge über Puffer:	10050 mm
Wasservorrat:	5,1 m^3
Kohlevorrat:	2,6 t
Dienstgewicht:	50,7 t
Leistung:	330 kW

71⁰ Erfolglose Konkurrenz zum Triebwagen

Pt 24.15, **71 001–006**, geliefert 1935, 1939–41,

Als die kleinen VT 133/135 und die vierachsigen VT 137 mit dem 410 PS-Motor von Maybach zur Verfügung standen, war der Dieselbetrieb zu einer ernsthaften Alternative zum Dampfbetrieb im flotten Nebenbahndienst wie auch im leichten Eilzug- und Vorortverkehr auf Hauptbahnen geworden. Nicht zum ersten Mal versuchten die für den Dampflokbau zuständigen Behörden und die Hersteller, gegen den Triebwagen Konkurrenz aufzubieten. Man entwickelte eine 1'B1'-Tenderlok. Ein Blick in die Länderbahnzeit zeigt aber, wie wenig innovativ die Dampflokentwicklung in den dreißiger Jahren verlief: Schon fast dreißig Jahre zuvor, im Jahre 1906, hatte die Königlich Bayerische Staatseisenbahn zum Kräftemessen mit den damals hochmodernen Dampf- und Akku-Triebwagen eine (im Gegensatz zur neuen 71^0!) sehr brauchbare 1'B1'-Heißdampftenderlok bauen lassen (Pt 2/4 H, DRG 71^2).

Die neue 71 (sie rückte auf Nummern ausgemusterter preußischer Loks nach) erhielt entgegen der Dogmatik des „Vaters der Einheitslok" R. P. Wagner einen Blechrahmen, der schon weitgehend geschweißt war. Die Ausführung des Laufwerks mit festen Treibachsen zwischen zwei Bissel-Gestellen war nicht eben originell und keine Garantie für guten Lauf bei höherer Geschwindigkeit. Der genietete Kessel mit geschweißter Kupfer-Feuerbüchse war für einen Druck von 20 at ausgelegt, also einen Wert zwischen der 16 at-Norm und dem „Mitteldruck" von 25 at. Eine mechanische Rostbeschickung sollte den Einmann-Betrieb ermöglichen. Auch das hatte man mit der genannten bayerischen Type schon vor Jahrzehnten versucht.

Die Erprobung der ersten beiden Loks von Schwartzkopff brachte unbefriedigende Ergebnisse. Der Kohleverbrauch war zu hoch, der Kessel zeigte frühzeitig Schäden. Nachdem der Druck auf 16 at abgesenkt war, brachten die kleinen Zylinder nicht mehr genug Leistung.

Vier weitere Loks wurden bei Borsig und Krupp mit deutlichen Änderungen bestellt: Größere Treibräder sollten Geschwindigkeiten bis 100 km/h möglich machen, größere Zylinder die Leistung verbessern. Im Widerspruch zum amtlichen Baujahr „1936" dieser Loks wurden sie erst 1939 und 1941 geliefert – als man bereits ganz andere Sorgen hatte als die Rationalisierung des leichten Personenverkehrs. Die optimistisch mit 100 km/h angesetzte Höchstgeschwindigkeit musste alsbald wieder auf 90 km/h reduziert werden.

Die Splittergattung wurde bis 1948 in der Rbd Nürnberg und dann in den pfälzischen Bw's Kaiserslautern und Landau eingesetzt. 1956 wurde sie ausgemustert.

	71001, 002	**71003-006**
Bauart:	1'B1' h2t	1'B1' h2t
Treibraddurchmesser:	1500 mm	1600 mm
Höchstgeschwindigkeit:	90 km/h	100 km/h
Zylinderdurchmesser:	310 mm	330 mm
Kolbenhub:	660 mm	660 mm
Kesseldruck:	20 at	20 at
Verdampfungsheizfläche:	67,4 m²	67,7 m²
Länge über Puffer:	11800 mm	11800 mm
Wasservorrat:	7 m³	7 m³
Kohlevorrat:	3 t	2,8 t
Dienstgewicht:	55,3 t	55,3 t
Leistung:	420 kW	420 kW

89⁰ Die „leichte Güterzugtenderlok“

Gt 33.15, **89 001–010,** geliefert 1935, 1938

Schon in den späten zwanziger Jahren konzipierten Zentralamt und Lokausschuss besonders kleine und leichte Dampfloks für den Nebenbahnverkehr und für den Betrieb in verkehrsschwachen Zeiten auf Hauptbahnen. Das Projekt einer 1B-Personenzug-Tenderlok in der Nachfolge der 70^0 und 70^1 mündete in die Beschaffung der soeben beschriebenen Baureihe 71^0. Daneben sollte ein ganz ähnlich dimensionierter Dreikuppler mit weitgehend gleichem Kessel für leichtesten Güterzugdienst entstehen. Aus Gewichtsgründen war auch für diese Lok der ungeliebte Blechrahmen vorgesehen. Durch die Vergrößerung der Personenzuglok blieb von der Ähnlichkeit zwischen beiden Typen wenig übrig. Eine zufällige Gemeinsamkeit gab es hinsichtlich der Numerierung: Auch die kleine Güterzuglok rückte auf Nummern ausgemusterter Länderbahnloks nach. Neben der 89^0 gab es ja weiterhin viele sächsische, württembergische, bayerische und preußische 89er.

Wie bei der 71^0 zog sich auch bei der 89^0 die Verwirklichung über Jahre hin. Die Lok kam zustande, weil man neue Rangierloks für nötig hielt, die aber kostengünstiger ausfallen sollten als die Baureihe 80 (s. S. 72). Mit den ersten Loks wollte das RZA Berlin auf wissenschaftlicher Basis endgültig klären, ob Nassdampf- oder Heißdampfloks im Rangierdienst wirtschaftlicher arbeiteten. Auch bei dieser Baureihe sollte die Schweißtechnik Gewicht und Kosten sparen.

1935 lieferte Schwartzkopff drei Loks ohne und Henschel drei mit Überhitzer. Die Messfahrten bestätigten die schon vorher bestehende Vermutung, dass die Heißdampflok auch in niedrigen Leistungsbereichen nach Verbrauch und Leistung überlegen sein würde. Mit einer ungenügenden Rohrlänge und einem zu kleinen Überhitzer war aber auch die

Heißdampf-89^0 nicht die ideale Rangierlok. Der kurze Achsstand bewirkte schlechte Laufeigenschaften, die den ebenfalls geplanten Streckendienst illusorisch machten.

1938 baute Henschel noch einmal vier Heißdampf-Loks. Die zu Anfang der vierziger Jahre vorgesehene Beschaffung von 120 Loks unterblieb. Wie für die 80 und die 81 galt daher auch für die 89^0: Sie konnte nicht die Nachfolge der älter werdenden Länderbahnloks (fast alle ohne Überhitzer!) antreten. Die betagten 89^2 – 94^{20} blieben bis zur Verdieselung des Rangierdienstes unentbehrlich. Gerade die 89^0 musste auf eine ernstzunehmende Konkurrentin mit Verbrennungsmotor übrigens nicht bis nach dem Zweiten Weltkrieg warten. Diese stand mit der in vielen Bereichen völlig ausreichenden Köf II schon zur Verfügung.

Die Einheits-89er verblieben in der DDR, in Polen und angeblich auch in der Sowjetunion. Die von der DR 1968 ausgemusterte 89 008 ist museal erhalten geblieben. Ihre große Popularität verdankt die kleinste Einheitslok einem millionenfach produzierten Märklin-Modell.

	89 001–003	**89 004–010**
Bauart:	C n2t	C h2t
Treibraddurchmesser:	1100 mm	1100 mm
Höchstgeschwindigkeit:	45 km/h	45 km/h
Zylinderdurchmesser:	420 mm	420 mm
Kolbenhub:	550 mm	550 mm
Kesseldruck:	14 at	14 at
Hfl V+Ü:	82,2+0 m^2	67,9+24,1 m^2
Länge über Puffer:	9670 mm	9600 mm
Wasservorrat:	4 m^3	4,5 m^3
Kohlevorrat:	2 t	2 t
Dienstgewicht:	46,6 t	45,8 t
Leistung:	235 kW	386 kW

05 Die schnellste Dampflok der Welt

S 37.19, **05 001–002**, geliefert 1935

Der Erfolg des VT 877 (s. S. 106/107) im Schnellverkehr zwischen Berlin und Hamburg mit 160 km/h gab zu Überlegungen Anlass, auch lokbespannte Züge mit höheren Geschwindigkeiten laufen zu lassen. Die Industrie wurde aufgefordert, Entwürfe für eine Dampflokomotive einzureichen, die jedenfalls bei Versuchsfahrten 150 km/h erreichen und auf längerer Strecke halten sollte. Im Vorfeld testete man bei der 03 154 (s. S. 86–89) mehrere Varianten einer Stromlinienverkleidung. Nach vielfältigen Experimenten in dieser Richtung schon seit dem ausgehenden 19. Jahrhundert gab es hierfür inzwischen wissenschaftliche Grundlagen und mit dem „Windkanal" auch die Möglichkeit systematischer Versuche.
Borsig, nach Konkurs und Übernahme durch die AEG inzwischen als „Borsig-Lokomotiv-Werke GmbH" (BLW) firmierend, erhielt 1933 den Auftrag zur Lieferung von zwei Probelokomotiven. Man wählte die Achsfolge 2'C2', weil der Kessel in der nun erforderlichen Größenordnung nur auf einer mindestens siebenachsigen Lok unterzubringen war und weil die vor- und nachlaufenden Drehgestelle gute Laufeigenschaften versprachen. Um Kolbengeschwindigkeit und Drehzahl der Dampfmaschine in vertretbaren Grenzen zu halten, sah man die mit 2300 mm größten in Deutschland bisher je verwendeten Treibräder vor. Einen gleichmäßigen Drehmomentverlauf garantierte nur die mehrzylindrige Maschine. Trotz eines auf 20 at gesteigerten Kesseldruckes wollte man sich aber nicht zur Verbundlok durchringen, sondern wählte ein Drillingstriebwerk. Die Außenzylinder arbeiteten auf die mittlere Achse, der Innenzylinder auf die vordere Kuppelachse. Der Kessel entsprach dem konventionellen Muster der Einheitsloks mit einer Rohrlänge von 7000 mm und immer noch ohne Verbrennungskammer. Die Loks erhielten eine Vollverkleidung jener Art, die dem Laien kaum mehr deutlich machte, dass er eine reguläre Dampflokomotive vor sich hatte. Die weinrote Lackierung trug zur großen Popularität der 05 bei. Als Konstrukteur der wohlgelungenen Schnellzuglok bleibt Dipl.-Ing. Adolf Wolff unvergessen.
Im März und Mai 1935 wurden die beiden Loks dem Grunewalder Versuchsamt übergeben. Die 05 001 musste immer

Bauart:	2'C2' h3
Treibraddurchmesser:	2300 mm
Höchstgeschwindigkeit:	175 km/h
Zylinderdurchmesser:	450 mm
Kolbenhub:	660 mm
Kesseldruck:	20 at
Verdampfungsheizfläche:	256 m²
Länge über Puffer:	26265 mm
Wasservorrat:	37 m³
Kohlevorrat:	10 t
Dienstgewicht:	129,9 + 81,6 t
Leistung:	1837 kW

wieder pausieren, weil sie im Rahmen der Hundert-Jahr-Feierlichkeiten der deutschen Eisenbahnen als Ausstellungslok benötigt wurde. Die systematische Erprobung und das Herantasten an höchste Geschwindigkeiten begann erst 1936 mit der 05 002. Die Lok erreichte ohne Probleme 190 und 195 km/h. Für den 11. Mai 1936 wurde eine Vorführfahrt Berlin – Hannover – Hamburg – Berlin mit neuen Triebfahrzeugen angesetzt. Jahrzehntelang wurde als Ehrengast nur Verkehrsminister Dorpmüller genannt.

Heute weiß man, dass auch Naziprominenz bis hin zu SS-Chef Himmler mit von der Partie war. Auf dem Abschnitt Hamburg – Berlin führte die 05 002. Zwischen Friesack und Vietznitz wurde eine Geschwindigkeit von 200,4 km/h erreicht. Niemals vorher und nachher fuhr eine Dampflokomotive in Deutschland so schnell. Da verschiedene britische und amerikanische Rekordfahrten in leichtem Gefälle verliefen oder ohne überzeugenden Nachweis geblieben sind, darf die 05 002 tatsächlich als schnellste Dampflok der Welt gelten.

Bis zum Kriegsbeginn fuhren die beiden Loks planmäßig mit dem Zugpaar FD 23/34 zwischen Hamburg und Berlin. 1951 nahm die DB sie als reguläre Loks ohne Verkleidung und mit nur noch 16 at Kesseldruck wieder in Betrieb und verwendete sie immerhin noch bis in Jahr 1958. 05 001 steht im Verkehrsmuseum Nürnberg.

61 Die Schnellfahrtenderloks von Henschel

St 37.18, **61 001–002**, geliefert 1935, 1939

	61 001	**61 002**
Bauart:	2'C2' h2	2'C3' h3
Treibraddurchmesser:	2300 mm	2300 mm
Höchstgeschwindigkeit:	175 km/h	175 km/h
Zylinderdurchmesser:	460 mm	390 mm
Kolbenhub:	750 mm	660 mm
Kesseldruck:	20 at	20 at
Hfl V+Ü:	152+69 m²	152+69 m²
Länge über Puffer:	18475 mm	18825 mm
Wasservorrat:	17 m³	21 m³
Kohlevorrat:	5 t	6 t
Dienstgewicht:	128,3 t	146,3 t
Leistung:	786 kW	786 kW

Maybach und Wumag hatten mit dem leichten dieselelektrischen VT 877 weltweit Aufsehen erregt, Borsig baute die riesige Schnellzugdampflok 05 für schwere Züge mit hohen Geschwindigkeiten. Anderswo machte man sich Gedanken über eine Kombination aus einer leichten Wagengarnitur und einer kleinen Antriebseinheit in Form einer kompakten Hochleistungsdampflok. Alsbald legte man das Projekt großzügiger an: Die Waggonbaufirma Wegmann wollte zum Dieseltriebwagen eine luxuriöse Alternative mit mehr Platz, mit Speisewagen und Aussichtsabteil bieten, Henschel baute dazu die große Schnellfahrtenderlok. So entstand der „Henschel-Wegmann-Zug" („HWZ"), bestehend aus einer vierteiligen Wagengarnitur mit kanzelartigen Enden und einer siebenachsigen Tenderlok. Wie schon die weinrote 05 erregte auch dieser 106 Meter lang einheitlich in Violett, Weiß und Silber lackierte Zug großes Aufsehen. Die Lokomotive hatte denselben Treibraddurchmesser wie die 05. Ab Mai 1936 war der HWZ zwischen Berlin und Dresden eingesetzt. Freilich musste oft eine 01 oder 03 einspringen, weil es ja nur eine 61 gab. Die Ersatzloks konnten die Fahrzeiten ebenfalls halten, weil sie genauso die 135 km/h erreichten, die der 61 aus Oberbau- und Signalgründen auf ihrer Stammstrecke als Obergrenze vorgeschrieben waren. Nur auf einer Probefahrt durfte die 61 001 mit dem HWZ zeigen, was in ihr steckte: Der Rekord lag bei 187 km/h.

Trotz seiner großen Popularität verfehlte der HWZ das Ziel einer Alternative zum SVT: Die nun doch wieder riesige Dampflokomotive war im Vergleich zur Antriebseinheit eines Dieseltriebwagens eine äußerst aufwendige und schwere Maschine.

Um den HWZ stets typenrein bespannen zu können, bestellte die DRG eine zweite Lok. Viel Zeit bis zur Lieferung der 61 002 verging auch, weil Henschel zunächst eine Dampfmotorlok mit Einzelachsantrieb und Kohlenstaubfeuerung

bauen wollte. Die Reichsbahn begnügte sich dann aber mit einer Abwandlung der ersten Lok. Zur Verbesserung der Laufeigenschaften ging man auf ein Drillingstriebwerk über. Um die Vorräte vergrößern zu können, sah man hinten ein in der ganzen deutschen Lokomotivgeschichte einmaliges Drehgestell mit drei Laufachsen vor.
Die 61 002 wurde erst im Sommer 1939 geliefert – zu spät, um vor Kriegsbeginn noch in den HWZ-Plandienst einzurücken. Nach dem Krieg war die 61 001 ein wenig nützlicher Sonderling der Westzonen-Reichsbahn und fuhr nur noch bis 1951. Die 61 002 wurde von der DDR-Reichsbahn bis 1958 verwendet. Anschließend fanden u.a. Rahmen, Radsätze und wesentliche Triebwerksteile Verwendung beim Bau der Schnellfahrlok mit Schlepptender 18 201. Diese Lok blieb bis in die neunziger Jahre betriebsfähig und könnte immer noch reaktiviert werden.

84 001
84 001

84 Die Tenderlok für das Müglitztal

Gt 57.18, **84 001–012**, geliefert 1935, 1937

Ein verheerendes Hochwasser 1927 war auslösend dafür, dass im Zuge der Arbeitsbeschaffungsmaßnahmen der dreißiger Jahre die Müglitztalbahn südlich von Dresden von Schmal- auf Normalspur umgebaut wurde. Hierfür war eine leistungsfähige Dampflok notwendig, die auch Kurvenradien bis hinunter zu 140 m auf der Strecke und 100 m in Anschlussgleisen meistern musste. Diese Forderung sowie eine Beschränkung der Achsfahrmasse machten es notwendig, nach der 85 für den Schwarzwald (s. S. 100/101) eine neue 1'E1't zu entwickeln. Schwartzkopff (BMAG) und O&K bauten je zwei Probeloks unterschiedlicher Bauart. Die 84 001 und 002 hatten drei Zylinder. Jede Laufachse war mit den beiden benachbarten Kuppelachsen zu einem Schwartzkopff-Eckardt-Gestell zusammengefasst, einem auf drei Achsen erweiterten Krauss-Helmholtz-Gestell. Die Loks hatten also keinen festen Achsstand. Die zentralen Treibräder hatten keine Spurkränze. Die alternativen 84 003 und 004 hatten den von O&K schon bei der Baureihe 87 verwendeten Endachsantrieb mit Zahnrädern nach der Bauart Luttermöller. Hier war zwischen den Rahmenwangen weder für ein Innentriebwerk noch für eine lange Deichsel Platz, sodass diese Loks zwei Zylinder und Bisselachsen hatten. Wie schon bei einigen seit 1934 neu beschafften Dampflokbaureihen wurde bei der 84 in erheblichem Maße von der Schweißtechnik Gebrauch gemacht. Dadurch konnte ein Kessel ähnlich dem der 85 verwendet werden, aber mit geringerem Gesamtgewicht sogar eine höhere Leistung als bei der 85 erzielt werden. Auf eine Gegendruckbremse verzichtete man.

Die BMAG-Variante bewährte sich besser und wurde 1937 in acht Exemplaren nachgebaut. Alle Loks blieben bis nach dem Zweiten Weltkrieg auf ihrer Stammstrecke. 1949 wurden sie ins Uranabbaugebiet im Erzgebirge versetzt. Im Müglitztal genügten auch 50er und 86er. Schon 1961 wurde die letzte der stets unterhaltungsaufwendigen 84er abgestellt. Erhalten blieb keine.

Bauart:	1'E1' h3t (84 003, 004: 1'E1' h2t)
Treibraddurchmesser:	1400 mm
Höchstgeschwindigkeit:	70/80 km/h
Zylinderdurchmesser:	500 mm
Kolbenhub:	660 mm
Kesseldruck:	16/20 atü
Hfl V+Ü:	210+85 m²
Länge über Puffer:	15550 mm (84 003, 004: 15950 mm)
Wasservorrat:	14 m³
Kohlevorrat:	3 t
Dienstgewicht:	119,9 t
Leistung:	1565 kW

V
E 18 08
E 18 08

E 18

Die klassische elektrische Schnellzuglok

E 18 01–053, geliefert 1935–40

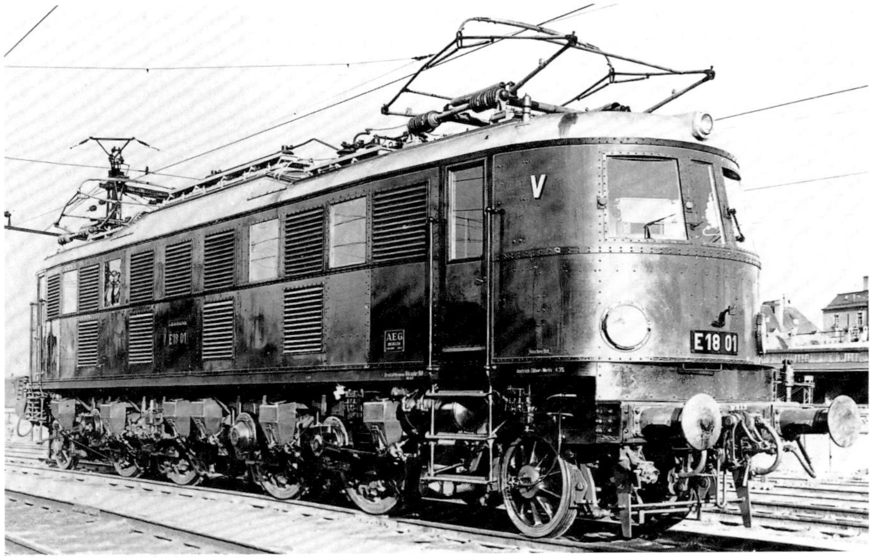

Als die Elektrifizierung der Strecke Augsburg – Nürnberg und der Fortsetzung nach Norden absehbar wurde, mussten weitere Elloks bestellt werden. Für den Personen- und Güterzugdienst genügte angesichts der nicht zu erheblichen Steigungen die E 44. Für den Schnellzugdienst wünschte man jedoch eine Neukonstruktion. Prinzipiell sollte sie sich auf die Antriebstechnik der sehr bewährten E 04 stützen, jedoch wieder zur Achsfolge der E 17 zurückkehren. Mit einem 700 t Schnellzug sollten in der Ebene 140 km/h gehalten werden können, als Höchstgeschwindigkeit wurden 150 km/h gefordert. Eine elektromotorisch betriebene Fahrsteuerung sollte den Lokführer zugunsten besserer Streckenbeobachtung von manueller Arbeit entlasten.

AEG lieferte im Mai 1935 pünktlich zur Eröffnung des elektrischen Betriebes München – Nürnberg das erste Exemplar der in ihrer stromlinienförmigen Gestaltung außerordentlich auffälligen E 18. Ihr Rahmen war geschweißt. Wie die E 04 und E 17 wurde auch die E 18 vorne und hinten von Krauss-Helmholtz-Gestellen geführt. Später wurde eine Vorrichtung eingebaut, die mittels Druckluft die Seitenbeweglichkeit des Drehzapfens des jeweils nachlaufenden Gestells einschränkte und die Nachlaufachse zur Bisselachse machte. Ab E 18 03 besaßen die Loks unterhalb der Fronten weit heruntergezogene Schürzen, die jedoch wegen Wärmestaus und Eisablagerungen ab 1942 entfernt wurden. Alle Räder waren beidseitig gebremst.

Nachdem beim Trockentransformator der E 17 häufig Stromüberschläge aufgetreten waren, ging man nun endgültig zum ölgekühlten Umspanner über. Das motorbetriebene Nockenschaltwerk ermöglichte 15 Dauer- und 14 Zwischenfahrstufen. Motoren und Federtopfantriebe konnten bis auf die geänderte Zahnradübersetzung komplett von der E 04 übernommen werden.

In der ausführlichen Erprobung errang die E 18 den Platz der leistungsfähigsten Einrahmen-Ellok der Welt. (Die E 21 51 hatte zwar eine höhere Stundenleistung, konnte aber von der Geschwindigkeit her nicht mithalten.) Auf der Pariser Weltausstellung 1937 erhielt die E 18 22 drei Grand-Prix.

Die E 18 wurde zügig ausgeliefert; ihr Einsatzbereich erweiterte sich entsprechend der Aufnahme des elektrischen Betriebes 1939 bis Saalfeld, 1941 bis Weißenfels und 1942 bis Leipzig. Sie wurde aber auch auf den schon zuvor elektrifizierten Strecken in Bayern/Württemberg , Mitteldeutschland und Schlesien verwendet. Als eine Beschaffung von mehr als hundert Loks absehbar wurde, gab man den Loks ab E 18 045 eine dreistellige Ordnungsnummer. Kriegsbedingt wurde der Bau der E 18 aber dann mit der E 18 053 eingestellt. Die Österreichischen Bundesbahnen bestellten 1937 acht Exemplare einer etwas abgewandelten Ausführung der E 18. Abgeliefert wurden sie schon in der Zeit nach dem „Anschluss“ 1938 und somit an die Deutsche Reichsbahn. Sie erhielten die Nummern E 18 201–208.

Neun Loks fielen dem Krieg zum Opfer, einige Loks blieben 1945 in Österreich und in der sowjetischen Zone. Die DB konnte 34 Loks in Betrieb nehmen, weitere fünf aus der DDR erwerben und zwei nachbauen lassen. Mit 41 Loks war die E 18 zunächst Hauptstütze des elektrischen Schnellzugdienstes der DB. Die graublaue Vorkriegsfarbgebung wurde durch grünen und später blauen Lack ersetzt. Neben den laufgünstigeren 103 und 111 konnte sich die E 18 bzw. 118 im hochwertigen Reisezugdienst nicht mehr behaupten. Aus den zuletzt verbliebenen Eil- und Personenzugumläufen schieden die letzten Loks 1984 aus. Bei der DR waren drei Loks in Betrieb, die besonders für die Erprobung von Reisezugwagen mit höheren Geschwindigkeiten unersetzlich waren.

Mehrere teils betriebsfähig erhalten gebliebene Loks von DB und DR halten die Erinnerung an eine der besten Lokomotivkonstruktionen der DRG wach.

Bauart:	1'Do1' w4e
Treibraddurchmesser:	1600 mm
Höchstgeschwindigkeit:	150 km/h
Übersetzungsverhältnis:	95 : 34
Anfahrzugkraft:	21 t
Stundenleistung:	3040 kW
Geschwindigk. bei St.lstg.	117 km/h
Länge über Puffer:	16920 mm
Dienstgewicht:	108,5 t
Leistungskennziffer:	28 kW/t

E 63 Die letzten Elloks mit Stangenantrieb

E 63 01–08, geliefert 1935–36, 1940

Als 1934 die letzten beiden E 60 geliefert wurden, konnten Loks mit derselben Leistung bereits so leicht gebaut werden, dass die Laufachse entbehrlich war. Nach Leipzig und München war in Stuttgart der dritte große Kopfbahnhof elektrifiziert worden, sodass ein gewisser Bedarf an weiteren elektrischen Rangierloks bestand. Erste Entwürfe sahen eine Lok mit drei Radsätzen vor, von denen die beiden äußeren mit Tatzlagermotoren und der innere mittels verbindender Kuppelstangen angetrieben werden sollten. (Eine solche Kombination von Einzelachs- und Stangenantrieb gab es schon in Österreich.) Die DRG entschied sich aber für eine Bauart mit einem Motor und drei gekuppelten Achsen, letztlich also für eine E 60 ohne Laufachse. Obwohl technologisch kein großer Erprobungsbedarf erkennbar war, bestellte man zwei unterschiedliche Ausführungen. Vier Loks wurden bei AEG, drei bei BBC und Krauss-Maffei bestellt.

Beide Modelle wiesen viele Gemeinsamkeiten auf, so den geschweißten Blechrahmen, die Radsätze der E 60, den Winterthurer Schrägstangenantrieb, den Aufbau mit einem geräumigen zentralen Führerhaus und schließlich den E 60-Stromabnehmer mit zwei 1400 mm voneinander entfernten Schleifstücken zur Überbrückung von Streckentrennern mit stromlosen Abschnitten. Auf einen Hauptschalter verzichtete man. Die E 63 01–04 von AEG erhielten einen Motor des bereits bei E 04 und E 18 bewährten Typs EKB 860, die E 63 05–07 von BBC den Motor der E 16^1. Die ölgekühlten Hauptumspanner waren unter den längeren Vorbauten in den Rahmen eingelassen. Motorbetriebene Schaltwerke erhöhten den Bedienungskomfort.

Die Loks waren zunächst in München und Stuttgart eingesetzt. Wie auch in den Fällen der Dampfrangierloks 80 und 89^0 mag die schnelle Verbreitung der Köf II auch in Sachen E 63 zu der Entscheidung beigetragen haben, auf eine Weiterbeschaffung in größerer Serie zu verzichten. Bei der Elektrifizierung weiterer größerer Bahnhöfe sparte man sich auch die Überspannung vieler Nebengleise. Nur eine einzelne Lok der AEG-Variante wurde nachgeliefert und als E 63 08 an die Nummerngruppe der Krauss-Maffei/BBC-Serie angehängt. Nicht unerwähnt soll bleiben, dass elektrische Rangierloks mit ganz ähnlichem Aufbau in anderen Ländern größere Verbreitung fanden: In der Schweiz wurden von 1930 bis 1963 (!) 125 Loks der Reihe Ee 3/3 gebaut, in Schweden von 1930 bis 1950 eine Serie von 90 Loks der Gattung Ub.

Alle E 63 wurden trotz teilweise erheblicher Kriegsbeschädigungen von der DB noch lange verwendet und Anfang der sechziger Jahre modernisiert. 1978 wurde die letzte Lok ausgemustert. Der grundsätzliche Aufbau der kleinen elektrischen Rangierlok wurde bei einer anderen Traktionsart wieder aufgegriffen: Die allein für die DB in 942 Exemplaren gebaute V 60 (heute Reihen 360–365) ist ein Dreikuppler mit Blindwelle und Stangenantrieb sowie einem Mittelführerhaus zwischen zwei Vorbauten – genau wie die E 63.

	E 63 01–04, 08	E 63 05–07
Bauart:	C w l u	C w l u
Treibraddurchmesser:	1250 mm	1250 mm
Höchstgeschwindigkeit:	45 km/h	50 km/h
Übersetzungsverhältnis:	109 : 17	131 : 26
Anfahrzugkraft:	17 t	12 t
Stundenleistung:	725 kW	710 kW
Geschwindigk. bei St.lstg.:	35 km/h	34,7 km/h
Länge über Puffer:	10200 mm	10200 mm
Dienstgewicht:	53,1 t	51,4 t
Leistungskennziffer:	13,7 kW/t	13,8 kW/t

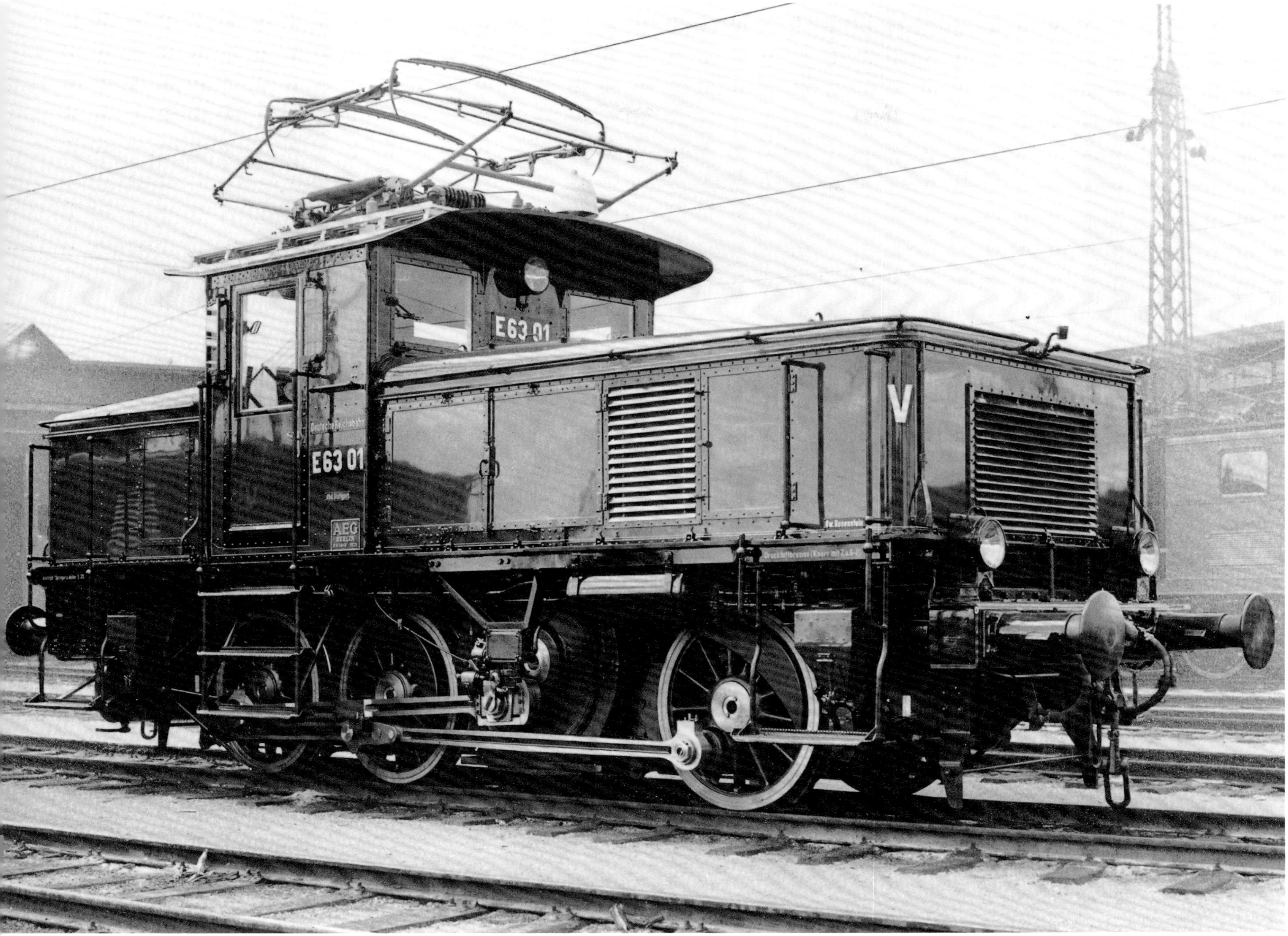
E63 01
E63 01
V
AEG

V 140

Die erste dieselhydraulische Streckenlok der Welt

V 140 001, geliefert 1935 als V 16 101

Nachdem sich die Kraftübertragung mittels Druckluft (V 120 001 s. S. 85) als Irrweg erwiesen hatte, gab man bei der Entwicklung von hauptbahntauglichen Dieselloks von den dreißiger Jahren an der hydrodynamischen Kraftübertragung den Vorzug, weil sie im Vergleich zur ebenfalls gut eingeführten elektrischen Übertragung deutliche Gewichtsvorteile versprach. Zwischen 1932 und 1934 hatte die Firma Voith für Motortriebwagen und Kleinloks etwa 90 hydraulische Kraftübertragungen gebaut, die sich bei Leistungen bis über 440 kW hervorragend bewährten. Die DRG wünschte eine Lokomotive, die in Ergänzung des Triebwagenbetriebes den Güterverkehr und die Führung schwererer Personenzüge auf Nebenbahnen und schwächer belasteten Hauptbahnen übernehmen sollte.
Krauss-Maffei lieferte den Fahrzeugteil für eine entsprechende Lok mit Stangenantrieb, MAN baute den aufgeladenen Acht-Zylinder-Reihen-Motor, Voith das hydraulische Getriebe mit Anfahrwandler und zwei „Marschkupplungen". Für die Reisezugbeleuchtung sorgte ein 88 kW-Hilfsdiesel, für die Beheizung ein Dampferzeuger.

Bauart:	1'C1' dh
Treibraddurchmesser:	1400 mm
Höchstgeschwindigkeit:	100 km/h
Zahl der Motoren:	1
Zahl der Zylinder:	8
Motorleistung:	1030 kW
Länge über Puffer:	14400 mm
größte Zugkraft:	13 t
Dienstgewicht:	75 t

Die erste Großdiesellok der Welt mit hydraulischer Kraftübertragung wurde gerade eben noch zur Hundert-Jahr-Feier der deutschen Eisenbahnen fertig und konnte in Nürnberg ausgestellt werden. Die anschließende ausgiebige Erprobung ergab die volle Tauglichkeit der Neukonstruktion. Doch in den Planeinsatz kam sie vor Kriegsbeginn nicht mehr. Zwar besaß die Reichsbahn 1936 bereits mehr als 1000 Motorkleinloks und rund 400 Motortriebwagen, doch standen die Vorzeichen für die verstärkte Umstellung der Zugförderung auf Dieselbetrieb nicht mehr gut: Der 1936 beginnende „Vier-Jahres-Plan" hatte im Sinne der Kriegsvorbereitung das Ziel, die deutsche Volkswirtschaft so weit wie möglich unabhängig von Import-Rohstoffen zu machen. Erdöl gehörte zu den knappen Gütern und sollte wichtigen Waffengattungen vorbehalten bleiben, nicht aber für den Bahnverkehr notwendig sein. Daher wurden Aufträge für noch stärkere Dieselloks bis zu Motorleistungen von 2500 PS storniert. Die Entwicklung der Großdiesellok wurde nun hauptsächlich in den USA vorangetrieben, wo man jedoch ausschließlich auf die elektrische Kraftübertragung setzte.
Die V 140 001 wurde 1939 abgestellt, nach dem Krieg reaktiviert und noch bis 1953 von der DB eingesetzt. Nicht zuletzt die guten Erfahrungen mit dieser Lok führten dazu, dass sich die deutschen Bahnen in West und Ost von den fünfziger Jahren an für dieselhydraulische Lokomotiven und Triebwagen entschieden und dieses Konzept zu weltweit sehr beachteten Erfolgen führten. Die V 140 001 steht heute im Deutschen Museum in München.

Kö I

Einheitskleinloks Leistungsgruppe I

Kö 0105–0289, geliefert 1934–37

Außer der Einheitskleinlok der Leistungsgruppe II (Kö/Kb II s. S. 117) wollte die DRG auch eine Lok der Leistungsgruppe I, also mit weniger als 40 PS, beschaffen. Für diese Lok verzichtete man auf den aufwendigen durchgekröpften Rahmen der Kö/Kb II und damit auf die für das schnelle Ein- und Aussteigen hilfreiche niedrige Fußbodenhöhe. Zugunsten einer geringeren Baulänge setzte man das Führerhaus auf den in gleicher Höhe durchlaufenden Hauptrahmen über den Hinterrädern etwa einen Meter über Schienenoberkante. Die Loks erhielten Einheitsgetriebe mit drei Gängen für 4, 8 und 18 km/h. Wie bei der Kö/Kb II übertrugen Ketten die Antriebskraft auf die Radsätze. Die Loks wurden von Windhoff, Gmeinder und Esslingen gebaut. Die Motoren stammten von Deutz, Kaelble und Junkers. Zunächst begnügte man sich mit zweizylindrigen Modellen für Leistungen zwischen 25 und 30 PS. Wegen einer zu geringen Zugkraft ging man bei späteren Lieferungen auf dreizylindrige Motoren derselben Hersteller mit 35 bis 39 PS über („verstärkte Einheitsbauart 1935"). Der Rahmen wurde geschweißt.

Die Kö I stand stets im Schatten ihrer stärkeren Schwester. Schon 1939 wurde die Beschaffung eingestellt. Bei der DB schied die letzte der vorzugsweise innerhalb von Bw's verwendeten Loks (inzwischen Reihe 311) im Jahre 1979 aus. Die noch bis in die späten achtziger Jahre verwendeten 100.0 der DR sind inzwischen ebenfalls ausgemustert. Einige Exemplare der Kö I sind museal erhalten geblieben.

Bauart:	B dm
Raddurchmesser:	850 mm
Höchstgeschwindigkeit:	20 km/h
Zahl der Motoren:	1
Zahl der Zyl. pro Motor	2/3
Motorleistung:	18,4–28,7 kW
Länge über Puffer:	5475 mm
Achsstand:	2500 mm
Dienstgewicht:	8–10 t

ET 11

Die elektrischen Schnelltriebwagen

ET 11 01–03 a/b, geliefert 1935–1937 als elT 1900–1902 a/b

Eine geschickte – und zu Zeiten des „Dritten Reiches" auch immer politisch gewollte – Regie sorgte dafür, dass im Jubiläumsjahr 1935 ganz besonders viele spektakuläre neue Triebfahrzeuge vorgestellt werden konnten, von denen wir mit der 05, der 61, der E 18 und der V 140 schon einige kennengelernt haben. Großes Aufsehen erregte auch der erste elektrische Schnelltriebwagen, der ebenfalls sofort auf der Ausstellung in Nürnberg gezeigt wurde. Mit dem zweiteiligen Triebzug und den in den beiden nächsten Jahren noch folgenden zwei Exemplaren sollten Versuchsergebnisse für eine größere Serie gewonnen werden, die für den Schnellverkehr auf der für die Elektrifizierung vorgesehenen Strecke München – Berlin beschafft werden sollte.

Vom Erscheinungsbild und vom wagenbaulichen Konzept her ähnelten die Triebzüge den Dieselschnelltriebwagen. Sie waren stromlinienförmig gestaltet und in geschweißter Leichtstahlbauweise konstruiert. Im Gegensatz zu den ersten SVT-Bauarten ruhten die beiden Teile nicht auf einem gemeinsamen Jakobs-Drehgestell, sondern auf jeweils eigenen Drehgestellen. Jeder Wagen war für sich allein antriebs- und bremstechnisch vollständig ausgerüstet. Neu war eine Magnetschienenbremse. Zwei Züge kamen von MAN, einer von der Maschinenfabrik Esslingen.

	ET 11 01	ET 11 02	ET 11 03
Bauart:	Bo'2'+ 2'Bo' w4e	Bo'2'+ 2'Bo' w4t	Bo'2'+ 2'Bo' w4e
Raddurchmesser:	950 mm	970 mm	970 mm
Höchstgeschwindigkeit:	160 km/h	160 km/h	160 km/h
Sitzplätze 2. Kl.:	77	77	77
Sitzplätze 3. Kl.:	–	–	–
Stundenleistung:	1410 kW	1020 kW	1020 kW
Geschwindigk. bei St.lstg.	144 km/h	136 km/h	139 km/h
Länge über Puffer:	43585 mm	43585 mm	43585 mm
Dienstgewicht:	104 t	107,7 t	113,5 t

Entsprechend ihrem Charakter als Versuchsfahrzeuge wiesen die drei Züge einige Unterschiede in der Lauf- und Antriebstechnik auf. Die ersten beiden hatten Rollenachslager, der dritte Gleitlager. BBC rüstete den ET 11 01 mit einem Buchliantrieb ähnlich der E 16 aus, SSW den ET 11 02 mit Tatzlagerantrieb und AEG den ET 11 03 mit Federtopfantrieb. Die seit zehn Jahren auf dem Elloksektor geführte Konkurrenz wurde also konsequent fortgesetzt. Die Öltrafos waren einheitlich ausgeführt. Die zwölfstufigen Nockenschaltwerke wurden beim ersten Zug mit Drehmagnet, bei den weiteren mit Servomotor betätigt. ET 11 01 besaß neu entwickelte Motoren, 02 und 03 Einheitsmotoren wie ET 25/31. Lackiert waren die Züge mit roter Schürze, hellbeigem Wagenkasten und silbernem Dach. Die Inneneinrichtung fiel durch komfortabel gepolsterte Sitze und Wandgestaltungen mit Intarsienbildern deutscher Städte auf.

Nach Abschluss intensiver Erprobungen wurden die Doppeltriebwagen im Schnellverkehr zwischen Berchtesgaden und Stuttgart eingesetzt. Kriegsbedingt kam es weder zum Durchlauf nach Berlin noch zum Weiterbau. Die DB renovierte und vereinheitlichte die Züge und setzte sie bis 1961 im F-Zug-Dienst ein, zuletzt zwischen München und Frankfurt (Main). Der noch bis 1970 im Versuchsdienst genutzte ET 11 01 blieb als Museumsfahrzeug erhalten.

ET 25

Die elektrischen Einheitstriebwagen

ET 25 001–028 a/b, 101–111 a/b, gel. 1935–1937 als elT 1801–1838 a/b + 1849 a/b
ES 25 001–013, 101–135, gel. 1935–1937 als elS 2401–2448

Ebenfalls durchaus elegant, betrieblich aber sehr viel wichtiger als die drei ET 11, waren die 39 Doppeltriebwagen der Baureihe ET 25 mit 48 zusätzlich ankuppelbaren Steuerwagen. In dieser Bauart wurde endlich der bereits mit den ET 65 und ET 51 vorbereitete elektrische Einheitstriebwagen für Vorort- und Schnellverkehr Wirklichkeit.

Bis zu drei Garnituren konnten vom Führerstand eines Trieb- oder Steuerwagens gemeinsam bedient werden. Entsprechend ihrer Bestimmung als Einheitsfahrzeuge für alle Wechselstromnetze der Reichsbahn wurden sie von vielen Herstellern gebaut. Esslingen, MAN, Fuchs, Linke-Hofmann, Waggonfabrik Bautzen und Rathgeber fertigten die Fahrzeugteile, AEG, BBC und SSW die elektrischen Ausrüstungen.

Entsprechend dem bei Dieseltriebwagen erreichten Standard war auch der ET 25 wagenbaulich eine komplett geschweißte Stahlkonstruktion mit annähernd stromlinienförmigen Kopfpartien. Schiebetüren sorgten für eine bündige Außenhaut ohne die zurückgesetzten Einstiegsbereiche der Vorläufertypen. Die elektrischen Ausrüstungen der einzelnen Firmenlose wiesen einige Unterschiede auf, beispielsweise in der Antriebstechnik des zwölfstufigen Nockenschaltwerks.

Die elT 1808–14 und 1828–31 (später ET 25 101–111) waren Fahrzeuge mit ausschließlich Dritter Wagenklasse für den Münchner Vorortverkehr. Bei dieser Variante wurde auf die Übergangseinrichtung in den Führerstandsfronten verzichtet. Der elT 1849 (ET 25 028) für die badische Wiesentalbahn wich ebenfalls von der Hauptserie ab.

Die Liste der Heimatstandorte bis 1945 mit den Städten Augsburg, Basel, Breslau, Esslingen, Lauban, Leipzig, Magdeburg, München, Nürnberg, Regensburg und Tübingen lässt erkennen, welch breite Verwendung der im Betrieb und beim Publikum hochwillkommene ET 25 auf nahezu allen bislang elektrifizierten Strecken der Deutschen Reichsbahn-Gesellschaft fand.

Die DB modernisierte die ihr verbliebenen Fahrzeuge zwischen 1963 und 1966 und stellte aus Trieb- und Steuerwagen dreiteilige kurzgekuppelte Einheiten zusammen. Die hässliche Umbau-Stirnfront ließ von einstiger Eleganz allerdings nichts übrig. Die DR schuf mit großer Mühe einen dreiteiligen ET 25 und setzte ihn von 1959 bis 1972 ein. Mit der Abstellung der letzten DB-Wagen 1986 endete der Regelbetrieb mit den ersten Einheits-Elektrotriebwagen der Reichsbahnzeit.

Bauart:	Bo'2'+ 2'Bc' w4t
Raddurchmesser:	950 mm
Höchstgeschwindigkeit:	120 km/h
Sitzplätze 2. Kl.:	18 (ET 25 101–111: –)
Sitzplätze 3. Kl.:	146 (ET 25 101–111: 170)
Stundenleistung:	1020 kW (teilweise 920 kW)
Geschwindigk. bei St.lstg.:	103 km/h (88 km/h bei den ET mit 920 kW)
Länge über Puffer:	43625 mm
Dienstgewicht:	88,3 – 94,8 t

ET 91

„Der Gläserne Zug"

ET 91 01–02, geliefert 1935 als elT 1998–1900

Die nationalsozialistische Freizeit- und Urlaubsorganisation „Kraft durch Freude", übrigens auch erste Namensgeberin des „KdF-Wagens", erst später als „Volkswagen" besser bekannt geworden, wünschte von der Reichsbahn die Vorhaltung besonderer Triebwagen für den Ausflugsverkehr in landschaftlich schöne Gegenden Deutschlands. Die Fahrzeuge sollten mit den zunehmend schneller und eleganter werdenden Straßenomnibussen konkurrieren können. Die DRG bestellte zwei Elektro- und drei Dieseltriebwagen.

Die elT 1998 und 1999, ab 1940 als ET 91 01 und 02 eingereiht, wurden im Wagenteil von Fuchs in Heidelberg und im elektrischen Teil von AEG erstellt. Die Fahrzeuge erhielten eine ungewöhnliche Gestaltung als Aussichtstriebwagen. Ihre Schiebetüren waren in der Wagenmitte angeordnet. In der Mitte des Einstiegsraumes war versenkt die Toilette angeordnet. Der gesamte Innenraum war frei zu übersehen, die Wände zwischen Einstiegs- und Sitzräumen waren verglast. Die Führerstände waren nicht abgeteilt; die Fahrgäste konnten dem Triebwagenführer „über die Schulter" blicken. 72 Fenster rund um die Seiten und die Stirnfronten sowie fast in der gesamten Dachschräge garantierten einen im Vergleich zu bisherigen Eisenbahnfahrzeugen phänomenalen Rundblick nach außen. Lediglich der zentrale Bereich des Daches musste zur Unterbringung von Stromabnehmern und Dachleitung in gewohnter Weise stabil gestaltet werden. Die Lackierung war zunächst in hellblau mit dunkelgrauer Schürze gehalten.

Die beiden sofort als „Glaszüge" oder „Gläserne Züge" populär gewordenen Triebwagen wurden von München aus hauptsächlich in Oberbayern eingesetzt. Mit dem „Anschluss" Österreichs im März 1938 begannen die auch zu DB-Zeiten „klassischen" Alpenrundfahrten München – Garmisch – Innsbruck – Kufstein – München und München – Kufstein – Zell am See – Salzburg – München.

Bei einem Bombenangriff auf München im März 1943 brannte der ET 91 02 vollständig aus. Daraufhin wurde der andere Triebwagen nach Bichl im Alpenvorland ausgelagert. Zum Schutz gegen Plünderer wurde er gegen Kriegsende sogar im Lokschuppen eingemauert. 1949 konnte er seine Ausflugsfahrten wieder aufnehmen. Außer den fast immer ausgebuchten Fahrten durch Oberbayern und Tirol konnte er im Zuge der immer weiteren Ausdehnung des elektrischen Netzes seinen Aktionsradius immer mehr erweitern und schließlich auch die Rheinstrecken und den Schwarzwald befahren. Stromabnehmer für unterschiedliche Fahrleitungen gestatteten auch Reisen mit eigener Kraft über Gotthard und Semmering. Ab 1990 reichte der Aktionsradius des „Gläsernen" bis Rügen und Bad Schandau. Nur große Mühen der beteiligten Ausbesserungswerke und die Heranziehung verschiedenster Ersatzteile aus dem Altbaufundus ermöglichten die betriebsfähige Erhaltung des schließlich ältesten Strecken-Triebfahrzeuges der DB.

Alles hat einmal ein Ende. Ein tragischer Unfall am 12. Dezember 1995 kostete einen Fahrgast des 491 001 das Leben. Der „Gläserne" war schwer beschädigt. Die Reparatur des letztlich durchaus filigranen Fahrzeuges wäre weithin auf einen Neubau hinausgelaufen. Ein solcher Neubau hätte aber nur noch eine Kopie des Originals dargestellt, die im Übrigen nach heutigen Vorschriften gar nicht mehr genehmigungsfähig gewesen wäre. So war die Ausmusterung unumgänglich.

Für eine Bahnverwaltung, die auf publikumswirksame Angebote Wert legen würde, wäre es ein leichtes, mit einer Neubauserie von Aussichtstriebwagen moderner Technologie den Touristikmarkt zwischen Schweiz und Sächsischer Schweiz zu bedienen.

Bauart:	Bo'2'w2t
Raddurchmesser:	950 mm
Höchstgeschwindigkeit:	120 km/h
Sitzplätze 2. Kl.:	–
Sitzplätze 3. Kl.:	72
Stundenleistung:	390 kW
Geschwindigkeit bei St.lstg.:	72 km/h
Länge über Puffer:	20600 mm
Dienstgewicht:	45,4 t

SVT 137 „Bauart Hamburg“

SVT 137 149–152, 224–232, geliefert 1935–36

Der Erfolg des „Fliegende Hamburgers“ (SVT 877 s. S. 106/107) gab Anlass zur Beschaffung weiterer Schnelltriebwagen. Bei der ersten Nachbestellung hielt man am bewährten Konzept des Erstlings fest. Wiederum baute Wumag zweiteilige Züge mit verbindendem Jakobsdrehgestell, die von Maybach mit zweimal 410 PS motorisiert wurden. Die Dieselmotoren waren in den Enddrehgestellen gelagert und ragten in die Wagenkästen hinein. Die Traktionsgeneratoren fanden gleichfalls in den Drehgestellen unter dem Wagenboden Platz. Die nunmehr von AEG und SSW gemeinsam beigesteuerte elektrische Ausrüstung war ansonsten hauptsächlich im Mitteldrehgestell konzentriert, dessen Radsätze von den Tatzlagermotoren angetrieben wurden. Da die Sitzanordnung des SVT 877 im Schema „1+3“ als zu eng empfunden wurde, ging man auf die komfortablere Bestuhlung der Großräume im Schema „1+2“ über. Dadurch reduzierte sich das Platzangebot von 102 auf 77 Sitze. Im Hinblick auf diese geringe Kapazität sorgte man mit Vielfachsteuerung und Scharfenbergkupplungen sogleich für die Möglichkeit des Zusammenlaufs von zwei oder mehr Garnituren.
Die Lieferung der neuen Serie ermöglichte die Ausdehnung des bislang von Berlin aus nur nach Hamburg angebotenen Triebwagenschnellverkehrs auf die Verbindungen nach Köln, Frankfurt (Main), München und Stuttgart. Auf dem Abschnitt Berlin – Hannover wurde eine bis dahin unvorstellbare Reisegeschwindigkeit von 132,6 km/h erreicht. Ein weiteres FDt-Paar wurde zwischen Köln und Altona eingelegt. Auf den Abschnitten Berlin – Nürnberg (Verzweigung nach München und Stuttgart) und später auch Berlin – Hamm waren planmäßig zwei Züge zusammengekuppelt.
Nach dem Zweiten Weltkrieg wurden die SVT in den westlichen und östlichen Zonen Deutschlands sowie in der Tschechoslowakei vorgefunden. In den Westzonen dienten sie zunächst den Besatzungsmächten und bis zur Ausmusterung 1957/58 der DB. Die CSD verwendete ihre Exemplare im Schnellverkehr bis 1966. Die DR musterte ihre SVT „Hamburg“ Mitte der siebziger Jahre aus. Der umgebaute SVT 135 225 blieb erhalten.

Bauart:	2'Bo'2' de
Treibraddurchmesser:	1000 mm
Höchstgeschwindigkeit:	160 km/h
Motorleistung:	2 x 302 kW
Zahl der Zyl. pro Motor:	12
Länge über Kupplungen:	44256 mm
Dienstgewicht besetzt:	97,4 t
Sitzplätze 2. Klasse:	77
Sitzplätze 3. Klasse:	–
Hersteller Wagenteil:	Wumag
Hersteller Motor:	Maybach
Hersteller Kraftübertragung:	Wasseg
Baureihe bei DB:	VT 04[1]

SVT 137 „Bauart Leipzig"

SVT 137 153–154, 233–234, geliefert 1935–36

Für Routen nach Schlesien und Ostpreußen wünschte die Reichsbahn Schnelltriebwagen mit größerem Platzangebot in nunmehr auch wieder zwei Wagenklassen und mit einem Speiseraum anstelle des „Erfrischungsabteils" des SVT Hamburg. In maschinentechnischer Hinsicht wollte man die moderne dieselhydraulische Kraftübertragung nun auch im Hochgeschwindigkeitsbereich testen.

Daher bestellte die DRG vier dreiteilige Schnelltriebwagen, davon je zwei mit hydraulischer und elektrischer Kraftübertragung. Bei der dieselhydraulischen Variante war die Antriebstechnik in den Enddrehgestellen konzentriert. Die durch Abgasturboaufladung in ihrer Leistung - gesteigerten Motoren trieben die Zweiwandlergetriebe von Voith an, die die Antriebsenergie über Gelenkwellen an die Radsätze weitergaben. Bei der dieselelektrischen Ausführung behielt man die grundsätzliche Anordnung aus dem SVT 877 und der hieraus abgeleiteten „Bauart Hamburg" mit Motoren und Generatoren auf den Enddrehgestellen und elektrischen Fahrmotoren im Jakobsgestell bei, wobei dieses nun zweimal vorhanden war. Die Inneneinrichtung war im Vergleich zu den Vorgängern wieder konventioneller gestaltet, nämlich mit abgeschlossenen Abteilen Zweiter Klasse und Großräumen für die Dritte Klasse. (Es sei daran erinnert, dass die Erste Klasse bis 1956 eine nur in geringem Umfang angebotene und nachgefragte Sonderklasse für den internationalen Verkehr war.) Vorgesehen war, den SVT „Leipzig" mit einem weiteren Mittelteil auf vier Wagen zu verstärken. Bei dieser Gelegenheit sollte ein Endwagen mit einem großen Speiseraum ausgestattet werden. Dieser Umbau kam jedoch nicht mehr zustande.

	SVT 153–154	SVT 137 233–234
Bauart:	B'2'2'B' dh	2'Bo'Bo'2' de
Treibraddurchmesser:	900 mm	1000 mm
Höchstgeschwindigkeit:	160 km/h	160 km/h
Motorleistung:	2 x 442 kW	2 x 442 kW
Zahl der Zyl. pro Motor:	12	12
Länge über Kupplungen:	60150 mm	60150 mm
Dienstgewicht besetzt:	130,5 t	141,6 t
Sitzplätze 2. Klasse:	30	30
Sitzplätze 3. Klasse:	109	109
Hersteller Wagenteil:	LHW	LHW
Hersteller Motor:	Maybach	Maybach
Hersteller Kraftübertragung:	AEG/ Voith	Wasseg

Ein dieselelktrischer Triebzug erreichte am 17. Februar 1936 eine Geschwindigkeit von 205 km/h, was einen Rekord für Triebfahrzeuge des regulären Reichsbahnbestandes war. (Kruckenbergs nicht von der DRG übernommener „Schienenzeppelin" mit Propellerantrieb hatte am 21. Juni 1931 mit 230 km/h den für fast zwei Jahrzehnte unangefochtenen Weltrekord für Schienenfahrzeuge erkämpft.) Nach Abschluss der Versuchsfahrten wurden die SVT „Leipzig" – anders als ihr Name glaubhaft machen könnte! – im Schnellverkehr Berlin – Breslau – Beuthen eingesetzt.

Nach dem Zweiten Weltkrieg nahm die DR zunächst zwei Züge in Betrieb. Der von der PKP zurück erworbene SVT 137 234 wurde auf vier Wagen verstärkt und ab 1956 vorwiegend im Schnellverkehr Berlin – Wien eingesetzt. Später wurde er zum dreiteiligen Salontriebwagen für Reisen der Staats- und Parteiführung umgebaut und ist heute museal erhalten. Sein derzeitiges Erscheinungbild lässt sich mit dem Schema „außen Dorpmüller 1935, innen Ulbricht 1965" charakterisieren.

ET 125 „Bankierzüge“ der Berliner S-Bahn ET+EB 125 001–018,

geliefert 1934–36 z.T. noch als elT 3796–3799 + el 6306–6309, ab 1936 elT 4501–18 + el 8501–18

Bauart:	Bo'Bo' g4t + 2'2'
Raddurchmesser:	900 mm
Höchstgeschwindigkeit:	120 km/h
Sitzplätze 2. Kl.:	33/34
Sitzplätze 3. Kl.:	84–88
Stundenleistung:	670 kW
Geschwindigk. bei St.lstg.:	55 km/h
Länge über Kupplung:	35.560 mm
Dienstgewicht:	67,3 – 72,3 t

1934 führte die Reichsbahn auf der mit Stromschiene elektrifizierten Fernbahnlinie Berlin Potsdamer Bf – Zehlendorf (Mitte) neben dem normalen S-Bahn-Verkehr durchlaufende beschleunigte S-Bahn-Züge ein. Für dieses vom Publikum sehr gut aufgenommene Angebot wurden besondere Triebzüge mit einer Höchstgeschwindigkeit von 120 km/h gebaut. Im Vergleich zum ET 165 mussten Antriebsleistung und Bremsausrüstung verstärkt werden. Die Motoren wurden mit höherer Drehzahl, neuer Wicklung und verbessertem Isolationsmaterial von 110 auf 165 kW ertüchtigt. Für die Beleuchtung wurde ein rotierender Lichtumformer mit Akkumulator verwendet, der die Zugbeleuchtung von der schwankenden und stellenweise unterbrochenen Stromschienenspannung unabhängig machte. Das größere Gewicht der elektrischen Ausrüstung wurde durch den leichteren Bau des nunmehr geschweißten Fahrzeugteils ausgeglichen.

Dem Zug der Zeit entsprechend gestaltete man die Kopfform nun in gefälliger Abrundung. Wie schon beim ET 168 (s. S.47) integrierte man in die Stirnfront nun wieder zwei Signallaternen, nachdem der ET 165 „einäugig“ gewesen war.

Die kleine Zahl von ET 125 bestand aus drei unterschiedlichen Kleinserien, die zugleich Stufen des Übergangs vom Klassiker ET 165 zu den moderneren ET 166/167 (s. S.150/151) charakterisieren.

Die ET 125 konnten noch bis in die letzten Monate des Zweiten Weltkrieges im „Schnellzugdienst“ zwischen Potsdamer Bf und Wannsee eingesetzt werden, wobei die „Potsdamer Stammbahn“ bis Zehlendorf mit einer Länge von 12,1 km in 9 Minuten ohne Halt durchfahren wurde. Im Hinblick auf die vorzugsweise zu „besseren Kreisen“ gehörenden Fahrgäste aus den südwestlichen Randbezirken der Reichshauptstadt gab der Berliner Volksmund den schnellen Triebwagen die Bezeichnung „Bankierzüge“. Nach 1945 wurden die ET 125 in die Baureihe ET 166 überführt.

ET 31

Elektrische Einheitstriebwagen für den Fernverkehr

ET 31 001–013 a/b/c, geliefert 1936–1937 als elT 1301–1313 a/b/c

Für den Eil- und D-Zugdienst auf mittleren Fernstrecken entwickelte das Reichsbahnzentralamt München mit LHB und BBC aus dem ET 25 (s. S. 139) einen dreiteiligen Triebzug mit großzügigerem Platzangebot sowie Gepäck- und Postabteil. Sowohl die Endwagen „a“ und „b“ als auch der Mittelwagen „c“ waren motorisiert. Da alle drei Teile im Betrieb zusammenbleiben sollten und der Zusammenlauf mit Steuerwagen nicht vorgesehen war, konnte man auf die zugluft- und nässeanfälligen Türen der ET/ES 25 in den Stirnfronten verzichten und die Führerstände mit je zwei großzügigen Vorderfenstern ausstatten. Tief herabgezogene Schürzen im Fahrgestellbereich kamen den Forderungen der Aerodynamik entgegen. Die Züge erhielten wie die ET 11 eine von der Norm abweichende Farbgebung mit hellgelb-beigen Wänden, grauem Dach und roten Schürzen.

Die Triebzüge wurden auf der schlesischen Gebirgsbahn Breslau – Hirschberg, in Oberbayern sowie auf der Strecke München – Nürnberg eingesetzt. Um 1940 wurde ein rostroter Anstrich angebracht, vermutlich um im Sinne des Luftschutzes die Auffälligkeit zu vermindern. 1950 ließ die DB den durch Bombenangriffe verminderten Bestand aus vier dreiteiligen Zügen bei der Maschinenfabrik Esslingen umbauen. Hierbei wurde jeweils ein Endwagen durch einen überzähligen ES 25 ersetzt, bei dem das führerstandlose Ende einen regulären Übergang mit Faltenbalg bekam. Dadurch gewann man vier Endwagen, die zu zwei zweiteiligen Garnituren verbunden wurden. Mit ES 25 bisheriger Bauform, die (ohne Übergangsmöglichkeit) angehängt wurden, vergrößerte man auch diese Züge zu Dreiteilern. Die neue Reihenbezeichnung der ET+ET+ES-Züge lautete ET/ES 32.

Bei einer Modernisierung 1963/64 vereinheitlichte das AW Bad Cannstatt die Züge, sodass die unterschiedliche Herkunft der Wagen kaum mehr zu erkennen war. 1983/84 wurden die seit 1961 im Raum Nürnberg eingesetzten Züge abgestellt.

Fast überall in Europa blieben elektrische Treibwagen im Fernverkehr bis in die Zeiten von TGV und ICE selten. Ausnahmen gab es allenfalls in Italien, Österreich und in der Sowjetunion.

Bauart:	Bo'2'+ Bo'2' + 2'Bo' w6t
Raddurchmesser:	970 mm
Höchstgeschwindigkeit:	120 km/h
Sitzplätze 2. Kl.:	36
Sitzplätze 3. Kl.:	152
Stundenleistung:	1650 kW
Geschwindigk. bei St.lstg.:	104 km/h
Länge über Puffer:	68840 mm
Dienstgewicht:	145,1 t

VT 137 Vierachsige Dieseltriebwagen dieselmechanische Bauarten

VT 137 136–148, 235, 236 geliefert 1935–37

Bauart:	B'2' dm
Raddurchmesser:	900 mm
Höchstgeschwindigkeit:	80 km/h (235,236: 90 km/h)
Motorleistung:	155 (235:206/ 236:221 kW)
Zahl der Zyl. pro Motor:	6 (VT 137 236: 12)
Länge über Puffer:	21873mm
Dienstgewicht besetzt:	38,3 (235:42,2/236:40,9 t)
Sitzplätze 2. Klasse:	16
Sitzplätze 3. Klasse:	50
Hersteller Wagenteil:	Dessau, Lindner, Talbot
Hersteller Motor:	MAN, Daimler-Benz
Hersteller Kraftübertragung:	TAG, DWK, Mylius
Baureihe bei DB:	VT 63[9]

Trotz des Siegeszuges der dieselelektrischen und dieselhydraulischen Triebwagen gaben Industrie und Reichsbahn das preiswerte dieselmechanische Antriebskonzept für den unteren Leistungbereich noch nicht auf. Vom antiquierten System mit Blindwelle und Treibstangen (VT 137 000 ... 135, s. S. 110) ging man jedoch ab.

Dessau, Lindner und Talbot bauten die **VT 137 136–148** für Nebenbahnen. Der Fahrzeuggrundriss wurde von den VT 137 068–073 (s. S. 118/119) übernommen. Der MAN-Motor war mit dem vierstufigen Getriebe über eine Gewebescheibenkupplung verbunden. Eingesetzt wurden die Triebwagen in Rheine und Landau. Neun kamen noch zur DB.

Sehr ähnlich, aber durch Aufladung des Motors etwas stärker und schneller, war der **VT 137 235**. Er diente speziell dem Vergleich mit den dieselhydraulischen VT 137 162–163 (s. S. 158/159).

Die Grenzen der mechanischen Kraftübertragung wollte man schließlich mit dem **VT 137 236** erforschen. Bei ähnlichem Aufbau wie der 235 war er – diesmal von Daimler-Benz – nochmals stärker motorisiert. Er wurde in Ostpreußen eingesetzt und blieb nach 1945 verschollen.

VT 137

Vierachsige dieselhydraulische Aussichtswagen

VT 137 240, 462, 463 geliefert 1936, 1939

Nach dem Erfolg des elektrischen „Gläsernen Zuges“ (ET 91, s. S. 140/141) sollten Aussichtstriebwagen auch für das immer noch bei Weitem überwiegende nicht elektrifizierte Netz der Deutschen Reichsbahn gebaut werden.
Wie für die elektrische Variante baute Fuchs in Heidelberg den Fahrzeugteil. Auch beim Dieseltriebwagen war die obere Hälfte des Fahrgastraums rundum verglast.
In der Dachwölbung wurden nun sogar gekrümmte Scheiben verwendet. Der obere Teil des Daches konnte als Rollverdeck ausgeführt werden, weil auf die Dachausrüstung eines Oberleitungsfahrzeuges keine Rücksicht genommen werden musste. So darf der Aussichts-VT als erstes „Cabrio“ unter den deutschen Schienenfahrzeugen gelten. Die Toiletten waren unten neben den Führerständen angeordnet. Wiederum wurde ein neues Lackierungsschema gewählt, nämlich mit Stahlblau für den Schürzenbereich und „Hechtgrau“ für den Wagenkasten.
Zwei Antriebsanlagen mit Boxermotoren arbeiteten über dreistufige Doppel-Turbogetriebe und Gelenkwellen jeweils separat auf die äußeren Achsen der Drehgestelle. Die Bremsanlage war als Scheibenbremse modern ausgeführt.
Dem im Mai 1936 gelieferten VT 137 240 folgten 1939 zwei etwas abgeänderte Fahrzeuge. Der vorgesehene Bau von zwei weiteren Triebwagen unterblieb kriegsbedingt.
Nach langer Abstellzeit konnte die DB 1950 zwei Aussichtstriebwagen wieder in Betrieb nehmen. Wegen eines hohen Unterhaltungsaufwandes wurden sie aber nach einem Betriebsjahrzehnt (in wein-rot-schwarzer Lackierung) in den Jahren 1960 und 1962 ausgemustert.

Bauart:	(A1)(1A) dh
Raddurchmesser:	900 mm
Höchstgeschwindigkeit:	120 km/h
Motorleistung:	2 x 132 kW
Zahl der Zyl. pro Motor:	8
Länge über Puffer:	22240/22390* mm
Dienstgewicht besetzt:	48,5/49,1* t
Sitzplätze 2. Klasse:	16/0*
Sitzplätze 3. Klasse:	60/68*
Hersteller Wagenteil:	Fuchs
Hersteller Motor:	DWK
Hersteller Kraftübertragung:	Voith
Baureihe bei DB:	VT 90[5]

* die jeweils letztgenannten Werte gelten für die VT 137 462 und 463.

41 Die Dampflok für Schnellgüterzüge

G 46.18/20, **41 001–366**, geliefert 1936, 1939–41

Bauart:	1'D1' h2
Treibraddurchmesser:	1600 mm
Höchstgeschwindigkeit:	90 km/h
Zylinderdurchmesser:	520 mm
Kolbenhub:	720 mm
Kesseldruck:	16 at (anfangs 20 at)
Verdampfungsheizfläche:	203,15 m²
Länge über Puffer (T 30):	23200 mm
Länge über Puffer (T 34):	23905 mm
Wasservorrat:	30/ 32/ 34 m³
Kohlevorrat:	10 t
Dienstgewicht:	101,9 + 55,2 t (T 30) /59,3 t (T 34)
Leistung:	1400 kW

Die Aufzählung immer neuer Elektro- und Motorfahrzeugtypen könnte den Eindruck entstehen lassen, die Beschaffung von Dampfloks sei Mitte der dreißiger Jahre bereits in den Hintergrund getreten. Dieser Eindruck wäre nicht ganz richtig. 1935 wurden neben 191 Elloks und Triebwagen sowie 222 Kleinloks immer noch 119 Dampfloks in Dienst gestellt. 1936 kamen nur noch 135 Elloks und Triebwagen sowie 85 Kleinloks in Betrieb, daneben aber wieder 195 Dampfloks. In der Phase der Kriegsvorbereitung und erst recht im Krieg selbst verschob sich der Schwerpunkt der Triebfahrzeugbeschaffung dann immer mehr in Richtung Dampfloks. Absoluten Vorrang hatten dann Güterzugdampfloks, von denen die DRG ja seit dem Auslauf der Länderbahnnachlieferungen 1924 gerade einmal 47 Loks der Baureihen 43 und 44 hatte bauen lassen.

Die Renaissance der Güterzugdampflok begann mit der Vorstellung der ersten beiden Loks der Baureihe 41 von Schwartzkopff im Jahre 1936. Der großrädrige Vierkuppler trat im Typenprogramm an die Stelle der endgültig aufgegebenen 1'C- und 1'D-Typen, die einst auf den Nummernreihen 40 und 41 ihren Platz hatten finden sollen. Erforderlich wurde die neue Type, weil die Reichsbahn unter dem zunehmenden Druck der LKW-Konkurrenz Schnellgüterzüge mit einer Höchstgeschwindigkeit von 90 km/h anbieten wollte.

Der grundsätzliche Aufbau der Lok sowie fast der gesamte Kessel wurden von der 03 (s. S. 86–89) übernommen. Ein vorderes Krauss-Helmholtz-Gestell sicherte gute Laufeigenschaften. Erstmals sah man eine Vorrichtung zur wahlweisen Einstellung der Achsfahrmasse vor. Mittels umsteckbarer Bolzen konnten entweder die Kuppelachsen mit annähernd 20 t und die Laufachsen mit 11 bis 12 t oder die Kuppelachsen mit nur knapp 18 t und die Laufachsen mit 15 bis 16 t belastet werden.

Den Baumusterloks folgten erst ab 1939 die leicht verbesserten Serienloks. Hiervon wurden in rascher Folge 364 Maschinen gebaut, bis die weiteren Bestellungen zugunsten von 1'E-Loks storniert wurden. Die Loks wurden zunächst bestimmungsgemäß im schnellen Güterzugdienst verwendet. In der Kriegs- und Nachkriegszeit nutzte man aber zunehmend ihre Tauglichkeit als Mehrzwecklok. Die Höchstgeschwindigkeit von 90 km/h genügte unter Berücksichtigung des guten Anfahrvermögens vielerorts auch für Personen-, Eil- und sogar D-Züge.

Probleme warf der Kessel auf: Ausgerechnet für eine Lok mit einem auf 20 at erhöhten Kesseldruck hatte man einen nicht alterungsbeständigen und kaum schweißbaren Kesselstahl „St 47 K“ verwendet. Schon sehr bald musste der Druck auf 16 at herabgesetzt werden. Als die Kessel dennoch immer betriebsgefährlicher wurden, begann die Reichsbahn noch im Krieg mit der Beschaffung von Ersatzkesseln aus herkömmlichem Stahl. Die DDR-Reichsbahn setzte diese Maßnahme fort. Schließlich ertüchtigten aber DB und DR ihre wertvollen 41er mit völlig neuen Hochleistungskesseln mit Verbrennungskammer. Bei der DB erhielten 40 Loks mit Neubaukessel dann auch noch eine Ölfeuerung und gehörten damit zur späten Leistungselite des deutschen Dampflokbaus.

In beiden deutschen Staaten gehörten 41er zu den letzten regelmäßig eingesetzten Dampfloks. Betriebsfähige Museumsloks repräsentieren heute mehrere Umbauzustände der erfolgreichsten deutschen „Mikado“.

41 166

ET 166/167 „Olympiazüge" und Folgeserie der Berliner S-Bahn

ET+EB 166 001–034, gel. 1936 als elT 3800–33 + elB 6310–19, 6321–44,
ET+EB 167 001–283, gel. 1937–44 z.T. noch als elT 3834–4044 + elB 6345–6555

Aus dem ersten Versuchszug von 1935 für die S-Bahn-Schnellzüge ET 125 (s. S. 144) leitete man eine neue Serienausführung ab, bei der die technischen und ästhetischen Fortschritte seit dem ET 165 (s. S. 74/75) berücksichtigt wurden. Für Gehäuse und Drehgestelle war die vollständige Schweißung nun selbstverständlich. Die leicht windschnittige Kopfform des ET 125 wurde zu einer sehr überzeugenden Regelausführung ausgereift. Der Achsstand der Drehgestelle wurde zur Verbesserung der Laufruhe von 2500 auf 2600 mm vergrößert. Der Bedarf für die neue Serie ergab sich durch die Abhaltung der Olympischen Sommerspiele 1936 in Berlin.
Ein Anschlussauftrag wurde vor allem im Hinblick auf den Bau der Nord-Süd-S-Bahn notwendig. Gegenüber der Bauart „Olympia" nahm man wiederum kleinere Änderungen vor. So kehrte man zum Drehgestell-Achsstand 2500 mm zurück. Die Scharfenberg-Kupplung ermöglichte nun auch die automatischer Verbindung aller elektrischen Steuerstromleitungen. Die Lieferung der ET 167 wurde bis weit in den Krieg hinien fortgesetzt, weil die weitgehende Stilllegung aller privaten Kraftfahrzeuge und die Aufblähung der Produktions- und Verwaltungskapazitäten den Verkehr in der Hauptstadt der Diktatur immer weiter ansteigen ließ. Den ET 167 folgten in den Zeiten der Teilung Berlins 45 Jahre lang keine neuen Serienfahrzeuge für die S-Bahn. In modernisierter Form erlebten einige (als 477/877) noch die Jahrtausendwende.

Bauart:	Bo'Bo' g4t + 2'2'
Raddurchmesser:	900 mm
Höchstgeschwindigkeit:	80 km/h
Sitzplätze 2. Kl.:	34
Sitzplätze 3. Kl.:	84/85
Stundenleistung:	440 kW
Geschwindigk. bei St.lstg.:	46 km/h
Länge über Kupplung:	35560 mm
Dienstgewicht:	68,7 – 67,4 t

3 899 Bln

E 244 Die Versuchsloks für 50 Hertz

E 244 01, 11, 21, 31 geliefert 1936

Industrie und Bahnverwaltung wollten Mitte der dreißiger Jahre prüfen, inwieweit die Fortschritte der Technik einen Zugbetrieb mit 50-periodigem Strom möglich machte, wie er ohne Umformung aus den Netzen der landesweiten Elektrizitätsversorgung entnommen werden konnte. Lokomotiven mit gewichtigen rotierenden Umformern nach ungarischem Vorbild kamen jedoch nicht in Betracht. Vielmehr wollte man vorrangig Bauarten testen, bei denen Gleichrichter den Fahrstrom erzeugen.

Für den Probebetrieb wählte man sehr schwierig profilierte und zugleich nicht allzu stark befahrene Strecken aus, nämlich die Höllentalbahn und die abzweigende Dreiseenbahn im Schwarzwald.

Die Stromspannung wurde mit 20 kV festgesetzt. Zunächst wurden drei Loks bestellt und gebaut. Bei ihrem Profil sowie den Maßen der Stromabnehmer musste auf die vielen Tunnel der Strecke Rücksicht genommen werden.

Die **E 244 01** wurde fahrzeug- und elektrotechnisch von AEG gefertigt. Sie ähnelte den E 44 506–509 (s. S. 92–94) vom selben Hersteller. Ein Umspanner und ein gittergesteuerter Quecksilberdampfgleichrichter führten den Gleichstrom-Reihenschlussmotoren den Fahrstrom zu. Eine elektrische Widerstandsbremse entsprach den Besonderheiten der Steilstrecke.

Krauss-Maffei und BBC bauten die **E 244 11**. Sie entsprach fahrzeugtechnisch weitgehend der E 44. Sie war die erste deutsche Ellok mit Hochspannungssteuerung. Den motortauglichen Strom erzeugte wiederum ein Quecksilberdampf-Gleichrichter. Die Widerstandsbremse wurde als regelbare „Bremsmaschine“ gestaltet, die zusammen mit den Fahrstufen über den Fahrschalter zu bedienen war.

Von Krauss-Maffei und SSW kam die **E 244 21**. Auch sie glich mechanisch weitgehend der E 44. Ihre Besonderheit war die Einspeisung des 50-periodigen Wechselstroms in die Motoren. Die Besonderheiten dieser Stromart machten es notwendig, an jeder Achse zwei Motoren vorzusehen. Aufgrund eines zusätzlichen Angebots von Krupp und Garbe-Lahmeyer wurde auch noch die **E 244 31** beschafft. Ihre Besonderheit waren die „Phasenspaltermotoren“. Hierbei waren die Drehstrom-Schleifringläufermotoren jeweils mit einem Zwischenläufer verbunden. Wie bei den italienischen Drehstromloks ergaben sich drei feste Hauptfahrstufen, die sich aber im Betrieb als ausreichend erwiesen.

Nach dem Zweiten Weltkrieg ergänzte noch eine E 244 22 und der ET 255 01 den Bestand an Versuchsfahrzeugen. 1960 wurden die Strecken auf das reguläre System umgestellt. Die E 244 01 wurde ausgemustert. Die E 244 11 und 22 wurden in E 44 umgebaut. Die E 244 21 wurde Basis für den Bau einer Zweisystemlok E 344 01. Die E 244 31 wurde als erste Ellok mit kommutatorlosen Fahrmotoren museal erhalten. Der Versuchsbetrieb mit den E 244 im Schwarzwald brachte wichtige Erkenntnisse für den Ellokbau aller Stromsysteme und war Keimzelle für das heute weltweit führende System der elektrischen Zugförderung mit 25 kV/ 50 Hz.

	E 244 01	**E 244 11**	**E 244 21**	**E 244 31**
Bauart:	Bo'Bo' w4t	Bo'Bo' w4t	Bo'Bo' w8t	Bo'Bo' w4t
Raddurchmesser:	1250 mm	1250 mm	1250 mm	1250 mm
Übersetzungsverhältnis.	81 : 18	79 : 22	97 : 30	114 : 28/30
Höchstgeschwindigkeit:	85 km/h	85 km/h	85 km/h	83,5 km/h
Anfahrzugkraft:	24 t	24 t	24 t	24 t
Stundenleistung:	2000 kW	2400 kW	2060 kW	2120 kW
Geschw.keit bei St.lstg.:	57 km/h	71 km/h	70 km/h	57 km/h
Länge über Puffer:	14320 mm	15290 mm	16440 mm	15080 mm
Dienstgewicht:	85 t	84,6 t	84,8 t	83 t
Leistungskennziffer:	23,6 kW/t	28,4 kW/t	24,3 kW/t	25,6 kW/t

05 003 Die staubgefeuerte Schnellfahrlok

S 37.19, **05 003**, geliefert 1937

Die Schnelltriebwagen setzten ihren Siegeszug im hochwertigen Fernverkehr fort. Mit den Bauarten „Hamburg" und „Leipzig" (s. S. 142/143) hatte man auch die etwas spartanische Innenarchitektur des VT 877 (s. S. 106/107) überwunden und damit beispielweise gegenüber dem „Henschel-Wegmann-Zug" (s. S. 128/129) aufgeholt. Das wichtigste Argument für die Fortsetzung der Hochgeschwindigkeitsversuche mit Dampf war wirtschaftspolitischer Natur: Das Regime wollte so weit wie möglich von Ölimporten unabhängig werden. Daher konnte die Bestellung einer dritten Dampflok der Schnellfahrversuchsgattung 05 bei Borsig gerechtfertigt werden.

Bei ihr wollte man der damals häufig erhobenen Forderung genügen, das Personal vorne zu platzieren und ihm unmittelbare Streckensicht zu gewähren. Da Lokführer und Heizer aber den Kessel bedienen und überwachen mussten, ergaben sich durch den Front-Führerstand weitreichende Konsequenzen. Der Stehkessel musste vorne, die Rauchkammer hinten angeordnet werden. Weil Stückkohle nicht am Kessel vorbei bis zum Arbeitsplatz des Heizers transportiert werden kann, musste ein mittels Rohrleitung zu befördernder Brennstoff gewählt werden. Öl schied aus den oben genannten Gründen aus. Die Wahl fiel auf eine Feuerung mit Steinkohlenstaub. Im Tender wurde eine Kohlenstaubförderanlage mit Turbogebläse und Förderschnecke installiert, die ein Staub-Luft-Gemisch zum Brenner in der Feuerbüchse vorzutreiben hatte. Da die Steuerung von vorne bedient wurde, musste sie wie für eine regulär rückwärts fahrende Lok konstruiert werden. Um dem Staub-Luft-Gemisch einen ausreichend langen Verbrennungweg zu geben, akzeptierte man erstmals die umstrittene Verbrennungskammer und konnte sich daher mit einer Rohrlänge von 5500 mm begnügen.

Die Betriebserprobung fiel ernüchternd aus. Transport und Verbrennung des Kohlenstaubes funktionierten kaum je zuverlässig, sodass die Lokomotive nur selten die Dampfreserve besaß, die ihr Triebwerk forderte. Obwohl die Verwendung von Braunkohlenstaub wenigstens einen geringeren Verschleiß hätte erwarten lassen, hielt man am Steinkohlenstaub fest. Umbauten brachten keine Abhilfe. Die 05 003 kam nie in den Regelbetrieb. Nach langer Abstellzeit wurde sie kurz vor Kriegsende noch in eine Dampflok regulärer Bauform umgebaut (s. S. 190)

Bauart:	2'C2' h3
Treibraddurchmesser:	2300 mm
Höchstgeschwindigkeit:	175 km/h
Zylinderdurchmesser:	450 mm
Kolbenhub:	660 mm
Kesseldruck:	20 at
Verdampfungsheizfläche:	228 m²
Länge über Puffer:	27000 mm
Wasservorrat:	35 m³
Kohlenstaubvorrat:	10 t
Dienstgewicht:	124 + 82 t
Leistung:	?

44 Die schwere Güterzuglok in Großserie

G 56.20, **44 013–1230, 1241–1516, 1521–1700, 1721–1765, 1796–1804, 1821–1822, 1846–1858**, geliefert 1937–44

Als die Weltwirtschaftskrise überwunden war und die Aufrüstung des Naziregimes begann, nahm der Güterverkehr der Reichsbahn nach jahrelanger Stagnation wieder zu. Sie wollte schwerere und schnellere Güterzüge fahren, als es mit den preußischen Loks der Baujahre 1910–1924 möglich war, die noch immer die Hauptlast des Güterzugdienstes trugen. So besann man sich auf die 1'E-Lok von 1926. Um die Belastungen der Treibstangenlager in Grenzen zu halten, gab man nun doch wieder der dreizylindrigen 44 (s. S. 39) den Vorzug vor der zweizylindrigen 43 (s. S. 52/53).

Die Bauart wurde mehr als zehn Jahre nach der ersten Lieferung etwas modifiziert. So wurde der Kesseldruck von 14 auf 16 atü erhöht, der Zylinderdurchmesser entsprechend vermindert. Die Gegendruckbremse entfiel. Durch Absenkung der Kesselmitte von 3150 auf 3100 mm über Schienenoberkante wurde nun das Umgrenzungsprofil I eingehalten und somit für freizügigen Einsatz gesorgt. Zunächst bauten Krupp, Henschel und BMAG (Schwartzkopff) die 44 013–065 in einer Zwischenausführung, bevor dann die u.a. im Stehkessel noch etwas geänderte und mit Windleitblechen ausgestattete endgültige Ausführung ab 44 066 bei mehreren Herstellern in Serie ging.

Die 44 übernahm dann in großer Stückzahl den schweren Güterzugdienst auf vielen besonders belasteten Strecken in den Mittelgebirgen und wurde dort vor allem Nachfolgerin der preußischen G 12 (Reihe 58). Sie erwies sich schnell als eine der gelungensten Einheitslokomotiven. Allerdings verlangte ihr Einsatz den Ausbau des Oberbaus für eine Achsfahrmasse von 20 t, sodass sie kaum in den ab 1938 annektierten und besetzten Gebieten verwendbar war.

Ab 1942 wurde die 44 (wie die 50 und die 86) in das zur Kriegslok führende „Entfeinerungsprogramm" einbezogen. So wurden die meisten späten 44er als „Übergangs-Kriegsloks" mit dem Zusatz „ÜK" hinter der Nummer in sparsamer Ausführung gebaut. Ihnen fehlten z.B. die Windleitbleche, die Nummernschilder aus Metall, die Zentralverriegelung der Rauchkammertür und die vorderen Fenster in den Führerhausseitenwänden, um nur einige besonders auffällige Ver-

Bauart:	1'E h3
Treibraddurchmesser:	1400 mm
Höchstgeschwindigkeit:	80 km/h
Zylinderdurchmesser:	550 mm
Kolbenhub:	660 mm
Kesseldruck:	16 at
Hfl V+Ü:	238+100 m²
Länge über Puffer (T 34):	22620 mm
Wasservorrat:	34 m³
Kohlevorrat:	10 t
Dienstgewicht:	110,2 + 61,5 t
Leistung:	1405 kW

einfachungen zu benennen. Im Zuge der Aufgabenverteilung im besetzten Europa wurde die weitere Fertigung der 44 an französische Firmen übertragen, sodass die Loks ab 44 728 zumeist Fabrikschilder von Schneider/Creusot, Fives-Lille, Batignolles, Cail/Denain und Grafenstaden trugen. Nach 1945 lieferten die Hersteller im befreiten Frankreich die in der Titelzeile fehlenden Loks 44 1517 … 1845 sowie 1859–1905, 1936–1949 und 1956– 2025 direkt an die SNCF ab. Insgesamt wurden 1989 Exemplare gebaut. Die DB musste die in Frankreich gebauten 44er dorthin abliefern. Die SNCF verwendete die nachgebauten und zurückgegebenen Loks aber nur kurz, bevor sie einen Teil in die Türkei verkaufte und den Rest ausmusterte. In beiden Teilen Deutschlands (und in Polen) war die 44 für viele Jahre im schweren Güterverkehr unersetzlich. Verschiedene Bauarten von Vorwärmern, Tendern und Windleitblechen führten zu abwechslungsreichen Erscheinungsbildern. Einige Loks der DB erhielten Stoker, Verbrennungskammer und Mischvorwärmer. Die DR baute einen Teil ihres Bestandes auf Braunkohlenstaubfeuerung um, später rüsteten DB und DR viele 44er mit Ölfeuerung aus. Die letzte von der DB 1977 abgestellte Dampflok war eine 44, und auch bei der DR gehörte der starke Drilling in den achtziger Jahren zum letzten Aufgebot der Dampftraktion.

45 Die stärkste deutsche Dampflok

G 57.18/20, **45 001–028**, geliefert 1937, 1940

Eher Prestigebedürfnisse als reale Betriebserfordernisse führten dazu, dass das Zentralamt Berlin Entwürfe für eine siebenachsige Güterzuglok einholte. Die

Bauart:	1'E1' h3
Treibraddurchmesser:	1600 mm
Höchstgeschwindigkeit:	90 km/h
Zylinderdurchmesser:	520 mm
Kolbenhub:	720 mm
Kesseldruck:	20 at
Verdampfungsheizfläche:	289 m^2 (ab 45 003: 310, 5 m^2)
Länge über Puffer:	25645 mm
Wasservorrat:	38 m^3
Kohlevorrat:	10 t
Dienstgewicht:	128,1 + 81,2 t
Leistung:	1810 kW

von Henschel 1937 in zwei Vorausexemplaren gebaute 45 war die größte für deutsche Bahnen je gebaute Dampflok. Treibraddurchmesser und Höchstgeschwindigkeit sowie die Vorrichtung zur Veränderung der Achsfahrmasse wurden von der 41 übernommen, als dreizylindiger Fünfkuppler wies sie aber auch Ähnlichkeiten mit der 44 auf. Der fünfachsige Tender wurde aus dem der 05 weiterentwickelt.

Schon bei den ersten Versuchen zeigten sich erhebliche Probleme. Vor allem ließ die Verdampfungsleistung des Kessels zu wünschen übrig. Dies ist auch physikalisch durchaus zu erklären, weil entsprechend den dogmatischen Vorgaben aus den zwanziger Jahren wiederum keine Verlängerung der Feuerbüchse nach vorne in eine Verbrennungskammer akzeptiert worden war und stattdessen die Rohre des Langkessels auf das extreme Maß von 7500 mm verlängert worden waren. Damit war (wie schon bei den bisherigen Einheitsloks) die unmittelbar feuerberührte Strahlungsheizfläche zu klein und die vom Wärmedurchsatz her weniger wertvolle Rohrheizfläche zu groß bemessen.

Vor der Bestellung einer Serie (wiederum bei Henschel) wurde die Konstruktion überarbeitet. Man änderte die Rohrteilung des Kessels und vergrößerte damit die Rohrheizfläche nochmals. Da die Feuerbüchse zu klein blieb, bestanden die grundsätzlichen Probleme fort. Die 45 war auch vom ersten Tage an bei dem Personal unbeliebt, weil sie bei Erbringung der vollen Leistung einen Heizer ständig überforderten. Zum Einbau einer mechanischen Rostbeschickungsanlage hatte man sich nicht entschließen können, die Zuteilung von zwei Heizern blieb eine Ausnahme.

Die 45er wurden dem Bw Würzburg zugewiesen und im schweren Güterzugdienst nach Aschaffenburg, Nürnberg und Treuchtlingen verwendet. Überzeugende Vorteile im Vergleich zur 44 ergaben sich jedoch nicht. Kesselschäden häuften sich. Ursprüngliche größere Bestellungen wurden kriegsbedingt storniert.

Die DB baute einige 45er um. Fünf erhielten gänzlich neue geschweißte Kessel, weitere fünf neue Stehkessel. Alle Umbauloks besaßen nun eine Verbrennungskammer und einen „Stoker“. Trotzdem blieben die Loks in der Unterhaltung teuer. Der auf 16 at herabgesetzte Kesseldruck passte nicht mehr zur Dampfmaschine, sodass ein zu hoher Kohleverbrauch bei zu geringer Leistung beklagt wurde.

Nur drei Loks mit Gegendruckbremse überlebten als Bremsloks für den Versuchsdienst der DB die fünfziger Jahre. Die letzte wurde 1968 abgestellt.

Ein besonderes Schicksal war der 45 024 zugedacht: Die DR baute sie 1951 zur Hochdrucklok mit einem 42 at-Zwangsumlaufkessel Bauart „La Mont“, Kohlenstaubfeuerung und Kondenstender um. Die anspruchsvolle Technik erwies sich jedoch als vollkommen unbeherrschbar, sodass die Lok nach einer Laufleistung von nur 11 (!) km für immer abgestellt werden musste.

VT 137 Vierachsige Triebwagen dieselhydraulische Bauarten

VT 137 160–163, 241–272, 442–461, gel. 1937–41; **VS 1145 154–213, 221–372, 384–403,** gel. 1936–40

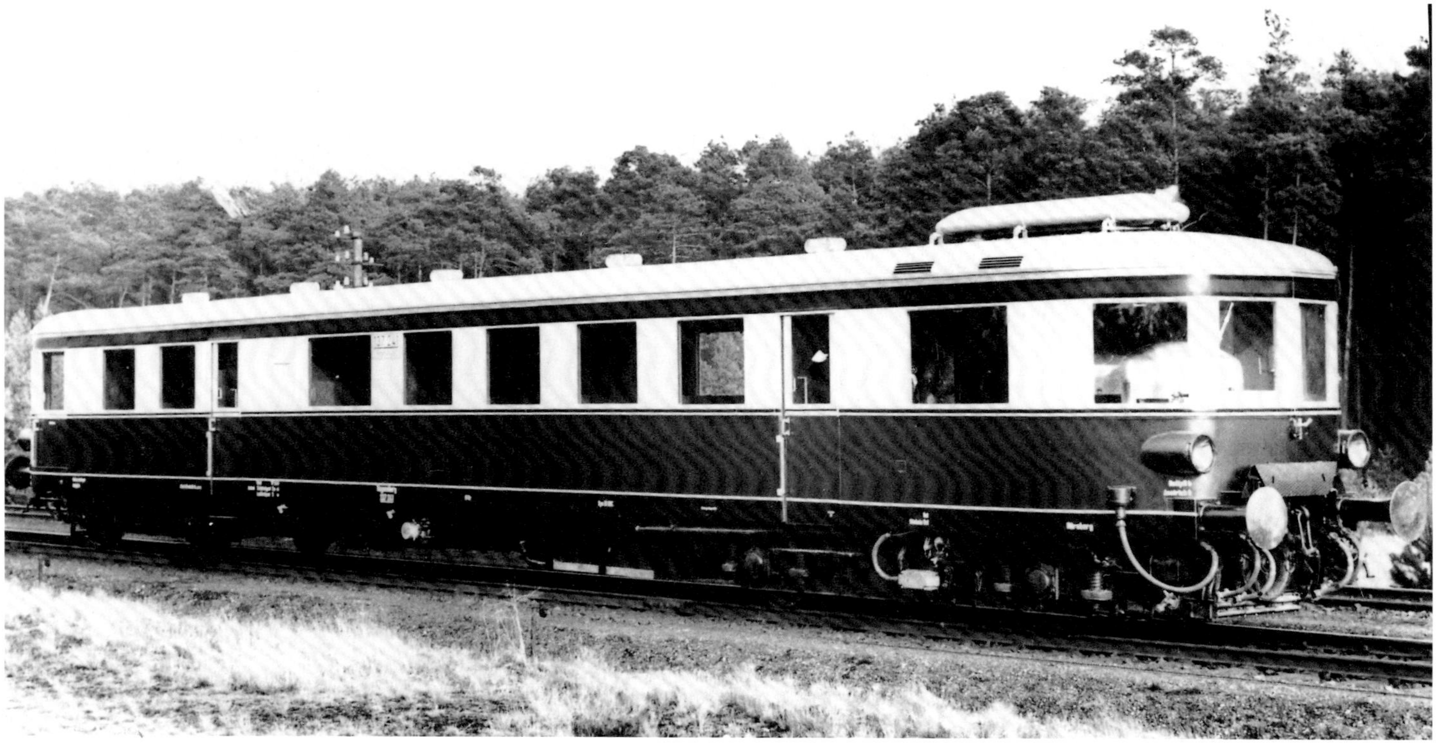

Bauart:	B'2' dh
Raddurchmesser:	900 mm
Höchstgeschwindigkeit:	80/ 90/ 100/ 110 km/h
Motorleistung:	206/ 265/ 302/ 309 kW
Zahl der Zyl. pro Motor:	6 (160,161,271,272: 12)
Länge über Puffer:	21873/ 22350 mm
Dienstgewicht besetzt:	43,4 / 47,8/ 50,8 t
Sitzplätze 2. Klasse:	6/ 8/ 16
Sitzplätze 3. Klasse:	43/44/48/57/58
Hersteller Wagenteil:	Talbot, Westwaggon, Dessau, Düwag
Hersteller Motor:	MAN, Maybach
Hersteller hydr. Kraftübertr.:	Voith/TAG
Baureihe bei DB:	VT 32^5/33^5, VT 36^5, VT 46^5

Die zunehmende Bewährung der hydraulischen Voith-Getriebe ermutigte die Deutsche Reichsbahn, auch bei Triebwagen mittlerer Leistung immer mehr auf dieses zukunftweisende Konzept zu setzen, das Gewichtsvorteile versprach und Importkupfer für die Generatoren und Motoren der dieselelektrischen Wagen einsparte. Wie bei den Triebwagen mit mechanischem Getriebe und mit elektrischer Übertragung war es unabdingbar, verschiedene Typen für ein Verwendungsspektrum vom Nah- und Nebenbahnverkehr bis zum Eilzugdienst zu testen.

VT 137 160–161 mit dem Baujahr 1937 von Westwaggon mit 420 PS-Maybach-Motoren und Trommelbremse waren Versuchsfahrzeuge mit dem bereits 1935 eingeführten Einheitsgrundriss mit Mitteleinstieg. Mit 110 km/h gehörten sie zu den schnellsten Fahrzeugen der Gruppe. Die DB reihte sie als VT 32, nach Motortausch als VT 33, ein.

Recht ähnlich waren **VT 137 271–272** von denselben Herstellern gestaltet. Die für 90 km/h zugelassenen Fahrzeuge dienten vor allem dem Vergleich mit den dieselelektrischen Großserien VT 137 094–110 und 164–223 (s. S. 118–120), denen sie wagenbaulich komplett entsprachen.

VT 137 162–163 von Talbot und MAN waren schwächer motorisierte (206 kW) und langsamere (80 km/h) Nebenbahntriebwagen nach dem Vorbild der dieselmechanischen VT 137 136–148 (s. S. 146).

VT 137 241–270 bildeten die erste größere Serie dieselhydraulischer Triebwagen. Die Dessauer und die Düsseldorfer Waggonfabrik bauten die Fahrzeugteile. Sie fielen auf durch die bisher nicht gebräuchliche fünfeckige Kopfform. MAN baute langsam laufende 265 kW-Sechszylinder-Motoren ein. Die eigentlich für den Nebenbahndienst bestimmten Triebwagen wurden im Hinblick auf ihre Höchstgeschwindigkeit von 100 km/h zumeist auf Hauptbahnen verwendet. Nur wenige Exemplare überstanden die bei dieser Gruppe besonders intensive militärische Nutzung im Zweiten Weltkrieg.

Ganz ähnlich waren die etwas verbesserten und verstärkten Dessauer **VT 137 442–461** aus den Jahren 1940/41.

In bereits stark vereinheitlichten Bauarten wurde die Beschaffung von Steuerwagen für die größer werdende VT-Flotte fortgesetzt. VS 145 154–183 und 347–366 aus Ammendorf und von MAN mit fünfeckiger Front waren für den Zusammenlauf mit VT 137 241–270 und 442–461 bestimmt. VS 145 184–203 aus Bautzen sollten mit VT 137 347–366 und 377–396 laufen. Die in Ammendorf und Bautzen gebauten übrigen Fahrzeuge waren in unterschiedlichen Abwandlungen des Einheitsgrundrisses ausgeführt und sollten für verschiedene VT geeignet sein. Äußerlich entsprachen diese großfenstrigen Wagen ebenfalls weitgehend den VT 137 347 ... 396.

VT 137 2- und 3teilige Dieseltriebwagen dieselhydraulische und -elektrische Bauarten VT 137 283–295, 326–331, 367-376 gel. 1938–41

	137 283–287	137 288–295	137 326–331; 367–376
Bauart:	B'2'2'B' dh	2'Bo'2' de	(A1)2'+2'(1A) dh
Raddurchmesser:	930mm	930/1000 mm	900 mm
Höchstgeschwindigkeit:	120 km/h	120 km/h	90 km/h
Motorleistung:	2 x 302 kW*	2 x 302 kW	2 x 202 kW
Zahl der Zyl. pro Motor:	12	12	12
Länge über Kupplungen/ Puffer:	53400 mm	44186mm	40690 mm
Dienstgewicht besetzt:	113,3 t	107,5 t	78,5 t
Sitzplätze 2. Klasse:	30	18	18
Sitzplätze 3. Klasse (einschl. Notsitze):	114	96	112
Hersteller Wagenteil:	Westwaggon	Wumag	Wumag
Hersteller Motor:	Maybach*	Maybach	Deutz, DWK, MAN, Daimler-Benz
Hersteller hydr. Kraftübertr.:	Voith	-	Voith, AEG ab 137 371
Hersteller el. Kraftübertr.:	-	SSW	-
Baureihe bei DB:	-	-	VT 45^5

* 137 283–287 Daimler-Benz-Motoren mit 2x331 kW Leistung

Nicht nur in Form von Schnelltriebwagen für 160 km/h ließ die Reichsbahn zwei- und dreiteilige Dieseltriebwagen bauen. Die ersten Dreiteiler waren die Triebzüge der Bauart „Ruhr" von 1939 mit den Nummern **VT 137 283–287** a/b/c. Sie sollten kürzere Dampfzüge im Ruhrschnellverkehr ersetzen und waren für eine Höchstgeschwindigkeit von 120 km/h vorgesehen. Westwaggon baute die Fahrzeugteile, Maybach und Daimler-Benz motorisierten die Endwagen mit jeweils 410 bzw. 450 PS. Erstmals wurde eine neue Lackierung in Bordeauxrot mit hellgrauen Zierlinien angewendet. Die Sitzplatzzahl genügte für die Strecken im

Ruhrgebiet nicht, auch die Zahl der Einstiege genügte nicht.

Schon 1938 lieferte Wumag als **VT 137 288–295** a/b eine dieselelektrische zweiteilige Variante der Bauart „Ruhr". Von beiden Bauarten wurden noch bis in die siebziger Jahre Exemplare bei der DDR-Reichsbahn verwendet, wo die Triebwagenknappheit ihnen auch Einsätze im Fernverkehr sicherte.

Zweiteilig waren die dieselhydraulischen **VT 137 326–331 a/b** und **367–376 a/b**. Wumag baute sie 1940/41 für den Vorortverkehr von Stettin. Mit zweimal 275 PS und einer Höchstgeschwindigkeit von 90 km/h waren sie bescheidener ausgeführt als die „Ruhr"-Bauarten. Fahrzeuge und Antriebe waren inzwischen soweit genormt, dass Motoren mehrerer Hersteller eingebaut werden konnten. Zwei Doppelwagen besaßen tatsächlich verschiedene Motoren in den beiden Antriebsanlagen. Auch diese Bauart trug die rote Lackierung mit grauen Zierlinien. Die DB setzte einige noch als VT 45 ein. Bei der DR waren die letzten Fahrzeuge bis 1964 im Einsatz.

SVT 137 155

Versuchs-Schnelltriebwagen Bauart Kruckenberg

VT 137 155 a/b/c, geliefert 1938

Franz Kruckenberg hatte mit einem Triebwagen in extremem Leichtbau mit Propellerantrieb nicht nur größtes Aufsehen erregt, sondern auch dem modernen Schienenfahrzeugbau wertvolle Anregungen gegeben. Für den Alltagsbetrieb war der „Schienenzeppelin“ jedoch nicht geeignet. 1934 bestellte die Reichsbahn bei Westwaggon einen etwas konventionelleren Versuchstriebzug nach Vorschlägen von Kruckenberg. Fertig wurde er erst 1938. Wiederum waren Anleihen beim Flugzeugbau nicht zu übersehen. Die „Cockpits“ des silberfarbenen Zuges waren über mächtigen aerodynamisch gestalteten Vorbauten angeordnet. In diesen waren die Maybach-Motoren zusammen mit den von Krupp gebauten hydraulischen AEG-Föttinger-Getrieben untergebracht. Sie arbeiteten mittels Gelenkwellen auf die inneren Radsätze der führenden Drehgestelle. Die drei Wagen waren durch Jakobs-Drehgestelle fest verbunden. Der Zug enthielt komfortable verstellbare Polstersitze. Die Fenster waren ungewöhnlich breit.

Schon bei einer der ersten Probefahrten am 15. Februar 1938 erreichte das Experimentalfahrzeug eine Geschwindigkeit von 200 km/h, die am 23. Juni 1939 mit 215 km/h noch überboten wurde. Die Laufruhe war hervorragend. Eigentlich unbedeutende Schäden verhinderten wieder und wieder über Monate eine Verwendung im Regelbetrieb, weil die mit Rüstungsaufträgen überlastete Industrie am Vorabend des Krieges die notwendigen Ersatzteile nicht liefern konnte. Bei Kriegsbeginn wurde der Kruckenberg-Zug abgestellt. Nach 1945 war er für eine Reaktivierung zu verrottet.

Anregungen wirkten aber fort: Sowohl der VT 11 der DB als auch der VT 18.16 der DR wecken deutliche Erinnerungen an den VT 137 155.

Bauart:	(1A)2'2'(A1) dh
Raddurchmesser:	900 mm
Höchstgeschwindigkeit:	160 km/h
Motorleistung:	2 x 442 kW
Zahl der Zyl. pro Motor:	12
Länge über Kupplungen:	70080 mm
Dienstgewicht besetzt:	122,7 t
Sitzplätze 2. Klasse:	100
Sitzplätze 3. Klasse:	–
Hersteller Wagenteil:	Westwaggon
Hersteller Motor:	Maybach
Hersteller hydr. Kraftübertr.:	Krupp

VT 137

Die einzigen Schmalspurtriebwagen

VT 137 322-325, geliefert 1938

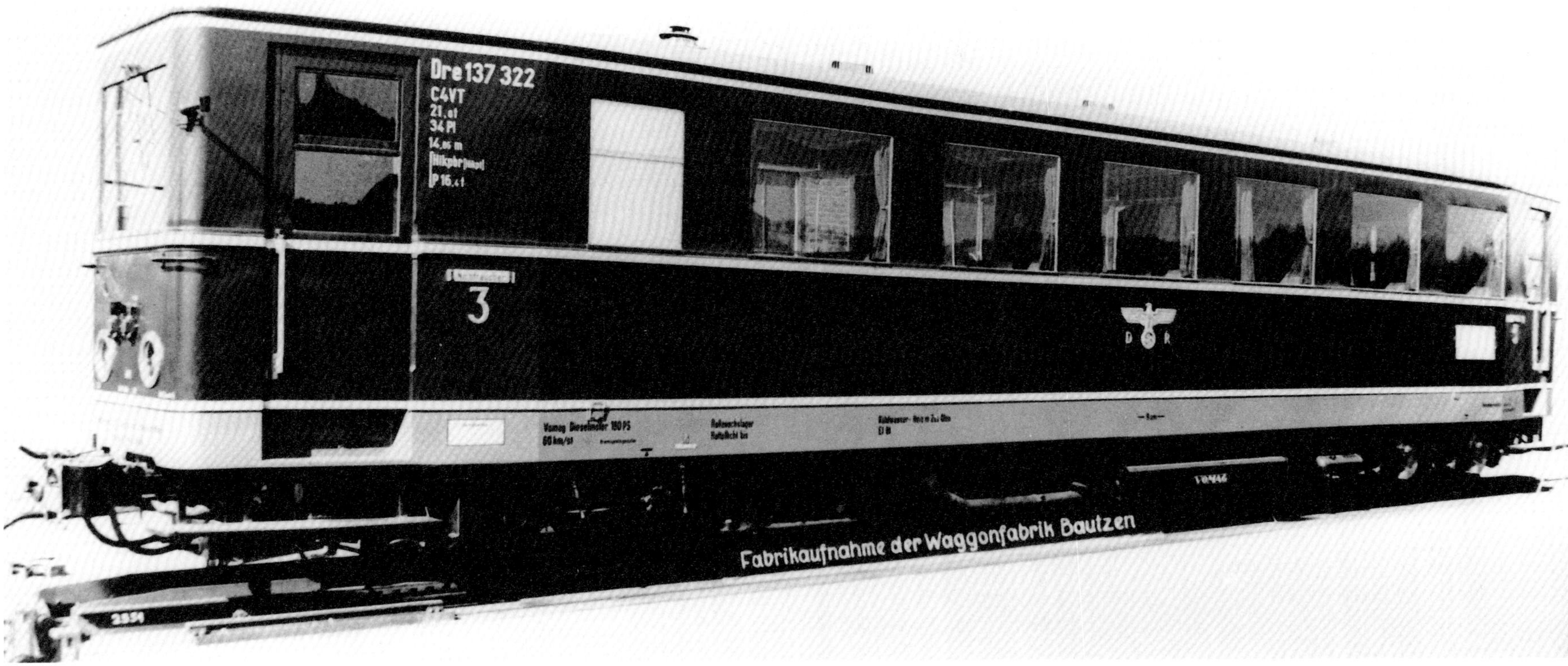

Deutsche Staatsbahnen beschafften nur ganz wenige schmalspurige Triebwagen aller Traktionsarten. Hierzu gehören vier dieselhydraulische Fahrzeuge für sächsische 750 mm-Strecken. Sie sollten vor allem der Beschleunigung des Verkehrs von Zittau nach Hermsdorf, Oybin und Jonsdorf dienen.

Ein liegender Acht-Zylinder-Motor des sächsischen Herstellers Vomag konnte trotz beengter Platzverhältnisse unter dem Wagenkasten angeordnet werden. Über das hydrodynamische Getriebe und eine Gelenkwelle wurde die äußere Achse des Triebdrehgestells angetrieben. Sie war mit der anderen Achse durch Kuppelstangen verbunden. Die Wagen 137 323 und 325 unterschieden sich von den beiden anderen durch das Gepäckabteil, durch dessen Unterbringung die Zahl der Sitzplätze um sechs vermindert werden musste. Die Lackierung war in Rot gehalten. Drei Triebwagen wurden im Krieg in besetzte Gebiete im Osten überführt.

Nur der VT 137 322 blieb auf seinem Stammnetz. 1964 verließ er den Regelbetrieb, blieb aber als Traditionszug erhalten.

Bauart:	B'2' dh
Spurweite:	750 mm
Raddurchmesser:	760 mm
Höchstgeschwindigkeit:	60 km/h, später 45 km/h
Motorleistung:	132 kW
Zahl der Zyl. pro Motor:	8
Länge über Kupplungen:	14860 mm
Dienstgewicht besetzt:	23,5 t
Sitzplätze 2. Klasse:	–
Sitzplätze 3. Klasse:	28/34
Hersteller Wagenteil:	Busch
Hersteller Motor:	Vomag
Hersteller hydr. Kraftübertr.:	Voith

SVT 137 „Bauart Köln"

SVT 137 273–278 a/b/c, 851–858 a/b/c, geliefert 1938

1938 wurde die mit 14 Zügen zahlenstärkste Schnelltriebwagen-Bauart in Dienst gestellt. Im Vergleich zum ebenfalls schon dreiteiligen SVT Bauart „Leipzig" (s. S. 143) musste die Garnitur um etwa zehn Meter verlängert werden, weil der bei den bisherigen Bauarten fehlende Speiseraum dringend gewünscht wurde. Ein Triebwagen enthielt nun Küche und Speiseraum, während der andere Triebwagen und der Mittelwagen die regulären Sitzplätze beinhalteten, und zwar diesmal sämtlich in abgeschlossenen Sechser-Abteilen.

Anstelle der beim Werkstättendienst nicht beliebten Jakobsdrehgestelle gab man jedem Einzelwagen eigenständige Enddrehgestelle. (Die Entscheidung zwischen gemeinsamen und separaten Drehgestellen wird auch im TGV- und ICE-Zeitalter immer wieder neu gestellt und neu beantwortet.) Der Zug wurde um mehr als 30 t schwerer als die Bauart „Leipzig". Trotzdem übernahm man deren Antriebsanlagen. Eine Vielfachsteuerung ermöglichte die Führung von bis zu drei Zügen von einem Führerstand aus. Im Gegensatz zur Vorbauart wurden alle Züge dieselelektrisch ausgeführt. Das „Gesicht" des Schnelltriebwagens änderte sich wiederum: Nach dem „grimmigen" SVT 877 mit vorne herabgezogenem Dach und den Bauarten „Hamburg" und „Leipzig" mit hohen Frontfenstern hielt man an der in durchgehend gleicher Höhe verlaufenden Kante zwischen Wänden und Dach fest, bemaß die Fenster aber wieder etwas niedriger. Dadurch ergab sich ein besonders kraftvoll-strenges Erscheinungbild.

Die Lieferung der neuen SVT ermöglichte die weiteste vor dem Krieg noch erreichte Ausdehnung des FDt-Netzes mit dem Mittelpunkt Berlin, den Zielpunkten Beuthen, München, Stuttgart, Basel, Köln, Wilhelmshaven, Wesermünde und Hamburg sowie mehreren Querverbindungen. Das weitere Schicksal der Züge war zeitbedingt sehr bewegt. Zunächst wurden sie zum Teil von der Wehrmacht, dann von den Armeen der Siegermächte in Beschlag genommen. Zeitweise wurden auch vierteilige Garnituren gebildet. Nach der Freigabe durch die Besatzungsmächte waren die SVT „Köln" unter der neuen Bezeichnung VT 06 Grundstock für das Ferntriebwagennetz der Deutschen Bundesbahn. Ende der fünfziger Jahre waren die Vorkriegsfahrzeuge für die DB entbehrlich. Vier Züge wurden in die DDR verkauft, wo schon bisher drei Züge vorhanden waren und u.a. im interzonalen Verkehr Berlin – Hamburg eingesetzt waren. Der vergrößerte Reichsbahnbestand wurde dann zunächst im internationalen Dienst (besonders als „Vindobona" Berlin – Prag – Wien) und dann noch bis Ende der siebziger Jahre für Plan- und Sonderzüge des Binnenverkehrs verwendet.

Bauart:	2'Bo'+2'2'+Bo'2' de
Raddurchmesser:	930 mm
Höchstgeschwindigkeit:	160 km/h
Motorleistung:	2 x 442 kW
Zahl der Zyl. pro Motor:	12
Länge über Kupplungen:	70205 mm
Dienstgewicht besetzt:	174,6 t
Sitzplätze 2. Klasse:	102
Sitzplätze 3. Klasse:	–
Sitzplätze Speiseraum:	30
Hersteller Wagenteil:	LHW
Hersteller Motor:	Maybach
Hersteller el. Kraftübertragung:	Wasseg

SVT 137 „Bauart Berlin“

SVT 137 901–902 a/b/c/d und SVT 137 903 a, geliefert 1938

Noch bevor der SVT „Köln“ zur Verfügung stand, baute MAN zwei konkurrierende vierteilige Züge und einen Reserve-Triebkopf. Auch sie sollten erkannte Mängel der vorhandenen Schnelltriebwagen vermeiden. Zwei Mittelwagen und ein Endwagen wurden nun ausschließlich der Unterbringung von Abteilen und eines Speiseraums gewidmet. Die Motor- und Generatoranlage wurde in einem Endwagen konzentriert, der ansonsten nur noch das Gepäck- und das Postabteil enthielt. Neue Wege ging MAN auch bei der Motorisierung mit einem langsam-laufenden Acht-Zylinder-Motor (Drehzahl 700 U/min anstelle von 1400–1500 U/min bei den meisten Triebwagen der gleichen Bauperiode). Für Nebeneinrichtungen war ein Hilfsmaschinensatz vorhanden. Mit dessen 110 kW-Motor konnte der Triebzug bei Ausfall des Hauptantriebs zur Not mit 40 km/h die Strecke freimachen. Die Aggregate wurden wie bei einer Lokomotive im Maschinenraum gut zugänglich aufgestellt.

Nach umfassender Erprobung kam die „Bauart Berlin“ vor Kriegsbeginn nicht mehr in den Plandienst. Der Kriegseinsatz führte die Maschinenwagen nach Italien und Frankreich, wo sie der Marine als Stromerzeuger dienten. Die DB erbte nur noch Mittelwagen und motorlose Endwagen. Sie ließ passende neue dieselhydraulische Triebwagen dafür bauen und schuf damit zwei dreiteilige VT 07^5. Die DR kombinierte einen Maschinenwagen mit niederländischen Fahrzeugen und gelangte so zu einem vierteiligen Triebzug, der aber im Betrieb erfolglos blieb.

Bauart:	2'Bo'+2'2'+2'2'+Bo'2' de
Treibraddurchmesser:	1000 mm
Höchstgeschwindigkeit:	160 km/h
Motorleistung:	1 x 972 kW + 1 x 110 kW
Zahl der Zyl. pro Motor:	8 bzw. 6
Länge über Blech:	86755 mm
Dienstgewicht besetzt:	230 t
Sitzplätze 2. Klasse:	126
Sitzplätze 3. Klasse:	–
Sitzplätze Speiseraum:	29
Hersteller Wagenteil:	MAN
Hersteller Motor:	MAN
Hersteller el. Kraftübertragung:	BBC

06

Missglückte Giganten

S 48.18/20, **06 001–002**, geliefert 1939

Ständige Probleme mit den 01 und 03 vor schweren Schnellzügen im Mittelgebirge ließen die Forderungen nach einer vierfach gekuppelten Schnellzuglok nicht verstummen. So kam es zur Entwurfsvergabe für eine achtachsige Drillingslok mit fünfachsigem Tender. Sie sollte einen 650 t-Zug in der Ebene mit 120 km/h und auf einer 10 Promille-Rampe mit 60 km/h befördern können. Die überdimensionierte und lediglich durch Größe statt durch technische Originalität beeindruckende 06 wurde in engem Zusammenhang mit den Güterzugloks der Baureihen 41 und 45 (s. S. 148/149 u. 156/157) konstruiert und besaß wie diese eine Vorrichtung zur wahlweisen Einstellung des Achsdrucks der Kuppelachsen mit 18 oder 20 t. Der Kessel und der Tender wurden von der 45 übernommen, die Außenzylinder waren die der 41 und 45. Wie bei der 05 entschied man sich für eine Stromlinienverkleidung. Der Bau der Loks bei Krupp zog sich von 1936 bis 1939 hin.

In der systematischen Erprobung durch das Versuchsamt Grunewald wie auch im Regelbetrieb von Frankfurt (Main) aus nach Würzburg und Erfurt erwies sich die 06 als Fehlschlag. Wenn das Triebwerk mit voller Leistung arbeitete, konnte der Kessel mit der Dampferzeugung nicht mithalten. Noch deutlicher als bei der 45 zeigte sich die Fehlerhaftigkeit einer zu großen Rohr- und einer zu kleinen Feuerbüchsheizfläche. Immer wieder gab es Undichtigkeiten der Rohrwände an beiden Enden der 7,5 m langen Rohre und Stehbolzenrisse. Auch das überlange Laufwerk führte zu Schwierigkeiten. Bereits im Versuchsamt entgleiste die 06 001 zum ersten Mal. Neidvoll testete das Zentralamt eine sehr leistungsfähige und zuverlässige 1'D2' h4v vom selben Hersteller. Sie war aber nicht für Reichsbahn bestimmt, die vom Vierzylindertriebwerk immer noch genauso wenig wissen wollte wie von einer grundsätzlichen Korrektur der Heizflächenverhältnisse, sondern für Norwegen.

Das Kriegsende erlebten beide 06 bereits abgestellt. Auf die bereits konzipierte Reaktivierung der beiden Sonderlinge mit einem neuen Kessel wie bei der 45 verzichtete die DB. Nur zwölf Jahre nach ihrer Fertigstellung wurden die beiden größten deutschen Schnellzugdampflokomotiven ausgemustert und wenig später verschrottet.

Bauart:	2'D2' h3
Treibraddurchmesser:	2000 mm
Höchstgeschwindigkeit:	140 km/h
Zylinderdurchmesser:	520 mm
Kolbenhub:	720 mm
Kesseldruck:	20 at
Hfl V+Ü:	289+132,5 m^2
Länge über Puffer:	26520 mm
Wasservorrat:	38 m^3
Kohlevorrat:	10 t
Dienstgewicht:	141,8 + 81,2 t
Leistung:	2058 kW

50 Die erfolgreichste Einheitslok G 56.15, 50 001–1994, 1996–2073, 2076–2091, 2102–2154, 2156–2663, 2668–2772, 2778–3164, geliefert 1939–44

Ende 1935 war die 57^{10} (pr. G 10) mit 2352 Maschinen die zahlenstärkste Güterzuglok der Deutschen Reichsbahn. Gebaut zwischen 1910 und 1924 standen sie nun allmählich zum Ersatz an. Die Höchstgeschwindigkeit der G 10 war mit 60 km/h nicht mehr zeitgemäß. Bei der Ersatztype dachte man zunächst an eine 1'D, doch setzte sich recht bald die Erkenntnis durch, dass nur ein Fünfkuppler das nötige Reibungsgewicht garantieren und dem gewünschten leistungsfähigen Kessel Platz geben würde. Die Achsfahrmasse sollte wie bei der Vorgängerin 15 t betragen, weil die Lok auch auf Nebenbahnen eingesetzt werden sollte. Vorne sah man eine im Krauss-Helmholtz-Gestell gelagerte Laufachse vor, sodass die Form des Laufwerks der schweren 1'E der Baureihe 44 (s. S. 154/155) entsprach. Der Tender sollte so niedrig gehalten werden, dass auch niedrige Wasserkräne benutzt werden könnten. Weil die Lok auch mit schlechterer Kohle ausreichend Dampf haben sollte, ließ sich das Zentralamt Berlin endlich zu einer im Verhältnis zum Langkessel größeren Feuerbüchse bewegen. Rohr- und Feuerbüchsheizfläche hatten ein Verhältnis von 15,9 zu 161,7 oder 1 : 10 (bei der Baureihe 44 vergleichsweise 18 zu 220 oder 1 : 12,2 und bei der 45 gar 18,7 zu 291,8 oder 1 : 15,6). Damit erhielt man endlich den auch unter ungünstigen Bedingungen zuverlässig verdampfungsfreudigen Kessel, den man bei so vielen bisherigen Einheitsloks vermisst hatte.

Bauart:	1'E h2
Treibraddurchmesser:	1400 mm
Höchstgeschwindigkeit:	80 km/h
Zylinderdurchmesser:	600 mm
Kolbenhub:	660 mm
Kesseldruck:	16 at
Hfl V+Ü:	178+64,1 m^2
Länge über Puffer:	22940 mm
Wasservorrat:	26 m^3
Kohlevorrat:	8 t
Dienstgewicht:	86,9 + 60 t
Leistung:	1195 kW

Sehr bald nachdem Henschel im April 1939 die 50 001 an die DRB geliefert hatte, erwies sie sich als geglückte Konstruktion. Die 50 wurde sofort in großen Stückzahlen bestellt. Ihre Bedeutung wuchs weit über den gedachten Ersatz der G 10 hinaus. Auf den vielfach steigungsreichen und mit leichtem Oberbau ausgestatteten Strecken in den annektierten Gebieten wurde sie zu einer Universallok, im „Altreich" war sie eine vollwertige Güterzuglok für Hauptstrecken, die nur im schweren Mittelgebirgsdienst der 44 den Vortritt lassen musste. Fast alle Lokhersteller auch in den besetzten Gebieten außerhalb der Reichsgrenzen wurden in die Serienfertigung der Baureihe 50 einbezogen. Zahlreiche Bestellungen anderer Einheitsloks wurden zugunsten der 50 storniert.

1942 reagierte die politische Führung auf die „Transportkrise" hinter der vor Moskau und Leningrad zum Stehen gekommenen Ostfront und forderte den Bau einer radikal vereinfachten „Kriegslok". Diese wurde aus der 50 abgeleitet. Da die Lokproduktion zwischen Belgien und Oberschlesien nicht kurzfristig umgestellt werden konnte, „entfeinerte" man die 50 nach und nach. So wurden allmählich 50er ohne Windleitbleche, ohne Metallschilder, ohne Vorwärmer, unter Verzicht auf die meisten Buntmetallarmaturen und sogar Loks mit Wannentender gebaut. Wie die entsprechenden 44 und 86 bezeichnete man die Maschinen ab einem gewissen Punkt der „Entfeinerung" als „Übergangs-Kriegsloks" und betonte mit grauer Lackierung und dem Nummerzusatz „ÜK" propagandawirksam, wie nachhaltig man „die Forderungen des Führers nach Lokomotiven für die schwer ringende Front" erfüllte.

Technisch und vom Bezeichnungssystem her war der Übergang zur Kriegslok 52 (s. S. 184–186) fließend. Unter der Reihenbezeichung 50 stellte die Reichsbahn 3141 Loks in Dienst. Sie waren auch nach 1945 in vielen Ländern unentbehrlich, wurden in mancherlei Form umgebaut und gehörten bei der DB 1977 und bei der DR 1988 zu den letzten Dampfloks im Regelbetrieb.

50 2835

E 19 Die elektrischen Schnellfahrversuchsloks

E 19 01–02, 11–12, geliefert 1939/40

Im Jahre 1903 hatten elektrische Versuchstriebwagen bei Berlin die sensationelle Geschwindigkeit von 210 km/h erreicht. In den dreißiger Jahren hatten dann Dampf- und Dieselfahrzeuge die 200 km/h-Marke übertroffen. Die Elektroindustrie legte nun Wert auf den Nachweis, dass auch elektrische Fahrzeuge für höchste Geschwindigkeiten prädestiniert seien. Im Zusammenhang mit der Elektrifizierung von München aus in Richtung Berlin wurden Lokomotiven bestellt, die einerseits regulär 180 km/h und im Versuchsbetrieb bis zu 225 km/h erreichen sollten und von denen andererseits verlangt wurde, die Rampen des Frankenwaldes mit Schnellzügen ohne Vorspann zu überwinden. Vorbild der Konstruktion war die E 18, von der das Laufwerk und die Bauart des Kastens fast vollkommen übernommen wurden. Lediglich die Laufräder wurden von 1000 auf 1100 mm vergrößert.

	E 19 01–02	E 19 11–12
Bauart:	1'Do1' w4e	1'Do1' w8e
Treibraddurchmesser:	1600 mm	1600 mm
Höchstgeschwindigkeit:	180 km/h	180 km/h
Übersetzungsverhältnis:	93 : 49	86 : 25
Anfahrzugkraft:	22,4 t	21,2 t
Stundenleistung:	4000 kW	4080 kW
Geschwindigk. bei St.lstg.:	180 km/h	180 km/h
Länge über Puffer:	16920 mm	16920 mm
Dienstgewicht:	113 t	110,7 t
Leistungskennziffer:	35,4 kW/t	36.8 kW/t

Wie bei den E 44-Prototypen und beim ET 11 wurden zwei alternative Ausführungen konkurrierender Hersteller in Auftrag gegeben. AEG baute die **E 19 01** und **02**. Wegen der im Vergleich zur E 18 schwereren elektrischen Ausrüstung musste der Fahrzeugteil leichter gebaut werden. Dies gelang durch vollständige Schweißung und durch die Verwendung von Aluminiumteilen. Besondere Sorgfalt musste auf die Bremse gelegt werden. Die Hildebrand-Knorr-Bremse für schnell fahrende Fahrzeuge („Hikssbr“) nebst einer elektrischen Widerstandsbremse sollten aus einer Geschwindigkeit von 180 km/h einen Bremsweg von nur 900 m garantieren, der dann aber in der Praxis nicht ganz eingehalten wurde. Während Trafo und Schaltwerk (mit 20 Dauer- und 19 Zwischenfahrstufen) weitgehend von der E 18 übernommen werden konnten, stellten die Motoren eine Neukonstruktion dar, die sich durch geschweißten Aufbau, hochwertige Isolierung und verstärkte Belüftung auszeichnete. Zuvor hatte man übrigens auch einen Direktantrieb ohne Zahnradübersetzung durchgerechnet, bei dem der Motoranker direkt auf die Hohlwelle gesetzt worden wäre.

Henschel und SSW lieferten die Konkurrenz-Loks **E 19 11** und **12**. Während sie im Fahrzeugteil bis hin zum AEG-Federtopfantrieb weitgehend der E 18 und den Leichtbaugrundsätzen der AEG-E 19 entsprachen, ging SSW bei der elektrischen Ausrüstung eigene Wege. Das Nockenschaltwerk enthielt 15 Dauerfahrstufen und dazwischen jeweils drei Feinfahrstufen. Wie einst bei der E 17 baute man Doppelmotoren ein. Auch diese Variante erhielt eine Widerstandsbremse. Sie konnte mittels großer Klappen in den Stirnseiten des Dachaufbaus belüftet werden, der als Fremdkörper in der ansonsten aerodynamischen Linienführung der Lok besonders hoch aufragte.

Die E 19 01 und 02 wurden im Januar und Februar 1939, die beiden anderen erst im September 1939 bzw. Juli 1940 und somit im Zweiten Weltkrieg abgeliefert. Eine weinrote Lackierung sicherte ihnen breite Aufmerksamkeit. Die Erprobung der Loks war durch die Zeitumstände beeinträchtigt. Bei Versuchsfahrten sollen 200 km/h erreicht worden sein. Zu einem Einsatz im hochwertigen Fernschnellzugdienst kam es nicht mehr, zumal die Elektrifizierung der Strecke von der „Hauptstadt der Bewegung“ bis zur „Reichshauptstadt“ unvollendet blieb. Nach dem Krieg wurden die noch für lange Zeit stärksten deutschen Elloks von Nürnberg aus im regulären Schnellzugdienst verwendet. Als die DB sich wieder in den 200 km/h-Bereich vorwagte, verzichtete sie auf die Einbeziehung der nun veralteten E 19 in die Schnellfahrversuche. Von 1968 bis 1970 waren die nunmehrigen blauen und grünen 119 in Hagen beheimatet. Ab 1970 wieder in Nürnberg stationiert, wurden sie zwischen 1975 und 1978 ausgemustert. E 19 01 und 12 blieben erhalten.

H
SIEMENS
HENSCHEL

ET 55 Die elektrischen Vororttriebwagen

ET 55 01–05 a/b, geliefert 1939 als elT 1731–1734 a/b und umgebaut 1942 aus 1827 a/b
ES 55 01–08, geliefert 1939 als elS 2449–2456

Für den Nahverkehr der Ballungsräume wurde eine Abwandlung des ET 25 (s. S. 139) geschaffen. MAN und Wumag bauten die Wagenteile, BBC die elektrische Ausrüstung für vier Doppelwagen. Eine geänderte Zahnradübersetzung sorgte für ein zügigeres Anfahrvermögen, dafür musste man die Höchstgeschwindigkeit absenken. Die Fahrzeuge dienten auch dem Gewinn von Erfahrungen für einen geplanten dreiteiligen Triebzug für die großzügig projektierte Münchener S-Bahn. Dessen Verwirklichung verzögerte sich aber kriegsbedingt bis 1969.

1942 wurde aus dem ET 25 024 noch der ET 55 05 umgebaut. Die ET 55 waren zunächst in Basel, dann in Esslingen und Tübingen beheimatet. Wie die ET 25 wurden auch die ET 55 in den frühen sechziger Jahren unter Einbeziehung der Steuerwagen in kurzgekuppelte dreiteilige Einheiten mit geschlossenen Übergängen umgebaut und hierbei modernisiert. Beim Bw Heidelberg wurden die letzten 1984 abgestellt.

Bauart:	Bo'2'+ 2'Bo' w4t
Raddurchmesser:	950 mm
Höchstgeschwindigkeit:	90 km/h
Sitzplätze 2. Kl.:	18
Sitzplätze 3. Kl.:	144/146
Stundenleistung:	1100 kW
Geschwindigk. bei St.lstg.:	77/78 km/h
Länge über Puffer:	43625 mm
Dienstgewicht:	96,2/ 89,0 t

ET 171 Gleichstromzüge für die Hamburger S-Bahn

ET a+EM+ET b 171 001–047, geliefert 1939–43 als elT 1501–1547 a/b/c

Mitte der dreißiger Jahre waren sowohl die Stromversorgung der Hamburger S-Bahn als auch die 88 noch vorhandenen älteren Triebwagen aus den Jahren 1907–12 ersatzbedürftig. Im Januar 1937 waren die Planungen so weit gediehen, dass 55 dreiteilige Triebzüge für eine von 6,3 auf 10 kV erhöhte Wechselspannung bestellt werden konnten. Da setzten die Machthaber überraschend am 26. Januar 1937 das „Groß-Hamburg-Gesetz" in Kraft. Es vereinigte die Nachbarstadt Altona und mehrere Umlandgemeinden mit der Hansestadt. In engem Zusammenhang damit wurden fast utopische Verkehrsplanungen vorgestellt, die auch zahlreiche Tunnelstrecken für die S-Bahn enthielten. Deshalb beschloss man nun einen Systemwechsel zu einem Betrieb mit Gleichstrom und Stromschiene wie in Berlin und bei den U-Bahnen. Im Gegensatz zu Berlin entschied sich die DRB aber für die höhere Spannung von 1200 V und für eine seitlich statt von unten bestrichene Stromschiene. Die Konstruktion der bereits bestellten Züge musste also erheblich geändert werden.

Wie bereits für das Wechselstromsystem vorgesehen, baute man Drei-Wagen-Züge, die einzeln als Halbzüge und in Doppeltraktion als Vollzüge eingesetzt werden sollten. Mit einem Zwei-Drittel-Anteil angetriebener Radsätze erhöhte man die Anfahrbeschleunigung gegenüber den Berliner Vorläufern. Inzwischen Standard war die geschweißte Ausführung der Wagenkästen mit gerundeter Kopfform. Die elektrische Ausrüstung fand in einer Bodenwanne Platz. Der Vergleich mit den bis 1932 gebauten letzten Wechselstromtriebwagen (ET 99, s. S. 30) macht deutlich, wie sehr sich Technik und Ästhetik des (Trieb)wagenbaus in nur wenigen Jahren weiterentwickelt hatten. Die Inneneinrichtung folgte dem Berliner Vorbild mit jeweils vier Abteilen zu je vier Sitzen pro offenem Fahrgastraum zwischen den Einstiegsbereichen. (Dieses Schema wurde bis zu den neuesten S-Bahn-Triebwagen beibehalten.) Elektrotechnische Besonderheit war die kombinierte Nutz- und Widerstandsbremse. Keinem bisherigen Reichsbahnvorbild entsprach die Farbgebung: Grundfarbe der Wagenkästen war Blau, wobei die Zweite Klasse im Mittelwagen durch eine beige Lackierung oberhalb der Zierlinie in halber Höhe hervorgehoben war.

Am 22. April 1940 konnte mit zunächst zwölf Triebzügen der Gleichstrombetrieb eröffnet werden. Obwohl die Lieferung bis 1943 fortgesetzt wurde, musste kriegsbedingt bis 1955 ein Mischbetrieb mit dem alten Wechselstromsystem beibehalten werden. Statt einer gigantischen Elbbrücke und weitreichender Tunnel bescherte die Nazipolitik den Hamburgern Feuerstürme und schwerste Zerstörungen der Stadt. Mehrere fast neue ET 171 wurden durch die verheerenden Luftangriffe zerstört.

Bauart:	Bo'Bo' g4t + 2'2' + Bo'Bo' g4t
Raddurchmesser:	930 mm
Höchstgeschwindigkeit:	80 km/h
Sitzplätze 2. Kl.:	68
Sitzplätze 3. Kl.:	134
Stundenleistung:	1160 kW
Geschwindigk. bei St.lstg.:	27 km/h
Länge über Kupplung:	62520 mm
Dienstgewicht:	131,2 t

01 1056

01^{10} Die 01 mit drei Zylindern und Stromlinienverkleidung

S 36.20, **01 1001, 1052–1105**, geliefert 1939–40

Während die E 18 ohne Mühe 140 km/h und die SVT sogar 160 km/h erreichten, fehlte es für den Aufbruch der Dampflokomotive in das Zeitalter höherer Geschwindigkeiten immer noch an wirklich geeigneten Maschinen. Die 05 war für einen Serienbau zu aufwendig, die 61 war nur vor leichten Spezialgarnituren verwendbar, und die 06 überzeugte allenfalls durch ihr höheres Reibungsgewicht. Die Erörtungen im Lokausschuss führten nach der Behandlung auch extravaganter Konzepte (z.B. 2'D-Lok mit Blechrahmen, langer schmaler Feuerbüchse zwischen den Rädern und 20 bis 25 at Kesseldruck!) unter R. P. Wagners Einfluss wieder zu sehr konventionellen Lösungen. Die alten 01 und 03 von 1926 und 1930 sollten lediglich zur Verbesserung der Laufruhe im höheren Geschwindigkeitsbereich durch ein Dreizylinder-Triebwerk ertüchtigt werden; die Zugkraftreserve für den angepeilten Bereich zwischen 130 und 150 km/h wollte man nur durch diejenigen Energieeinsparungen gewinnen, die im Wege der Verringerung des Luftwiderstandes durch Anbringung einer Stromlinienverkleidung nach dem Vorbild der 03 193 und der 05 001 und 002 zu gewinnen waren. So baute Schwartzkopff (BMAG) dann am Vorabend des Zweiten Weltkrieges bzw. in den ersten Kriegsmonaten veraltete Loks in futuristischem Gewand. Rahmen und Kessel der 01^{10} waren nahezu komplett von der 01 übernommen, der fünfachsige Tender von den 06 und 45.

Die Zeitumstände erlaubten keinen hochwertigen Schnellverkehr mehr. Die neuen Loks mussten schwere D-Züge mit herabgesetzten Geschwindigkeiten befördern. Die Stromlinienverkleidung zeigte sehr bald ihre Tücken. Die zahlreichen Klappen und Jalousien waren bei Eis und Schnee oft nicht zu öffnen oder verklemmten sich. Im Triebwerksbereich kam es zu Wärmestaus mit Lagerüberwärmungen; die beim Wagnerschen Kessel ohnehin nicht gute Luftzufuhr zum Feuer genügte nicht. Daher wurden die Verkleidungen ab 1941 auf eine Höhe von 225 mm über Treibachsmitte zurückgeschnitten. Im weiteren Verlauf des Krieges entwickelten sich verschiedenste Varianten mehr oder weniger demontierter oder beschädigter Verkleidungen. Nach elegantem Beginn gehörten die Stromlinienloks schließlich zu den abenteuerlichsten Erscheinungen auf den deutschen Eisenbahnstrecken und wurden zu Symbolen des unaufhaltsamen Niederganges des Nazireiches.

Der Deutschen Bundesbahn war es vorbehalten, die 01^{10} zu sanieren und in „entkleideter“ Form wieder in Betrieb zu nehmen. Später baute sie die Loks grundsätzlich um. Mit neuen geschweißten Hochleistungskesseln mit Verbrennungskammer und mit Ölfeuerung gehörten sie dann zu den leistungsfähigsten und wirtschaftlichsten deutschen Dampflokomotiven. Der Regelbetrieb endete 1975.

Bauart:	2'C1' h3
Treibraddurchmesser:	2000 mm
Höchstgeschwindigkeit:	150 km/h
Zylinderdurchmesser:	500 mm
Kolbenhub:	660 mm
Kesseldruck:	16 at
Verdampfungsheizfläche:	247,15 m²
Länge über Puffer:	24130 mm
Wasservorrat:	38 m³
Kohlevorrat:	10 t
Dienstgewicht:	114,3 + 66,2 t
Leistung:	? kW

03^{10}

Die 03 mit drei Zylindern und Stromlinienverkleidung

S 36.18, **01 1001–1022, 1043–1060, 1073–1092**, geliefert 1939–41

Genau wie zur 01 von 1926 schuf die Reichsbahn auch zur leichteren 03 von 1930 eine Neuauflage mit drei Zylindern und Stromlinienverkleidung. Auch hier war die Entscheidung für die neue Variante von Anfang an umstritten. Während R. P. Wagner bezeifelte, ob das in der Unterhaltung aufwendigere Dreizylinder-Triebwerk für die bessere Laufruhe wirklich erforderlich sei, kritisierten seine Gegenspieler im Lokausschuss die Beibehaltung der konventionellen Kesselkonstruktion, mit der eine Leistungssteigerung nicht zu realisieren war. Technisch bot die 03^{10} im Vergleich zu den älteren Pazifiks und zur 01^{10} wenig Neues. Im Gegensatz zur 01^{10} blieb man beim vierachsigen Tender. Obwohl über die ursprüngliche Farbgebung der Stromlinenloks beider Baureihen viele Theorien und Beobachtungen kursierten, hat sich kein hinreichender Anhaltspunkt ergeben, dass je eine 01^{10} oder 03^{10} anders als im gewohnten Schwarz in Betrieb war. Lichtreflexe auf glänzenden Oberflächen können zu unterschiedlichen Tag- und Nachtzeiten durchaus den Eindruck eines blauen, grünen oder dunkelroten Farbtones vortäuschen.

Die Lieferung der Stromlinien-Drillings-03 zwischen Februar 1940 und Dezember 1941 fiel bereits in die Kriegszeit. Die neuen Loks übernahmen nicht wie geplant schnelle und leichte FD-Züge, sondern mussten sogleich schwere Dienste im allgemeinen Reisezugverkehr verrichten. Die Begeisterung des Maschinendienstes war gering. Bei den nun gefahrenen Geschwindigkeiten war die Stromlinienverkleidung nur eine lästige Erschwernis für die Pflege des Triebwerks. Alsbald waren die stolzen Bleche verbeult und die Jalousien in schiefen Stellungen verklemmt. Noch während der Lieferung musste wie bei der 01^{10} eine Freilegung des unteren Kuppelradbereichs angeordnet werden. Bei den vorhandenen Loks wurden die Verkleidungen entsprechend geändert. Wenig später gab es aber viele Loks mit grotesken Teilverkleidungen. Kriegsbedingt wurden weitere Lieferungen storniert, sodass zwischen den ausgelieferten Baulosen von Borsig, Krupp und Krauss-Maffei Nummernlücken blieben.

Der Bewährung der Loks unzuträglich war ihr anfänglicher Einsatz auf gänzlich ungeeigneten Strecken. Wohl nur Prestigeaspekte führten zur Verwendung der hochbeinigen Flachlandlok auf der österreichischen Westbahn. Ein spektakulärer Zwischenfall führte zu ihrer Versetzung nach Norden: Am „Rekawinkler Berg“ westlich von Wien blieb der

Bauart:	2'C1' h3
Treibraddurchmesser:	2000 mm
Höchstgeschwindigkeit:	150 km/h
Zylinderdurchmesser:	470 mm
Kolbenhub:	660 mm
Kesseldruck:	16 at
Hfl V+Ü:	203+72,2 m^2
Länge über Puffer:	23905 mm
Wasservorrat:	34 m^3
Kohlevorrat:	10 t
Dienstgewicht:	103 + 61,8 t
Leistung:	1316 kW

Sonderzug des „Führers“ trotz einer Bespannung mit zwei 03^{10} wegen Dampfmangels liegen. Ausgerechnet Pt 31 (DRB 19^{1}) aus dem besiegten und von den Nazis so sehr verachteten Polen mussten den Schnellzugdienst auf der Westbahn übernehmen.

Gegen Kriegsende waren die Loks bei den RBD Posen und Breslau konzentriert. Daher waren mindestens neun Loks nach 1945 bei der Polnischen Staatsbahn eingesetzt. Bis zur Abstellung in den siebziger Jahren verblieben sie in der Bauform als Stromlinienloks mit freigelegtem Triebwerksbereich.

Die nach Westen rückgeführten Loks und von DB und DR reaktivierten Loks wurden nach Abbau der Verkleidungen und umfassender Reparatur im angestrengten Schnellzugdienst verwendet. Unvergessen bleibt der Durchlauf über 702 km im F-Zug-Dienst zwischen Hamburg und Frankfurt (Main).

Betriebsgefährdende Schäden der aus nicht alterungsbeständigem Stahl gebauten Kessel und die hieraus resultierende Explosion einer Lok in der DDR nötigten beide Bahnverwaltungen zur Beschaffung neuer Kessel für die 03^{10}. Die DB-Loks mit neuen Kesseln wurden dann leider gar nicht mehr lange benötigt und bereits 1966 vollständig ausgemustert. Bei der DR hingegen wurden die Reko-03^{10} Mitte der sechziger Jahre noch auf Ölfeuerung umgestellt. Sie beherrschten bis 1979 unangefochten den Schnellzugdienst zwischen Berlin und Stralsund und gehörten damit zu den weltweit letzten im hochwertigen Schnellzugdienst eingesetzten Dampflokomotiven.

E 94

Die schwere elektrische Güterzuglok

E 94 001–136 geliefert 1940–44

Als die Elektrifizierung der Strecke Nürnberg – Saalfeld über den Frankenwald in Angriff genommen wurde, war neuer Bedarf an schweren elektrischen Güterzugloks absehbar. Im übrigen genügten die Höchstgeschwindigkeiten der vorhandenen Typen E 90/ E 91/ E 92/ E 93/ E 95 nicht mehr für den Streckendienst mit den inzwischen üblichen 80 oder sogar 90 km/h. Noch dringlicher wurde eine neue Generation von Güterzug-Elloks, nachdem im März 1938 der „Anschluss" Österreichs an das Deutsche Reich erfolgt war. Die von den BBÖ übernommenen Loks (siehe Knipping/Schröpfer, Lokomotiven der „Großdeutschen" Reichsbahn) konnten für den Betrieb auf der Arlberg-, Brenner- und Tauernbahn unter Aufrüstungs- und Kriegsbedingungen keinesfalls genügen. Von einer neuen Ellok wurde folgendes Leistungsprogramm verlangt: Züge mit 600 t Gewicht sollten auf 25 ‰ und solche mit 1000 t auf 16 ‰ mit 50 km/h befördert werden, 1600 t sollten auf 10 ‰ mit 40 km/h und 2000 t in der Ebene mit 85 km/h befördert werden.
Ausgangspunkt für die bei der AEG in Auftrag gegebene Neukonstruktion war die im Grundaufbau bewährte E 93 (s. S. 115) vom selben Hersteller. Wiederum trugen zwei dreiachsige Drehgestelle den gelenkig gelagerten Brückenrahmen mit den Führerständen und dem Maschinenraum sowie an den äußeren Enden feste Vorbauten, in denen die Druckluftanlagen sowie Teile der elektrischen Ausrüstung untergebracht waren. Die Zug- und Stoßkräfte wurden vollständig über die mit Gelenkkupplung, Kurzkuppeleisen und Stoßdämpfern verbundenen Drehgestelle übertragen. Der ölgekühlte Hauptumspanner erhielt im Zeichen der kriegsbedingten „Heimstoff"-Wirtschaft Aluminiumwicklungen. Er verfügte unterspannungsseitig über 18 Anzapfungen für die Fahrmotoren, zwei für den Steuerstrom- und Hilfsbetriebstromkreis, zwei für die Zugheizung und eine für den Feinsteller. Die handbetätigte Nockenschaltersteuerung mit Feinsteller entsprach der Einheitsausführung. Im Hinblick auf den Einsatz in den Alpen erhielt die E 94 eine zehnstufige elektrische Widerstandsbremse.
Die E 94 war alsbald auf allen elektrifizierten Hauptstrecken „Groß"deutschlands zu finden. Außer AEG wurden auch Krauss-Maffei und SSW an der Lieferung beteiligt. Von den bei der Wiener Lokfabrik und ELIN bestellten Loks konnte während des Krieges keine mehr abgeliefert werden. Der Bau der E 94 wurde auch während des Krieges vorangetrieben, weil die Führung dem elektrischen Güterzugdienst kriegsentscheidende Be-

Bauart:	Co'Co' w6t
Raddurchmesser:	1250 mm
Höchstgeschwindigkeit:	90 km/h
Übersetzungsverhältnis:	79 : 20
Anfahrzugkraft:	37 t
Stundenleistung:	3300 kW
Geschwindigk. bei St.lstg.:	68 km/h
Länge über Puffer:	18600 mm
Dienstgewicht:	118,5 t
Leistungskennziffer:	27,8 kW/t

deutung zumaß. Vor allem die Kohlelieferungen über den Brenner ins verbündete Italien genossen höchste Priorität. Als die Lokfertigung ab 1942 auf Kriegsloks umgestellt wurde, firmierten die E 44 als „Kriegs-Elektrolok I“ und die E 94 als „KEL II“.

Der Bombenkrieg unterbrach 1944 den Weiterbau der E 94. Nach dem Zweiten Weltkrieg wurden aber in Westdeutschland und in Österreich noch Lokomotiven fertig- und nachgebaut. Bei den späteren Nachbauloks der DB wurde die Leistung erheblich gesteigert und die elektrische Ausrüstung modernisert (s. DB-Album in derselben Buchreihe). Sowohl bei der DB als auch bei den ÖBB als auch (ab 1956) bei der DR gehörte die E 94 lange zu den wichtigsten Elloks. Ihre Leistung und Geschwindigkeit erlaubten Einsätze nicht nur im Güterverkehr. So setzten die ÖBB ihre als Reihe 1020 geführten Loks in den fünfziger Jahren vor vielen Alpenschnellzügen ein. Bei der DB führte die E 94 auch schwere Personenzüge im Voralpenland. 1988 wurden bei der DB, 1990 bei der DR und 1993 bei den ÖBB die letzten „Krokodile“ abgestellt. Von der Geschwindigkeit her konnten sie mit ihreren jüngeren Schwestern immer weniger mithalten. Noch wichtiger war aber die Tatsache, dass die Laufwerkskonstruktionen moderner Elloks dem Oberbau besser bekamen als die starrachsigen Drehgestelle der Veteranin. Betriebsfähige Museumsloks in deutschem Grün und österreichischem Orange legen immer noch Zeugnis ab von den Qualitäten der letzten Ellokbaureihe der alten Reichsbahn.

VT 137 Vierachsige dieselhydraulische Nebenbahntriebwagen

VT 137 347–366, 377–396 geliefert 1939–40

Mit diesen Nebenbahntriebwagen endete die Entwicklung der vierachsigen Dieseltriebwagen für verschiedene Bereiche des Personenverkehrs. Sie sollten eigentlich Muster für große Serien werden, die bei gleichem Wagengrundriss mit 250, 450 und 650 PS motorisiert werden sollten. Verwirklicht wurde nur die auf dieser Seite vorgeführte Ausführung mit dem bescheidenen 225 PS-Antrieb auf nur einer Achse. Schon mit einem Steuerwagen ließen die Anfahrten auf Hauptbahnen zu wünschen übrig. Die Triebwagen wurden zwischen Februar 1939 und Juli 1940 abgenommen und sodann den RBD Frankfurt (Main), Köln, Karlsruhe, Hannover und Saarbrücken zugewiesen.
Diese Konzentration auf den Westen des Reiches führte trotz der bei VT üblichen Nutzung durch die Wehrmacht dazu, dass die meisten Triebwagen der DB verblieben. Sie setzte 31 Exemplare als VT 60, später 660 ein. Die letzten schieden erst 1972 aus. Sie waren die letzten Altbau-VT der DB.

Bauart:	(A1)2′ dh
Raddurchmesser:	900 mm
Höchstgeschwindigkeit:	80 km/h
Motorleistung:	166 kW
Zahl der Zyl. pro Motor:	6
Länge über Puffer:	22080 mm
Dienstgewicht besetzt:	41,7 t
Sitzplätze 2. Klasse:	6
Sitzplätze 3. Klasse:	52
Hersteller Wagenteil:	Westwaggon, Busch, Düwag
Hersteller Motor:	Maybach
Hersteller hydr. Kraftübertragung	Voith
Baureihe bei DB:	VT 60^5

VT 10 Gütertriebwagen

VT 10 004–005, geliefert 1939

Im Zeichen der LKW-Konkurrenz gab die DRB dem Ausbau des schnellen Stückgutdienstes mit „Leig"-Garnituren immer höhere Priorität. Außer lokomotivbespannten Güterwagenpärchen sollten nach den gerade einmal drei Veteranen von 1926 (VT 10 001–003 s. S. 42) auch wieder Triebwagen eingesetzt werden, darunter übrigens auch für Fahrleitungsbetrieb. Vor Kriegsbeginn konnten aber nur noch zwei dieselhydraulische Probewagen gebaut werden. Sie sollten nicht nur für den Stückgut-Schnellverkehr geeignet sein, sondern auch als Zugkraftreserve und Gepäckwagen mit Personentriebwagen und Steuerwagen gekuppelt werden können.

Christoph und Unmack in Niesky baute die Fahrzeugteile. Eine Neuerung war das Maybach-AEG-Voith-Getriebe „Mekydro", in dem ein hydraulischer Wandler mit einem mechanischen Getriebe zusammengeschaltet war. Um diese Kraftübertragung bis an ihre Grenzen zu testen, ersetzte man die 450 PS-Motoren alsbald durch solche mit 650 PS und unternahm Versuchsfahrten auf der Strecke Bad Reichenhall – Berchtesgaden und im Vorortverkehr. Nach dem Baubeginn 1939 und der Anlieferung 1941 wurden die beiden Sonderlinge erst am 20. Mai 1942 abgenommen. Beide Triebwagen kamen noch zur DB und wurden 1956 ausgemustert.

Bauart:	B'2' dh
Raddurchmesser:	760 mm
Höchstgeschwindigkeit:	110 km/h
Motorleistung:	331 kW, später 478 kW
Zahl der Zyl. pro Motor:	12
Länge über Puffer:	22000 mm
Dienstgewicht:	60,5 t
Ladefläche:	34,5 m^2
Hersteller Wagenteil:	Niesky
Hersteller Motor:	Maybach
Hersteller hydr. Kraftübertr.:	Maybach
Baureihe bei der DB:	GVT 20^5

19^{10}

Die Dampfmotorlok

S 46.18, **19 1001**, geliefert 1941

Von den bei Kriegsbeginn gebauten Stromlinienloks der Deutschen Reichsbahn verdient genau eine nicht die für 01^{10}, 03^{10} und 06 getroffene Einschätzung als optisch herausgeputzte Produkte einer schon veralteten Schule des Dampflokbaus. Die äußerlich zum Verwechseln ähnliche 19 1001 war eine der bemerkenswertesten Dampflokomotiven ihrer Epoche.

Zur Vorgeschichte: Schon bei der Projektierung der 05 und der 61 war man sich darüber klar, dass die Steigerung der Geschwindigkeiten mit der regulären Dampfmaschine erhebliche Probleme aufwarf. Nur mittels riesiger Treibräder konnte die Zahl der Triebwerksbewegungen und der Radumdrehungen in Grenzen gehalten werden. Die großen Räder beanspruchten aber als Teile der unabgefederten Lokmasse den Oberbau erheblich, ihre Unterbringung forderte Kompromisse bei der Bauart des Kessels und der Gesamtanordnung der Lokomotive. Daher besann man sich auf ältere Versuche mit kleineren schneller laufenden Dampfmaschinen, sogenannten „Dampfmotoren". Hiermit sollte es möglich sein, den Antrieb auf mehrere kleinere Aggregate zu verteilen, die nicht mehr den Ausgleich allzu großer hin- und hergehender und umlaufender Massen forderten.

Henschel gelang es, für die „Dampfmotorlokomotive" eine Bauform ohne schwierige Kraftübertragungen in Form von Zahnradgetrieben und Blindwellen mit direktem Antrieb auf die Treibachsen zu entwickeln. Man vermied auch den Fehler, die experimentelle Antriebstechnologie auch noch durch Sonderformen des Kessels zu überfrachten und damit wie schon oft im In- und Ausland eine zu gewagte und für den Regelbetrieb allzu ungewohnte Lokomotive zu entwickeln.

Die von der Reichsbahn bestellte 19 1001 war eine lauftechnisch durchaus „normale" 1'D1' mit vorlaufendem Krauss-Helmholtz-Gestell. Den Kessel übernahm man fast unverändert von der Baureihe 44, die Stromlinienverkleidung und den fünfachsigen Tender von der 01^{10}. In Deutschland bisher beispiellos war die Antriebstechnik. Auf jeder Lokseite waren – rechts für die Treibachsen 2 und 4, links für die Treibachsen 1 und 3 – zwei „Dampfmotoren" angeordnet, die aus je zwei in V-Stellung ausgerichteten Zylindern mit den zugehörigen Schieberkästen bestanden. Von einem Exzenter wurden die jeweiligen Steuerungen abgeleitet. Da die Motoren der gefederten Masse angehörten, aber mit den Radsätzen kraftschlüssig verbunden werden mussten, war wie bei den Elloks mit Einzelachsantrieb das Problem der Kraftübertragung zu meistern. Henschel wählte das österreichische System Pawelka, das mit einem Parallelogramm zweier Gelenkstangen Ähnlichkeiten zum Buchliantrieb der E 16 zeigte.

Von 1941 bis 1943 wurde die 19 1001 umfassend erprobt. Obwohl viele Verbesserungen im Detail notwendig wurden, erwies sich das Gesamtkonzept als brauchbar. Die immer schwierigere Kriegslage machte weitere Entwicklungsarbeiten unmöglich. Der von vielen RAW-Aufenthalten unterbrochene Regelbetrieb der Dampfmotorlok endete 1944.

Nach dem Krieg nahm die 19 1001 ein besonderes Schicksal: Sie erschien amerikanischen Sachverständigen so interessant, dass man die inzwischen stark beschädigte und verrottete Lok bei Henschel aufarbeiten ließ und am 18. Oktober 1945 in die USA verschiffte. Die Lok wurde in den USA noch erprobt. Weil dort aber das Interesse an der Dampflok noch schneller erlosch als Europa, wurde sie 1952 achtlos verschrottet.

Bauart:	1'D1' h8e
Treibraddurchmesser:	1250 mm
Höchstgeschwindigkeit:	175 km/h
Zylinderdurchmesser:	300 mm
Kolbenhub:	300 mm
Kesseldruck:	20 at
Hfl V+Ü:	240+100 m^2
Länge über Puffer:	23775 mm
Wasservorrat:	38 m^3
Kohlevorrat:	10 t
Dienstgewicht:	109,9 + 66 t
Leistung:	? kW

23 Prototypen zur „Ersatz-P 8“

P 35.18, **23 001–002**, geliefert 1941

Eine feste Größe im Lokbestand der Deutschen Reichsbahn war die preußische P 8 (38^{10}). Ende 1935 besaß sie 2684 solche Loks, Ende 1939 waren es genau vier weniger. Alle Einheitsloks zusammen erreichten noch nicht diese Stückzahl. Da die ältesten Exemplare aus dem Jahre 1906 stammten, musste allmählich an Ersatz gedacht werden. Eine moderne Personenzuglok sollte aber auch verschiedene andere Dreikuppler mittlerer Leistung in den Nummernreihen 17, 18, 35 und 38 ersetzen, die zum Teil dem Länderbahnerbe entstammten, z.T. aber auch in Österreich, der Tschechoslowakei und Polen übernommen worden waren.

Besonders die Oberbauzustände in den annektierten Gebieten ließen es endgültig nicht mehr ratsam erscheinen, die einst unter der Baureihenbezeichnung 20 konzipierte 2'C-Schlepptendervariante der 62 mit der hohen Achsfahrmasse von 20 t zu beschaffen. Vielmehr wollte man nun in der Gewichtsklasse der P 8 bleiben. Nachdem die P 8 denselben Kessel wie die 57^{10} (pr. G 10) besaß, wollte man sich auch bei der „Ersatz-P 8“ recht eng an der „Ersatz-G 10“ orientieren. So erhielt die 23 denselben Kessel und denselben Tender wie die 50. Nur das 1'C1'-Lauf- und Triebwerk mit den Kuppelrädern im klassischen P 8-Durchmesser wurde neu konstruiert. Der vordere Laufraddurchmesser und das führende Krauss-Helmholtz-Gestell erlaubten eine Höchstgeschwindigkeit von 110 km/h.

Die damals weithin üblichen Strecken- und Zuggeschwindigkeiten hätten der 23 ein breites Einsatzspektrum auch im Eil- und leichteren Schnellzugdienst gesichert. Die Bedarfsplanung des Jahres 1939 sah den Bau von 800 Personenzugloks der Reihe 23 und 1200 Güterzugloks der Reihe 50 vor. Es sollte anders kommen: Kriegsbedingt blieb es bei zwei Prototypen der 23 von Schichau, während die 50 und die von ihr abgeleitete 52 letztlich auf mehr als 10.000 Exemplare kamen. Erst in den fünfziger Jahren beschafften DB und DR in etwas größerer Zahl neue 1C1'-Loks. Die „23 neu“ der DB und die 23^{10} der DR erinnerten allerdings nur noch entfernt an die „23 alt“, da man inzwischen den Ehrgeiz entwickelt hatte, mit einem kleineren Kessel durch Anwendung einer Verbrennungskammer dieselbe Dampfproduktion zu ermöglichen wie mit dem etwas groß bemessenen 50er-Kessel.

Die 23 001 und 002 verblieben der DDR-Reichsbahn. Ab 1954 waren sie der Versuchsanstalt Halle zugewiesen. Die 23 002 wurde 1959 abgestellt, die 23 001 erhielt 1961 einen Neubaukessel der für die Reko-50 vorgesehenen Bauart. 1974 schied auch sie aus dem Dienst.

Bauart:	1'C1' h2
Treibraddurchmesser:	1750 mm
Höchstgeschwindigkeit:	110 km/h
Zylinderdurchmesser:	550 mm
Kolbenhub:	660 mm
Kesseldruck:	16 at
Verdampfungsheizfläche:	178 m²
Länge über Puffer:	22940 mm
Wasservorrat:	26 m³
Kohlevorrat:	8 t
Dienstgewicht:	88,4 + 60 t
Leistung:	1100 kW

52 Die erste Kriegslok

G 56.15, geliefert 1942–45

52 001–123, 144–874, 1098–1738, 1796, 1798–1802, 1850–2017, 2021, 2090–2870, 2872–2876, 2878–2887, 3100–3320, 3350–3623, 3625–3767, 3769–3887, 3892–3906, 3913–3925, 3938–3943, 3950–3961, 4045–4049, 4360–4373, 4400–4420, 4500–4565, 4750–4966, 4976–6434, 6625–7527, 7535–7792,

Wenn es nach der längerfristigen Tauglichkeit ihrer Lokomotiven und Triebwagen geht, kann man der auf 180 Seiten skizzierten Entwicklungs- und Beschaffungspolitik der Reichsbahn ein gutes Zeugnis ausstellen: Fast alle in den zwei Jahrzehnten seit der „Verreichlichung“ gebauten Triebfahrzeuge waren 1941 noch in Betrieb. Mit einigen wenigen Unfallfahrzeugen sowie kleinsten Gruppen experimenteller Motorloks und -triebwagen sind die Abgänge schon zur Gänze benannt. Zu Tausenden waren aber in den zwanziger und frühen dreißiger Jahren ältere Länderbahnloks ausgemustert worden. Mitte der dreißiger Jahre gingen die Ausmusterungen fast gegen Null. Aufrüstung und Wirtschaftsaufschwung machten fast jede Lokomotive unentbehrlich. Dies galt auch für die ab 1938 in Österreich, der Tschechoslowakei, Litauen und Polen übernommenen teilweise deutlich veralteten Fahrzeuge. Die verstärkten Beschaffungen (Baureihen 41, 44, 50, 86) konnten die Mehrbelastungen kaum ausgleichen, geschweige denn einen kontinuierlichen Erneuerungsprozess aufrechterhalten.

Bis zum Sommer 1941 waren der Reichsbahnbetrieb und seine Fahrzeugbasis von unmittelbaren Kriegshandlungen kaum betroffen. Zwar wurden Personal und Sachvermögen der Reichsbahn immer stärker für den Bahnbetrieb in besetzten und annektierten Gebieten herangezogen, doch blieben Zerstörungen oder nachhaltige Beschädigungen von Anlagen und Fahrzeugen der riesenhaft vergrößerten Reichsbahn noch völlig unbedeutend. Dies änderte sich mit dem Angriff auf die Sowjetunion ab 22. Juni 1941 schnell. Alsbald mussten viele tausend Lokomotiven und Wagen auf die umgespurten Strecken hinter der schnell weiter vorrückenden Ostfront entsandt werden, und ab Herbst 1941 häuften sich Verluste und schwere Schäden durch Kampfhandlungen und extreme Betriebsbedingungen. Betroffen waren zunächst vor allem preußische Länderbahnloks. Als aber die in diesem Kapitel zu besprechenden „Kriegslokomotiven“ 1943 in relevanter Stückzahl auf die Schienen kamen, waren kriegsbedingte Dezimierungen auch unter den neueren Lokomotiv- und Triebwagengattungen der Reichsbahn an der Tagesordnung. Vor allem die Bombenangriffe tra-

Bauart:	1'E h2
Treibraddurchmesser:	1400 mm
Höchstgeschwindigkeit:	80 km/h
Zylinderdurchmesser:	600 mm
Kolbenhub:	660 mm
Kesseldruck:	16 at
Verdampfungsheizfläche:	178 m²
Länge über Puffer (Barrenrahmen):	23055 mm
Länge über Puffer (Blechrahmen):	22975 mm
L.ü.P. (vierachsiger Kondenstender):	26205 mm
L.ü.P. (fünfachsiger Kondenstender):	27535 mm
Wasservorrat:	30 m³
Wasservorrat (Kondenstender):	13/ 16 m³
Kohlevorrat (Wannentender):	10 t
Kohlevorrat (Steifrahmentender):	8 t
Dienstgewicht:	84 – 84,4 t + 60 t
Leistung:	1195 kW

fen dann auch viele der modernsten und wertvollsten Fahrzeuge in frontfernen Gebieten.
Der „Ostfeldzug" führte auch zu Entwicklung und Bau der Kriegslokomotiven. Im Dezember 1941 kam der deutsche Angriff vor Leningrad und Moskau ins Stocken. Nach dem Zusammenbruch des Kraftwagenverkehrs im „russischen Winter" versagte auch der Nachschub per Eisenbahn. Die deutschen Lokomotiven waren nicht frostsicher und standen alsbald zu hunderten schadhaft auf den Strecken und Bahnhöfen des „Ostens". Nun erst entdeckte die politische Führung die Bedeutung der Eisenbahn für die Kriegführung. Der Bau von Lokomotiven erhielt neben der Treibstoffversorgung nun die höchste Priorität in der gesamten Kriegswirtschaft. Ein „Führerprogramm" forderte den schnellstmöglichen Bau von 15000 Lokomotiven. Die Zuständigkeit für Konstruktion und Beschaffung wurde aus Dorpmüllers Verkehrsministerium in Speers Ministerium für Bewaffnung und Munition verlagert. Ein „Hauptausschuss Schienenfahrzeuge" aus Fachleuten von Industrie und Verwaltung übernahm die Federführung. Er konzipierte ein breites Programm für Dampf- und Elektrolokomotiven sowie Personen- und Güterwagen für Reichsbahn, Industrie und Bergbau. Am wichtigsten war eine robuste Schlepptenderlok für universelle Verwendung in der Heimat und hinter den Fronten. Nach Diskussion verschiedener (zum Teil abseitiger) Vorschläge entschied sich der Hauptausschuss unter Leitung von Gerhard Degenkolb für eine vereinfachte Abwandlung der bewährten 50. Damit war es möglich, die bisherige Produktion in den vielen Lokomotivwerken des „Altreichs" und der besetzten Gebiete fließend in die Großserienfertigung der Kriegslok überzuleiten.
Zur Grundkonzeption der 52 ist auf die Beschreibung der Baureihe 50 (s. S. 168/169) zu verweisen. Die 1'E-Lok mit vorlaufendem Krauss-Helmholtz-Gestell,

großzügig bemessener Feuerbüchse und nur 15 t Achsfahrmasse garantierte eine breite Verwendbarkeit auch vor schwereren Zügen und auf schlechter ausgebauten Strecken. Schon bei der 50 wurde die allmähliche „Entfeinerung" der Einheitslok zur „Übergangs-Kriegslok" skizziert. Windleitbleche, Umlaufschürzen, Metallschilder, der zweite Sanddom und die vorderen Führerhausseitenfenster fielen weg. Bei immer mehr Teilen entfiel die Nachbearbeitung. Der gewünschten öffentlichen Aufmerksamkeit für die Entwicklung der Kriegslok diente die „feldgraue" Lackierung. Die Laufachse erhielt Scheibenräder. (Diese Maßnahmen betrafen auch die 44 ÜK und 86 ÜK.)
Den endgültigen Übergang zur Kriegslok markieren vor allem folgende Bauartänderungen:
* Blechrahmen anstelle des Barrenrahmens,
* geschlossenes Führerhaus,
* Frostschutz am Langkessel und Tender und an allen Leitungen und Armaturen,
* Ersatz von Vorwärmer und Speisepumpe durch eine zweite Strahlpumpe,
* Ersatz des Kastentenders T 26 durch den Wannentender T 30,
* Entfall der Achsstellkeile,
* Zylinder mit angegossenen Ausströmkästen und Winterthur-Druckausgleichern und
* Verwendung von Walzprofilen für Triebwerk und Steuerung.
Die verschiedenen Hersteller bauten eine kaum überschaubare Vielzahl von Zwischenstufen auf dem Wege von der 50 zur 52. Eine technisch verbindliche Trennlinie zwischen der 50 und der 52 gibt es nicht. Nach Vorführung der Baumusterlok 52 001 von Borsig im September 1942 war es eine lediglich administrative Entscheidung, weitere im Bau befindliche Loks nicht mehr als 50 2773 ... 3119, sondern als 52 002 ... 349 in Betrieb zu nehmen. Trotzdem wurden noch bis 1944 Loks als 50 ÜK eingereiht.
Die in der „Gemeinschaft Großdeutscher Lokomotivfabriken" zusammengeschlossenen Werke erhielten Bestellungen in

bis dahin beispiellosen Größenordnungen. Im Anschluss an die 52 002 ... 349 von mehreren Herstellern sollten (in dieser Reihenfolge) Borsig, DWM Posen, Esslingen, Grafenstaden, Henschel, Jung, Krauss-Maffei, Krupp, MBA (ex O&K), Krenau (ex Chrzanow), Schichau, BMAG, Skoda, Wiener Lokfabrik und Warschau jeweils bis zu 1200 Loks bauen. Da jedes Baulos mit der festgesetzten Ordnungsnummer begann, ergab sich beim Abbruch der Fertigung kurz vor Kriegsende keine durchgehende Nummernfolge. Im Laufe der Fertigung musste die Arbeit zwischen den Werken immer mehr umgeschichtet werden, weil der Bombenkrieg Baukapazitäten zerstörte und weil neue Prioritäten wirksam wurden. So baute Krupp keine einzige der vorgesehenen 700 Loks.

Auch während der Lieferung ergab sich keine durchgängig einheitliche Bauform der 52. Einige Versuchsloks besaßen abweichende Kesselbauarten, Mischvorwärmer oder Ventilsteuerung. Vor allem Maschinen aus der Wiener Lokfabrik waren mit dem „Floridsdorfer Steifrahmentender" gekuppelt, der ohne Drehgestelle auskam und an der Absenkung des Wasserkastens zum Führerhaus hin erkennbar ist. Die Windleitbleche wurden als unverzichtbar erkannt. Die 1943 eingeführten kleinen Bleche beiderseits der Rauchkammer erwiesen sich als völlig ausreichend und kamen nach 1945 als „Bauart Witte" zu großer Verbreitung.

Am weitesten von der Regelausführung wichen die Kondensloks 52 1850–2017 und 2021 ab. Henschel baute 1943 für wasserarme Strecken in der südlichen Sowjetunion diese Lok mit fünf-, später vierachsigen Kondenstendern zur Abdampfrückgewinnung. Da die Anfachung des Feuers durch den Saugzug des Abdampfs entfiel, musste eine Saugzugturbine vorgesehen werden. Trotz ihrer komplizierten Bauart bewährten sich die Loks gut.

Für ihre eigentliche Aufgabe kam die 52 zu spät. Als sie 1943 endlich in merkbarer Stückzahl geliefert wurde, hatte die Wehrmacht einen zweiten verlustreichen Winter „im Osten" und die Katastrophe von Stalingrad hinter sich und musste binnen weniger Monate fast die ganze Ukraine räumen. Für das Schienennetz im nun ständig kleiner werdenden deutschen Machtbereich genügte der vorhandene Lokbestand alsbald. Trotzdem wurde der Bau der 52 vorangetrieben. Der Verbund der Hersteller- und Zulieferbetriebe sorgte trotz Ausfalls einzelner Fabriken für einen weiteren schnellen Ausstoß. Zwangsarbeiter aus dem Ausland, Kriegsgefangene und KZ-Häftlinge mussten Lokomotiven für den verlorenen Krieg bauen. Nur ein kleiner Teil der 52er kam noch auf sowjetischen Strecken zum Einsatz. Ansonsten verstärkten die Loks den Bestand in allen Teilen des Reiches. Nach Kroatien, Serbien, Rumänien und in die Türkei wurden Loks exportiert. Im Frühjahr 1945 kam die Produktion zu Erliegen.

Nach dem Krieg wurden in mehreren Ländern 52er fertig- und weitergebaut. Fast überall waren die Kriegsloks noch für lange Zeit unentbehrlich. Obwohl sie nur für eine kurze Nutzungsdauer gebaut worden waren, erwiesen sie sich als erstaunlich dauerhaft. In Österreich, Jugoslawien, Polen, Rumänien und der DDR wurden 52er (teilweise in verschiedenen Umbauzuständen) bis in die siebziger und achtziger Jahre eingesetzt und gehörten jeweils zu den letzten Dampfloks dieser Staaten. Die mit 50ern gut versorgte DB konnte bereits in den frühen fünfziger Jahren auf die 52 verzichten. Sie verwendete aber hunderte von Kesseln auf 50ern weiter und verbesserte mit den Wannentendern die Rückwärtsfahreigenschaften der 38er. Die Technologie der 52 gab für die Neubauloks von DB und DR wertvolle Anregungen.

42 Die zweite Kriegslok

G 56.18, geliefert 1943–45

42 0001–0002, 501–700, 741–760, 801–856, 859, 961–980, 1001–1085, 1398–1591, 1741–1760, 1791–1808, 1841–1852, 1881–1906, 2301–2400, 2441–2480, 2501–2540, 2561–2580, 2601–2640, 2801–2810,

Ab 1941 wurde der Wunsch nach einer 1'E-Güterzuglok in der Größenordnung zwischen der 44 und 50 laut. Viele altösterreichische Strecken in den annektierten Gebieten waren für eine Achsfahrmasse von 18 t zugelassen, sodass die 44 hier zu schwer und die 50 zu leicht war. Zunächst wurde an eine auf zwei Zylinder reduzierte 44 gedacht. Aber auch die enge Anlehnung einer neuen Bauart an die sehr günstig beurteilte polnische Ty 37 (DRB 58^{29}) wurde erwogen. Die Herausbildung einer neuen Einheitslok wurde durch das Kriegslokprogramm überholt. Noch während der Bau der 52 anlief, wurde (wohl auf höherer Ebene und gegen die Bedenken Degenkolbs und anderer Protagonisten einer kompromisslos schnellen Fertigung) entschieden, von den 15000 geplanten Kriegsloks einen erheblichen Teil in der Form einer schwereren 1'E mit 18 t Achsfahrmasse zu bauen. Deren Stückzahl schwankte in den ersten Festlegungen zwischen anfangs 8000 und später nur noch 4100 ganz erheblich. Durchaus im Widerspruch zur radikalen Einfachheit und Einheitlichkeit wollte man unterschiedliche Ausführungen im Großversuch vergleichen. So sollten nebeneinander Serien mit Blechrahmen und auch Serien mit Barrenrahmen und solche mit Brotankessel und solche mit Regelkessel gebaut werden.

Tatsächlich hatten dann alle Loks Barrenrahmen und Achsstellkeile. Nur die 42 0001 und 0002 von Henschel mit ihren eigenartigen vierstelligen Ord-

Bauart:	1'E h2
Treibraddurchmesser:	1400 mm
Höchstgeschwindigkeit:	80 km/h
Zylinderdurchmesser:	630 mm
Kolbenhub:	660 mm
Kesseldruck:	16 at
Verdampfungsheizfläche:	199,6 m^2 (42 0001, 0002: 211 m^2)
Länge über Puffer:	23000 mm
Wasservorrat:	30 m^3
Kohlevorrat:	10 t
Dienstgewicht:	96,9 t (42 0001, 0002: 99,6 t) + 60 t
Leistung:	1323 kW

nungsnummern hatten den in Ungarn weit verbreiteten Brotankessel von der Wiener Lokfabrik, bei dem die Feuerbüchswände aus Wasserrohrbündeln bestehen und der ohne Stehbolzen auskommt. Die Loks mit den Ordnungsnummern 501 ff. hatten reguläre Kessel. Auch von der 42 gab es Versuchsausführungen u.a. mit Mischvorwärmern.

Nur die beiden Brotanloks konnten noch im Spätsommer 1943 geliefert werden. Alle anderen Loks von BMAG/ Schwartzkopff, Schichau, Esslingen und der Wiener Lokfabrik kamen erst im Januar 1944 in Betrieb und damit viel zu spät, um das Kriegsglück des Nazireiches noch zu wenden. Wie bei der 52 ergab sich bis zum Mai 1945 ein lückenhaftes Nummernbild, da die Fertigung bei jedem Hersteller im Laufe des Zusammenbruchs endete. Letztlich erwies sich die ursprüngliche Skepsis gegen die „zweite Kriegslok" als gerechtfertigt. Sie brachte im Betrieb keine relevanten Vorteile im Vergleich zur 52. Die höhere Leistung sowie die mit Barrenrahmen und Achsstellkeilen solidere Ausführung wurden durch äußerst schlechte Laufeigenschaften stark abgewertet.

Nach Kriegsende wurden in Deutschland, Polen und Österreich noch 42er fertiggestellt bzw. nachgebaut. In Luxemburg, Bulgarien, Polen, Österreich und der DDR wurden 42er noch länger eingesetzt. Die in den Westzonen verbliebenen bzw. nachgebauten 701 Loks wurden aber sehr früh abgestellt und schon bis 1954 fast zur Gänze ausgemustert. Eine große Zahl davon brachte es von der Lieferung 1944 bis zur endgültigen Abstellung nur auf ein bis drei Betriebsjahre. Gemessen an der durchschnittlichen Kilometerleistung pro gebauter Lokomotive war die 42 die glückloseste und unrentabelste aller Serienloks der Deutschen Reichsbahn.

05 003

Die letzte Dampflok der alten Deutschen Reichsbahn

S 37.19, **05 003**, umgebaut 1944–45

Die Versuchslok mit Kohlenstaubfeuerung und vornliegendem Führerstand 05 003 (s. S. 153) war bereits kurz nach Kriegsbeginn abgestellt worden, weil die Versuche nicht kriegswichtig waren und eine Tauglichkeit für den Regelbetrieb nicht zu erreichen war. Im Sommer 1944 erhielten die BLW den Auftrag, sie in eine Dampflok regulärer Bauform umzubauen. Die Lok wurde herumgedreht, sodass der Stehkessel nun wie gewohnt hinten und die Zylinder vorne lagen. An den Rahmen wurden neue Endstücke angeschweißt. Um die Gegenkurbeln entsprechend der umgekehrten Fahrtrichtung zu versetzen, mussten Treibzapfen und Achsen aus den Radsternen herausgepresst werden. Hierbei wurde die Kropfachse beschädigt. Ihr Ersatz zog sich unter Kriegsbedingungen lange hin. Während die Fronten zusamenbrachen und Millionen Flüchtlinge im bittersten Winter die östlichen Teile des Reiches verlassen mussten, versetzte man in Hennigsdorf die Gegengewichte der 2300 mm großen Treibräder der 05 003 und montierte schließlich eine nicht mehr wiederzuerkennende Lok. Am 14. Februar 1945, dem Tag, an dem Dresden brannte, verließ die 05 003 in ihrer neuen Form die Hennigsdorfer Werkhallen. Sie hatte sich in eine außerordentlich imposante und ausgewogen wirkende Schnellzuglok verwandelt, die mit ihrem riesigen Kessel und den hohen Rädern noch einmal in großer Vollendung die Architektur der klassischen Einheitsloks mit den großen Windleitblechen zeigte. Für den Betriebseinsatz erhielt sie dann eine Verkleidung gegen Beschuss und einen kaum effektiven Tarnanstrich. Doch bereits im Januar war der Schnellzugdienst im gesamten Reichsgebiet eingestellt worden. Der „Führer“, für dessen Sonderzug die neue Lok vielleicht bestimmt gewesen war, verließ seinen Bunker in Berlin nicht mehr. Schon am 1. März 1945 wurde die 05 003 beim Bw Hamburg-Altona wieder abgestellt. Ihre Laufleistung seit dem Umbau hatte genau 503 km betragen, also noch nicht einmal die durchschnittliche Tagesleistung einer Schnellzuglok.

Erst 1947 war die 05 003 wieder für kurze Zeit in Betrieb. Nach erneuter Abstellzeit wurde sie dann in die Sanierung aller 05er bei Krauss-Maffei einbezogen und von 1950 bis 1957 im hochwertigen Fernzugdienst eingesetzt. Ihren Platz in der deutschen Lokomotivgeschichte hat sie als erste Lok mit Verbrennungskammer.

Bauart:	2'C2' h3
Treibraddurchmesser:	2300 mm
Höchstgeschwindigkeit:	175 km/h
Zylinderdurchmesser:	450 mm
Kolbenhub:	660 mm
Kesseldruck:	20 at
Hfl V+Ü:	228+81,9 m^2
Länge über Puffer:	26725 mm
Wasservorrat:	38,5 m^3
Kohlevorrat:	10 t
Dienstgewicht:	124 + 91 t
Leistung:	? kW

Anhang 1

1. Lieferung von Triebfahrzeugen nach Bauarten der Bahnen in annektierten Gebieten und Gelegenheitskäufe

Nicht der Entwicklungstätigkeit der Deutschen Reichsbahn und nur am Rande ihrer planmäßigen Beschaffungspolitik sind eine Anzahl Lokomotiven und Triebwagen zuzurechnen, die zwischen 1938 und 1942 direkt ab Werk in den Bestand der DRG gelangten. Zu nennen sind folgende Gruppen:

19 155–166, 1'D1' h2, Baujahr 1940
Von der PKP als Pt 31-99 bis 110 bestellte Loks, bis 1941 als 39 1001 p–1012 p bezeichnet und dann im Anschluss an die erbeuteten Pt 31 in der Reihe 19^1 eingeordnet.

56 4101–4104, 1'D h2, Baujahr 1940
Für den Export nach Mandschukuo (japanisches Besatzungsgebiet in China) bestimmt. Nach dem Angriff auf die Sowjetunion war der Weg an die Abnehmer versperrt. 1942 von MBA an die DRB verkauft.

58 2801–2825, 1E h2, Bauj.1940–41
Für die Türkei bestimmt, kriegsbedingt nicht mehr dorthin geliefert. Die DR nahm sie 1941 ab, veräußerte sie aber 1943 nach Bulgarien.

58 2919–2928, 1'E h2, Bauj. 1940–41
Nachbauten der polnischen Ty 37, die bereits als 58 2901–2918 eingereiht waren.

78 617–626, 2'C2' h2t, Baujahr 1938
Nachbauten der Reihe 729 der BBÖ. Da die Loks ab 729.11 von den ersten zehn Maschinen etwas abwichen, wollte man zunächst die übernommenen Loks ab 729.11 sowie die Nachbauten als Unterbaureihe 78 651–666 führen und so von den 78 601–610 absetzen. Die Nachbauten wurden tatsächlich als 78 657–666 in Dienst gestellt, dann aber auf 617–626 umgezeichnet, nachdem man die vorhandenen 16 Loks doch durchgehend genummert hatte.

97 401–402, 1'F1' zz h2(4) t, Bauj. 1941–42
Schon die BBÖ hatten allerschwerste Zahnradloks für die Erzbergbahn projektiert. Verwirklicht wurden sie erst unter den Vorzeichen des kriegswirtschaftlichen Zwanges zur äußersten Nutzung des steirischen Eisenerzes.

E 18 201–208, 1'Do1' w4e, Bauj. 1940
Bei der Vorstellung der E 18 (s. S. 132/133) wurde bereits erwähnt, dass die BBÖ leicht abgewandelte Loks bestellt hatten. Geliefert wurden sie von Floridsdorf und AEG-Union bzw. ÖSSW.

E 45 209–241, Bo'Bo'w4e, Bauj. 1939–40
Die 1170.209–233 waren von den BBÖ 1936 bestellt worden und wurden erst 1939 gebaut. Sie erhielten Nummern im Anschluss an die vorhandenen acht Loks und hießen ab Lieferung E 45 209–233. Acht weitere wurden von der DRB nachbestellt und nach Lieferung 1940 als E 45 234–241 in Dienst gestellt.

E 61 117–122, D w1u, Baujahre 1940
Die Reichsbahn bestellte sechs Loks der Type 1070.100 nach und reihte sie im Anschluss an die zwischen 1927 und 1932 gebauten E 61 101–116 ein.

VT 911–930, B'2' dh. Baujahr 1939
Simmering hatte 1938 sechs dieselhydraulische Triebwagen gebaut, die deutlich an zeitgenössischen Vorbildern der Reichsbahn orientiert waren. Die DRB wendete bei übernommenen BBÖ-Triebwagen wieder das eigentlich schon 1932 aufgegebene System dreistelliger Betriebsnummern an und nannte die Fahrzeuge VT 905–910. Eine Anschlussbestellung der BBÖ über zehn Triebwagen wurde von der Reichsbahn verdoppelt. Bei Lieferung erhielten die 20 Triebwagen Nummern im Anschluss an die vorhandenen Exemplare. Nähere Informationen und Abbildungen zu den Fahrzeugen österreichischer Typen finden sich in dem im gleichen Verlag erschienenen Buch „Lokomotiven der 'Groß'-Deutschen Reichsbahn.

2. Nachlieferung fertiggebauter Lokomotiven an die Reichsbahn in den vier Besatzungszonen

Als der Lokomotivbau im Frühjahr 1945 zum Erliegen kam, besaßen die Hersteller schon viele Teile und Baugruppen für nicht mehr fertiggewordene Lokomotiven. Ohne zentrale Veranlassung konnten zwischen Sommer 1945 und 1950 noch eine Anzahl Lokomotiven fertiggestellt werden. Nicht hier erfasst sind Fertig- und Nachbauten für ausländische Verwaltungen und Maschinen von Reichsbahnbauarten, die erst in der Nachkriegszeit bestellt wurden.

42 001–003, Fertigbau der als 42 857, 858 und 860 vorgesehenen Loks im Raw Stendal, DR sowjetische Zone.
42 1592-1606, Fertigbau in Esslingen, DR US-Zone, hiervon wurde 42 1597 nach Fertigstellung als Anschauungsobjekt in die USA verbracht.
44 1231-1240, Fertigbau in Hennigsdorf mit Kesseln, die im Krieg von Frichs in Aarhus (Dänemark), gebaut worden waren, DR sowjetische Zone.
52 1797, 1803–1818, 2018–2020 Kondens, 2022–2027 Kondens, 2869, 2871, 2877, 2888–2893, Fertigbau bei Henschel, DR US-Zone.
52 3321–3331, Fertigbau bei Jung, DR britische Zone.
52 6740, Fertigbau Raw Stendal, DR sowjetische Zone.
E 44 179–183, Fertigbau bei Henschel, DR US-Zone.
E 94 137–138, Fertigbau bei Krauss-Maffei, DR US-Zone.

Anhang 2 Bildnachweis

AEG, Sammlung Knipping:
E 04 02, E 17 113, E 18 08, E 21 01, E 44 102, E 60 02, E 63 01, elT 1823 (ET 25 09)

AEG, Sammlung Dr. Brian Rampp:
E 95 01

Carl Bellingrodt, Sammlung Knipping:
01 110, 03 154, 03 1081, H 17 206, T 18 1001, 24 001, 39 001, 41 166, 42 591, 44 001, 50 475, 56 376, 61 001, 62 004, 64 089, 70 126, 81 001, 84 001, 85 001, 94 123, 97 504, 99 101, 99 181, 99 223, 99 311, 99 321, E 19 02/12, E 32 34, E 75 05, E 77 28, E 92 79, ET 724 (ET 85 24), ET 165 ... , ET 171 012, VT 137 049, VT 137 Aussicht (Strecke), SVT 137 Köln (Strecke)

Archiv Carl Bellingrodt, Sammlung Knipping:
H 02 1001, 05 003 (nach Umbau), 45 026, 52 1853 Kon

Sammlung Stephan Beständig:
EP 21501 (E 52 01)

Deutsches Lokomotivbildarchiv, Sammlung Knipping:
03 003, 05 003 (verkleidet), T 18 1002, 19 1001, 24 033, 38 403, 71 002, 99 734

Sammlung Günther Dietz:
VT 706, VT 722, VT 754, VT 852, VT 872, VT 10 001, VT 133 007, VT 135 012/ 062/065, VT 137 025/ 029/ 032/ 088/ 137/ 140/ 155/ 241/ 298/ 322, SVT Leipzig, SVT Köln 137 851, SVT Berlin 137 901, VB 140 032, VS 145 158

Sammlung Alfred B. Gottwaldt:
Kb 4046, Kö 4842, DT Bln 59, elT 3899 (ET 167), ET 169 ..., Vorsatzbild

Werner Hubert, Sammlung Knipping:
01 1056, 01 1089, 02 006, 05 001 (Ausstellungshalle), 43 012, 44 1195, 52 3106, 61 002, 62 011, 80 018, 84 003, 86 036, 86 550, 89 001, 92 407, 97 401 (9101 Erf), E 04 03, E 06 10

Gerhard Illner, Sammlung Knipping:
99 746, E 244 01

Sammlung Stefan Lauscher:
V 140 001, Kö 0234, VT 10 ...

Dipl.-Ing. R. Kallmünzer, Sammlung Knipping:
E 42 13, E 44 201, E 91 102

Sammlung Andreas Knipping:
01 002, 03 256, 03 273, 03 10.. (Strecke), 39 038, 43 013, 44 099, 50 2835, 77 002 (95 002), 87 004, 95 001, E 05 001, E 16 20, E 18 01 (E 15 01), E 93 08, E 94 006, E 244 11, V 3201, ET 11 03, elT 1731 (ET 55 01), ET 702 (ET 85 02), ET 91 01 (2 x), VT 858, VT 877 (in der Halle), VT 137 100/ 353, VT 137 Aussicht

Krauss-Maffei, Sammlung Knipping:
E 44 044

Krauss-Maffei, Slg. Thomas Wunschel:
Kö 4050

Hermann Maey, Sammlung Knipping:
04 001, 05 001 (Olympiawerbung), 06 001, 18 535, 23 001, 41 001, 42 0001, 44 012, 45 002, 52 1325/ 1466/ 5383, 64 024, 85 008, 98 906, 98 1009, E 16 09, E 17 109, E 18 01, E 32 108, E 44 019, E 44 509, E 50 51, E 60 08, E 63 06, E 73 05, E 79 02, E 80 04, E 91 05, E 94 001, E 178 01, elT 1313 (ET 31 003), ET 82 01, AT 593/594, VT 877, SVT Hamburg

Sammlung Dr. Brian Rampp:
E 06 06, E 77 70, Kö 4000, ET 99 ... , ET 125 ... , VS 145 010

Dr. Günther Scheingraber:
99 193, ET 65 024

Sammlung Reinhard Schulz:
elT 2185 (ET 165 037), elT 4041 (ET 167), ET 168 ... (2 Fotos), VT 757

Siemens Forum, Sammlung Knipping:
ET 41 ...

Siemens Forum, Sammlung Dr. Brian Rampp:
E 21 51, E 44 001, EP 21520 (E 52 20), E 73 06, E 91 96, ET 51 ... , ET 89 ...

Ernst Schörner, Sammlung Stephan Beständig:
E 91 11

Sammlung Theurich/Dietz:
VT 137 290/327, 955 Essen (VB 147 002)

Sammlung Malte Werning:
99 211

Sammlung P. Daniel Hörnemann:
Hinteres Vorsatzbild

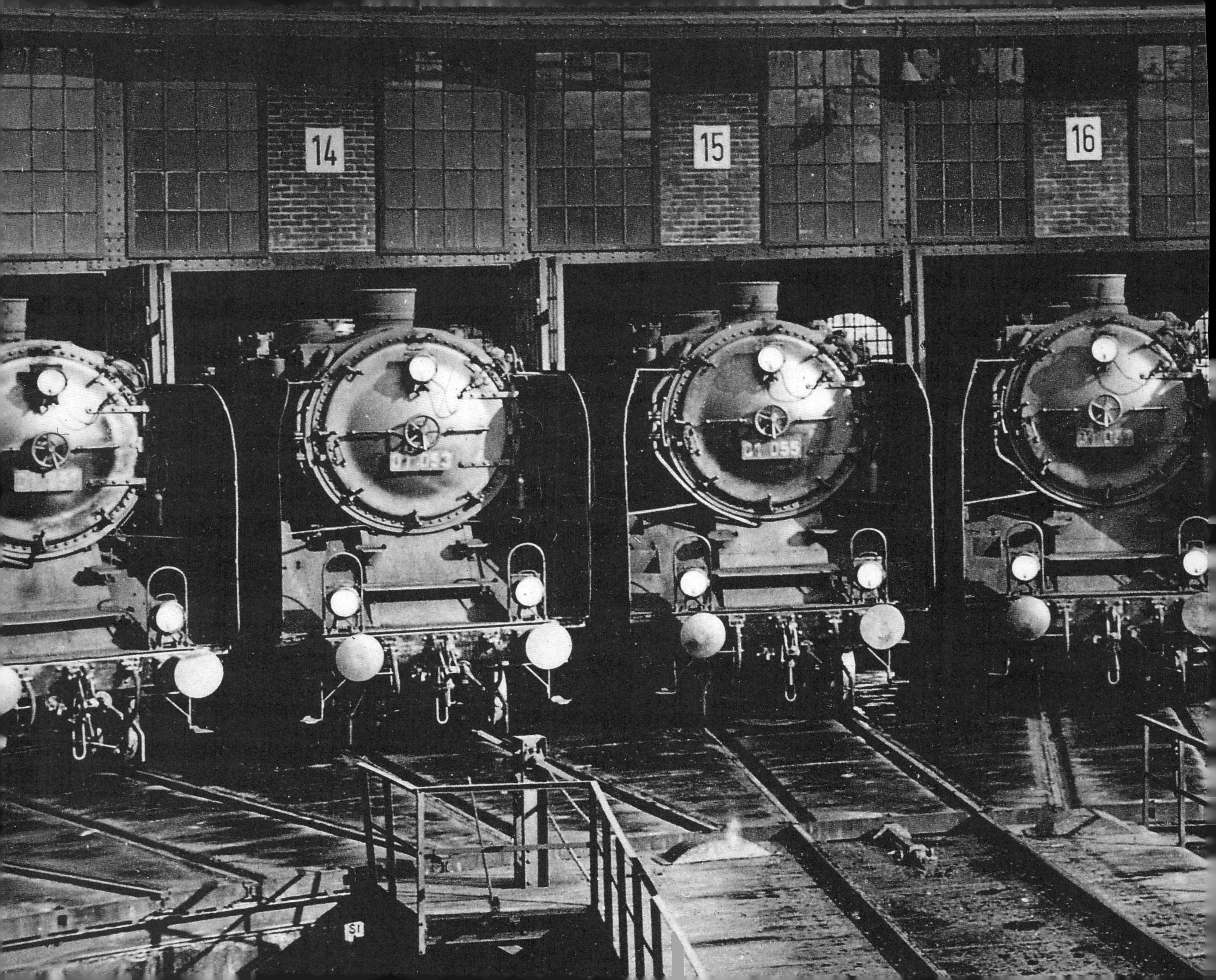
14
15
16